| 2014~2016년 기출문제 반영 수록 |

국가기술 필기시험 완벽대비

네일 미용사

김광숙·안금옥·이지향 공저

도서출판 대가

출제기준표 (2016년 필기)

직무 분야	이용·숙박·여행 ·오락·스포츠	중직무 분야	이용·미용	자격 종목	미용사(네일)	적용 기간	2014.10.1 ~ 2019.12.31
직무내용							
손톱·발톱을 건강하고 아름답게 하기 위한 적절한 관리법과 기기 및 제품을 사용하여 네일 미용을 수행하는 직무							
필기검정방법	객관식	**문제수**	60	**시험 시간**	1시간(60분)		

필기과목명	문제수	주요항목	세부항목	세세항목
네일 개론, 피부학, 공중위생관리학, 화장품학, 네일미용 기술	60	1. 네일 개론	1. 네일미용의 역사	1. 한국의 네일미용 2. 외국의 네일미용
			2. 네일미용 개론	1. 네일미용의 안전관리 2. 네일미용인의 자세 3. 네일의 구조와 이해 4. 네일의 특성과 형태 5. 네일의 병변 6. 네일 기기 및 재료 7. 고객관리
			3. 해부생리학	1. 세포의 구조 및 작용 2. 조직구조 및 작용 3. 뼈(골)의 형태 및 발생 4. 손과 발의 뼈대(골격) 5. 손과 발의 근육의 형태 및 기능 6. 신경조직과 기능
		2. 피부학	1. 피부와 피부 부속기관	1. 피부구조 및 기능 2. 피부 부속기관의 구조 및 기능
			2. 피부 유형 분석	1. 정상피부의 성상 및 특징 2. 건성피부의 성상 및 특징 3. 지성피부의 성상 및 특징 4. 민감성피부의 성상 및 특징 5. 복합성피부의 성상 및 특징 6. 노화피부의 성상 및 특징

필기과목명	문제수	주요항목	세부항목	세세항목
			3. 피부와 영양	1. 3대 영양소, 비타민, 무기질 2. 피부와 영양 3. 체형과 영양
			4. 피부장애와 질환	1. 원발진과 속발진 2. 피부질환
			5. 피부와 광선	1. 자외선이 미치는 영향 2. 적외선이 미치는 영향
			6. 피부면역	1. 면역의 종류와 작용
			7. 피부노화	1. 피부노화의 원인 2. 피부노화현상
		3. 공중위생 관리학	1. 공중보건학	1. 공중보건학 총론 2. 질병관리 3. 가족 및 노인보건 4. 환경보건 5. 식품위생과 영양 6. 보건행정
			2. 소독학	1. 소독의 정의 및 분류 2. 미생물 총론 3. 병원성 미생물 4. 소독방법 5. 분야별 위생·소독
			3. 공중위생관리법규 (법, 시행령, 시행규칙)	1. 목적 및 정의 2. 영업의 신고 및 폐업 3. 영업자 준수사항 4. 면허 5. 업무 6. 행정지도감독 7. 업소 위생등급 8. 위생교육 9. 벌칙 10. 시행령 및 시행규칙 관련사항
		4. 화장품학	1. 화장품학 개론	1. 화장품의 정의 2. 화장품의 분류
			2. 화장품 제조	1. 화장품의 원료 2. 화장품의 기술 3. 화장품의 특성

필기과목명	문제수	주요항목	세부항목	세세항목
			3. 화장품의 종류와 기능	1. 기초 화장품 2. 메이크업 화장품 3. 모발 화장품 4. 바디관리 화장품 5. 네일 화장품 6. 향수 7. 에센셜(아로마)오일 및 캐리어오일 8. 기능성 화장품
		5. 네일미용 기술	1. 손톱, 발톱 관리	1. 재료와 도구 2. 습식매니큐어(손톱, 발톱) 3. 매니큐어 컬러링 4. 페디큐어 5. 페디큐어 컬러링
			2. 인조네일	1. 재료와 도구 2. 네일 팁 오버레이 3. 아크릴 스컬프처 4. 젤 스컬프처 5. 인조네일(손, 발톱)의 보수와 제거

뷰티산업시장이 나날이 발전하면서 뷰티서비스산업에서 필요한 전문 인력은 점점 그 수요가 커지고 특히 네일리스트의 수는 턱없이 부족한 실정입니다. 이 책을 내기까지 저자들은 미용사 네일 국가자격증이 자리를 잡아가면서 현장에서 일하는 전문가들의 자부심과 직업에 대한 긍지도 점점 높아지고 있고, 네일 전문서적도 훌륭한 집필진들의 노고로 수도 없이 쏟아져 나오고 있어, 사실 네일 자격증 책을 굳이 또 낼 필요가 있을까 하는 의구심을 가진 바 있습니다. 그러나 오랜 시간을 고민을 하다 결국 출판을 결심한 가장 큰 이유는 보기 쉽고 공부하기 쉬운 책을 내고자 하는 바람과 앞으로 네일 시장을 이끌어갈 미래의 전문가들에게 다양한 선택의 폭을 주고 싶다는 의지가 컸기 때문입니다.

네일 시장의 급성장은 한국의 뷰티산업의 문화를 뒤바꾸고 있고, 미래의 희망찬 젊은 네일 전문가들이 많이 양성되어야 하는 현실을 감안해보면 미용사 네일국가자격증 시험을 치르는 인구는 갈수록 늘어갈 것으로 예상되기에 저자들과 연구원들이 힘을 합쳤습니다. 국가자격증을 취득했다고 해서 모두가 전문가의 반열에 오르는 것은 아니기 때문에 이제 자격증을 준비하고 있는 젊은 인재들이 시험 후에도 참고서적으로 곁에 두고 실용서처럼 사용할 수 있는 교재가 되었으면 하는 바람으로 필기편을 준비했고, 네일산업에서 열심히 제자를 양성하고 실력을 키워 오신 안금옥 교수님과 이지향 교수님께서 실기편도 준비중이십니다. 실기편은 어디서든지 실기를 눈으로 보고 배울 수 있도록 새로운 형태의 아이템을 구상중에 있습니다. 네일책뿐만 아니라 한국의 젊은 뷰티션들이 앞으로 멋진 미래를 설계할 수 있도록 좋은 밑거름이 될 수 있는 책들도 구상하고 집필할 예정입니다.

네일 공부에 도움이 될 만한 좋은 내용의 책이 출판될 수 있도록 도와주신 도서출판 대가의 김호석 대표님과 자주 만나지는 못하지만 떨어져 있어도 좋은 에너지를 전달해주시는 멋쟁이 안금옥 교수님과 성격 좋으신 이지향 교수님과의 작업이 너무 유쾌하고 재미있었음을 다시 한번 지면을 통해 전해드리고 싶습니다. 앞으로도 자주 이런 기회를 갖자고 다짐했으니 약속을 지키는 것으로 저 또한 글로 남깁니다. 끝으로 언제나 밝은 웃음과 젊음의 열기를 느끼게 해준 미녀 삼총사, 늦은 시간까지 몇 날 며칠을 자료수집과 교정을 도와준 다(Da) 네일 연구원 안솔, 이은지, 오하나 양에게 감사의 인사를 전합니다.

2016년 6월 저자 일동

PART Ⅲ 공중위생관리학

PART Ⅳ 화장품학

PART Ⅴ 네일미용 기술

PART Ⅰ 네일 개론

PART Ⅱ 피부학

PART Ⅲ 공중위생관리학

PART Ⅳ 화장품학

PART Ⅴ 네일미용 기술

PART

I

네일 개론

네일미용의 역사 • 네일미용 개론 • 해부생리학

네일미용의 역사

Point

한국과 외국의 네일미용 역사에 대해
간략하게 학습한다.
근·현대의 미용은 연도까지 외워야 할
것이다.

1 한국의 네일미용

구 분	특 징
고려시대	봉선화과의 한해살이풀을 지갑화라고 불렀으며, 여성들이 지갑화를 이용해 손톱을 물들이기 시작
조선시대	세시풍속집 〈동국세시기〉에 젊은 각시와 어린이들이 신분과 상관없이 손톱에 봉선화 물을 들였다고 기록
1992년	최초의 전문 네일숍 그리피스 네일살롱이 이태원에 오픈
1996년	세씨 네일, 헐리우드 네일 등 네일 전문 살롱이 압구정동에 개설
1997년	미국 레브론 계열사인 크리에이티브 네일사가 다양한 제품을 국내에 대량 보급하면서 대중화되기 시작
1998년	네일아트 민간 자격시험제도 도입
2002년	네일 산업 호황기

2 외국의 네일미용

구 분		특 징
고대	이집트	• BC 3000년경 헤나(Henna)라는 관목에서 추출한 붉은 오렌지색 염료로 손톱에 염색 • 사회적 신분을 나타내기 위해 사용 • 왕과 왕비는 적색류(최상류층), 신분이 낮은 계층은 옅은 색상
	중 국	• 에나멜이라는 최초의 페인트 사용 (벌꿀, 달걀흰자(난백), 아라비아산 고무나무 수액으로 제조) • 입술에 바르는 홍화로 손톱을 염색(조홍) • BC 600년, 귀족들은 금색과 은색을 사용
	그리스·로마	• 남성들의 전유물로 손톱을 관리하기 시작 • 3세기 로마시대에는 왕족과 귀족만을 전문으로 하는 궁중 네일리스트가 존재함. 손·발톱을 정리하는 관리목적 사용
중세	중 국	• 15세기경 명나라 귀족들은 검정색, 붉은색을 손톱에 발랐음 • 17세기, 상류층 남녀들은 손톱을 길게 기르고 금·대나무 부목 등으로 손톱 보호
	인 도	• 17세기 상류층 여성들은 신분을 과시하기 위하여 조모(Nail Matrix)에 문신바늘로 색소를 주입해 신분 표시함

구 분		특 징
근대 (19세기)	1800년	• 네일아트가 대중화되기 시작 • 아몬드 모양의 네일 형태가 유행 • 붉은색 오일을 바른 후 샤미스(부드러운 염소가죽)를 이용해 색깔이나 광을 냄
	1830년	• 발 전문의사인 시트가 치과에서 사용하던 기구에서 고안한 오렌지 우드스틱을 네일 관리에 사용
	1885년	• 네일 에나멜의 필름 형성제인 니트로셀룰로오스 개발
	1892년	• 시트의 조카에 의해 네일 관리가 여성들의 새로운 직업으로 미국에 도입
	1900년	• 금속 파일, 금속 가위 등의 네일 도구 사용 • 에나멜을 붓(낙타털)으로 바르기 시작 • 유럽에서도 네일 관리가 본격적으로 시작
현대	1910년	• 매니큐어 회사인 플라워리(Flowery)가 뉴욕에 설립 • 금속 파일 및 사포로 된 파일이 제작
	1925년	• 네일 에나멜 시장 본격화 • 문 매니큐어 유행
	1927년	• 흰색 에나멜, 큐티클크림, 큐티클 리무버 제조
	1930년	• 네일 에나멜 리무버, 워머 로션, 큐티클오일 최초 등장 • 제나(Gena)연구팀
	1932년	• 다양한 네일 에나멜 제조 • 미국 레브론(Revlon)사에서 립스틱과 어울리는 네일 에나멜을 최초로 출시
	1935년	• 인조네일 개발
	1940년	• 여배우 리타 헤이워드에 의해 빨간 컬러 스타일 유행 • 이발소에서 남성 네일 관리 시작
	1948년	• 미국의 노린 레호(Noreen Reho)에 의해 매니큐어 작업시 기구 사용
	1950년	• 자연네일에 가까운 색상 유행
	1956년	• 헬렌 걸리(Helen Gourely)가 최초로 미용학교에서 네일을 가르침
	1957년	• 현대적 페디큐어 등장 • 네일 팁 사용 증가 • 호일을 이용한 아크릴네일 최초 등장(패디네일)
	1960년	• 실크와 린넨을 이용하여 약한 손톱을 강하게 보강하는 랩핑 시술 시작
	1970년	• 네일 팁과 아크릴릭네일 본격적으로 사용 • 인조네일이 본격적으로 시작됨
	1973년	• IBD(미국 네일 제조회사)사가 최초로 네일 접착제와 접착식 인조네일 개발
	1975년	• FDA(Food and Drug Administration : 미국식약청)가 인체에 해를 끼친다는 이유로 메틸메타크릴레이트 등의 아크릴릭 화학제품 사용 금지

MEMO

Point

※ 문 매니큐어: 손톱의 반월 부분과 가장자리는 바르지 않고, 가운데 부분만 바르는방법(1925년 유행)

구 분		특 징
현대	1976년	• 스퀘어 모양의 손톱 유행 • 네일팁, 아크릴릭 네일, 파이버 랩이 등장 • 네일아트가 미국사회에 정착하기 시작
	1981년	• 네일 전문 제품 출시 • 에씨, 오피아이, 스타 등의 제조회사가 활동시작 • 네일 액세서리 등장
	1989년	• 네일 시장 급성장
	1992년	• NIA(the Nail Industry Associaion) 창립 • 네일 산업 정착
	1994년	• 라이트 큐어드 젤 시스템 등장 • 뉴욕주에 네일 테크니션 면허제도가 도입

네일미용 개론

1 네일미용의 안전관리

(1) 작업시의 안전관리

① 시술 전후 항상 소독제로 손을 소독하여 청결유지

② 날카로운 도구 사용시 피부에 상처가 나지 않도록 주의

③ 감염의 위험이 있는 도구는 철저한 소독 및 관리

④ 시술 도중 화학물질이 피부에 노출되지 않도록 주의할 것

⑤ 시술시 출혈이 있을 경우 사용한 도구나 기구는 소독하여 혈액에 의한 감염병에 대비

(2) 화학물질 취급시의 안전관리

① 살롱 내 공기를 자주 환기시켜 공기를 정화시킬 것

② 화학물질을 공기중에 뿌리지 말 것

③ 네일 관리시 발생하는 먼지를 흡입하지 않도록 마스크를 착용할 것

④ 재료의 마개를 반드시 닫아서 사용할 것

⑤ 화학제품의 사용법 및 주의사항을 반드시 읽고 사용할 것

⑥ 모든 용기에는 라벨을 붙여서 제품 사용시 혼동하지 않도록 할 것

⑦ 손을 청결하게 자주 씻을 것

⑧ 보호안경을 착용하여야 하며 콘택트렌즈 사용을 되도록 피할 것

⑨ 재료 배합시에는 용량의 정확성을 요할 것

⑩ 화학물질이 피부에 묻지 않도록 주의할 것

※ MSDS(Material Safety Data Sheet) - 제품안전정보 지침서

■ 제품안전정보 지침서는 재료의 위험성과 적절한 취급방법 및 과다 노출시 그 증상과 응급처치 방법에 관해 기술하고 있다.

■ 네일미용인들은 이 자료를 참고하여 안전하게 화학물질을 사용하는 방법을 숙지해야 한다.

(3) 전기 안전관리

① 전기기구는 젖은 손으로 만지지 말 것(감전 우려)

② 전기기기에 대한 주의사항을 정확히 숙지할 것

③ 정기점검 및 안전수칙을 반드시 이행할 것

④ 누전차단기의 이상 유무를 정기적으로 확인할 것

⑤ 안전기에는 반드시 정격 퓨즈를 사용할 것

(4) 위생 안전관리

① 고객이 사용한 타월을 통한 안구 감염에 주의할 것

② 네일 시술시 기구, 도구, 살롱 내부의 모든 위생관리를 철저히 할 것

③ 애완동물은 살롱 내에 출입을 금지할 것

④ 네일 살롱은 제품의 냄새뿐만 아니라 분진과 먼지가 많이 생기므로 환기시설은 매우 중요함

※ 네일미용인이 사용하는 일반적 화학물질

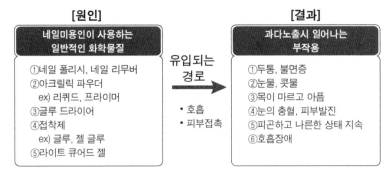

❷ 네일미용인의 자세

(1) 고객을 대하는 자세

① 친절하고 예의 바른 자세

② 전문가다운 깔끔하고 단정한 옷차림

③ 고객과의 신뢰가 쌓이도록 예약시간을 엄수할 것

④ 부드럽고 친절한 말투와 밝은 표정

⑤ 고객의 요구사항을 잘 들어줌

MEMO

(2) 전문 네일미용인으로서의 자세

① 고객에게 알맞은 서비스를 권할 것

② 모든 고객을 공평하게 대할 것

③ 위생 및 안전규정을 준수할 것

④ 고객의 요구를 정확히 파악, 만족스러운 서비스를 제공할 것

⑤ 최신 트렌드나 재료에 대한 정보를 항상 습득, 개발할 것

⑥ 항상 고객을 위해 사전준비를 철저히 하는 네일미용인이 될 것

⑦ 네일미용인으로서 긍지와 자부심 함양

⑧ 다른 사람의 이야기와 사생활 문제에 대해서는 언급을 피하도록 할 것

❸ 네일의 구조와 이해

(1) 손톱의 구조

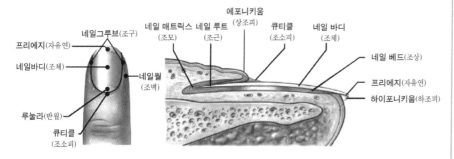

출처: http://blog.daum.net/_blog/BlogTypeView.do?blogid=0TL0j&articleno=8

① 손톱 자체

■ 네일 바디(Nail Body, 조체, 조판)

- 손톱 자체, 네일 플레이트(Nail Plat=조판)라고도 함

- 죽은 각질세포, 신경과 혈관이 없고, 산소를 필요로 하지 않음

- 네일 베드를 보호

- 네일 베드와 접한 아랫부분은 약하며 위로 갈수록 튼튼함

Point

네일을 지칭하는 전문 용어를 **오닉스**(Onyx)라고 한다.

네일의 모든 질병과 관련된 용어를 총칭하는 단어를 오니코시스(Onychosis)라고 한다.

네일의 구조, 특성, 형태, 병변 등 질환 출제분량이 많을 것 같으니 용어정의를 확실히 학습한다.

■ 네일 루트(Nail Root, 조근)
- 네일 베이스의 피부 밑에 묻혀 있는 얇고 부드러운 부분
- 새로운 세포가 만들어져 손톱의 성장이 시작되는 곳
- 네일 베드의 모세혈관으로부터 산소를 공급받음

■ 프리에지(Free Edge, 자유연)
- 손톱의 끝부분
- 네일 베드와 접착되어 있지 않으며, 네일의 길이와 모양을 자유롭게 조절할 수 있음

② 손톱 밑

■ 네일 베드(Nail Bed, 조상)
- 네일 바디를 받쳐주는 역할
- 네일 바디 밑의 피부를 말함
- 혈관과 신경이 분포하고 있으며, 네일의 신진대사와 수분공급

■ 네일 매트릭스(Nail Matrix, 조모)
- 네일 루트 밑에 위치하여 각질세포의 생산과 성장을 조절
- 혈관, 신경, 림프관이 분포
- 손상을 입으면 네일 성장이 저해될 수도 있음

■ 루눌라(Lunula, 반월)
- 네일 매트릭스와 네일 베드가 만나는 백색의 반달 모양 부분
- 완전히 케라틴화 되지 않음

③ 손톱 주변의 피부

■ 큐티클(Cuticle, 조상피, 조소피, 감피)
- 손톱 주위를 덮고 있는 신경이 없는 피부
- 병균 및 미생물의 침입으로부터 손톱, 발톱을 보호
- 건강한 큐티클은 적당한 수분 및 탄력 유지

■ 네일 폴드(Nail Fold, 조주름, 네일 맨틀)
- 네일 루트가 묻혀 있는 네일 베이스에 피부가 깊게 접혀 있는 부분

- **네일 그루브(Nail Groove, 조구)**
  - 네일 베드의 양쪽 면에 좁게 패인 부분
- **네일 월(Nail Wall, 조벽)**
  - 네일 그루브 위에 있는 네일의 양쪽 피부
- **페리오니키움(Perionychium, 조상연)**
  - 네일 전체를 에워싼 피부의 가장자리 부분
- **에포니키움(Eponychium, 상조피)**
  - 네일 베이스에 있는 피부의 가는 선(피부의 가장자리)으로 루눌라의 일부를 덮고 있음
  - 에포니키움은 반월(루눌라)을 덮고 있는 손톱위의 얇은 피부 조직을 말함
  - 큐티클과 에포니키움은 시작은 같으나 밖으로 나와 죽은 세포로 되는 것이 큐티클이다.
- **하이포니키움(Hyponychium, 하조피)**
  - 프리에지 밑부분 피부
  - 세균의 침입으로부터 손톱보호

4 네일의 특성과 형태

(1) 손톱의 특성
① 손톱은 피부의 부속기관, 케라틴이라는 섬유단백질로 구성
② 케라틴의 화학적 조성비(탄소 〉 산소 〉 질소 〉 황 〉 수소)
③ 손톱은 아미노산과 시스테인이 많이 포함되어 있음
④ 손톱은 일반적으로 12~18%의 수분을 함유하고 있음
⑤ 촉각에 해당하는 지각신경이 집중되어 있음

(2) 손톱의 성장
① 성장속도: 하루에 0.1~0.15mm

② 다친 손톱이 완전히 자라 대체되는 기간: 5~6개월

③ 발톱의 성장속도: 손톱의 1/2정도 느린 속도

④ 성장속도가 가장 빠른 계절, 빠른 손톱: 여름, 중지

⑤ 성장속도가 빠른 손톱 순서: 중지 〉 검지 〉 약지 〉 엄지 〉 소지

(3) 손톱의 역할(기능)

① 손끝과 발끝을 보호

② 물건을 잡거나 긁을 때 사용

③ 몸의 건강 상태를 확인할 때 사용

④ 방어와 공격의 기능

⑤ 미적 기능

(4) 건강한 손톱

① 네일 바디가 네일 베드에 강하게 부착되어 있어야 함

② 단단하며 탄력과 유연함을 동반해야 함

③ 반투명의 분홍색을 띠며 매끄럽고 윤택이 있어야 함

④ 갈라짐이 없어야 함

⑤ 세균에 감염되지 않아야 함

⑥ 12~18%의 수분을 함유하고 있어야 함

(5) 손톱의 상태에 따른 의심질환

① 노란색: 황달, 만성 폐질환 등

② 푸른색: 혈액순환 이상, 스트레스 등

③ 창백함: 빈혈, 영양장애, 스트레스 등

④ 녹색: 균에 의한 감염

⑤ 가로줄무늬: 과로, 영양실조, 급성 감염병, 정신질환 등

⑥ 얇고 잘 찢어짐: 비타민 또는 레시틴결핍, 만성 신경질환 등

⑦ 검붉은색: 모세혈관 손상 등

(6) 네일의 형태

네일의 형태	이 름	특 징
	스퀘어형 (사각네일) Square Shape	• 양 측면이 직각 형태로 다른 쉐입보다 강한 느낌 • 잘 부러지지 않아 약한 손톱에 적합 • 손끝을 많이 쓰는 컴퓨터 종사자나 사무직 종사자가 선호함 • 쉐입 잡기: 90°로 파일링
	라운드 스퀘어형 (스퀘어오프) Round Square Shape	• 스퀘어형으로 다듬은 후 양쪽 모서리 부분만 살짝 둥글게 만드는 형태 • 고객이 가장 선호하는 세련된 형태 • 쉐입 잡기: 양쪽 모서리는 45°, 　　　　　　　중앙은 90°로 파일링
	라운드형 (둥근형) Round Shape	• 스트레스포인트에서 부터 직선이 살아있는 것이 중요 핵심 • 짧은 손톱에 적당, 남성의 선호도가 높은 손톱, 누구에게나 어울리는 형태 • 쉐입 잡기: 손톱 모서리에서 중앙으로 둥글게 45°로 파일링한 형태
	오벌형 Oval Shape	• 손이 길어 보이고, 여성스러운 느낌 • 통통한 손에 어울리는 형태 • 쉐입 잡기: 손톱 사이드에서 중앙으로 15~30°로 각을 주어 라운드보다 경사진 타원형 모양으로 파일링
	포인트형 (아몬드형) Point Shape	• 손톱의 넓이가 좁은 사람에게 어울림 • 끝이 뾰족하고 잘 부러짐 • 손가락이 가늘고 길어보이는 모양 • 쉐입 잡기: 파일을 10°로 파일링 　(손톱 양 측면의 사선이 대칭)
	스틸레토형 Stiletto Shape	• 대회 작품을 만들거나, 아트용 손톱모양 • 좁고 뾰족한 하이힐의 굽을 표현한 모양

MEMO

Point

※ 손톱의 형태: '**쉐입잡는다**' 라고 표현
　★ 세이프가 맞는 용어이나 현장에서는 쉐입으로 쓰여지고 있는 관계로 이후 쉐입으로 표기함
※ 손톱 모양 잡는 도구: 파일
　파일 단위: 그릿
※ 스트레스포인트(Stress point): 옐로우 라인이 끝나는 네일 양쪽 옆 끝점을 말함

※ 네일의 병변에 대해 정확한 이해 학습이 필요하다. 시술가능한 손톱과 **불가능한 손톱**을 구분할 수 있어야 하며, 증상 및 원인을 보고 이상 손톱을 찾을 수 있어야 한다.

5 네일의 병변

(1) 시술 가능한 이상 손톱

항목	증상 및 원인
멍든 손톱 [혈종] Bruised nail	• 네일 베드가 외부 충격으로 손상되어 피가 응결된 상태 • 적갈색 또는 흑색으로 변함 • 네일 매트릭스가 손상되지 않았다면 서서히 자라남 • 치료기간중 네일이 떨어져 나갈 수 있으므로 인조네일 시술 금지
변색된 손톱 [조갑변색] Discolored nails	• 네일 색깔이 황색, 푸른색, 자색, 적색 등 여러 색으로 변하는 것 • 베이스코트 없이 유색 에나멜을 바를 경우 발생 • 혈액순환이나 심장질환이 좋지 않을 경우 발생 • 일반치료나 구강치료시 곰팡이균에 의해 감염됨
에그쉘 네일 [조연화증/계란껍질 손톱] Eggshell nail	• 네일이 얇아지고 하얗게 되어 프리에지 부분이 굴곡이 진 상태 • 질병, 다이어트, 신경계통 이상으로 나타나는 현상 • 부드러운 파일로 파일링, 네일강화제 또는 특수에나멜 사용하여 관리
코루게이션 [퍼로우/고랑파진 손톱 /주름잡힌 손톱] Furrow/Corrugations	• 네일 표면에 가로, 세로로 골이 파인 현상 • 아연 결핍 위장장애, 순환계의 이상, 영양결핍, 고열, 임신, 홍역 등 건강상태가 **좋지 못할** 때 발생 • 철제 푸셔 사용을 피하고 파일을 사용하여 표면을 고르게 하여 관리
거스러미 손톱 [행네일] Hang nail	• 큐티클 주위가 너무 건조하여 거스러미가 일어난 상태 (가을, 겨울철에 주로 발생) • 합성세제 등에 자주 노출되는 것이 원인 • 핫크림 매니큐어, 파라핀 매니큐어로 큐티클 보습 처리
루코니키아 [백색반점/조백반증/ 백색조갑] Leukonychia	• 네일에 흰 반점이 나타나는 상태 • 조상과 조모 사이에 공기가 들어가 기포 형성 • 에나멜을 사용해 반점 커버 혹은 자라면서 자연스럽게 없어짐
니버스 [검은반점/모반점] Nevus	• 네일 표면에 멜라닌 색소가 착색되어 일어나는 현상 • 밤색이나 검은 색상의 얼룩이 나타나는 상태 • 네일이 자라면서 없어짐
오니코파지 [교조증] Onychophagy, Onychophagia	• 습관이나 스트레스로 손톱을 심하게 물어뜯는 현상 • 인조네일과 매니큐어링으로 관리
오니코크립토시스 [인그로운네일/조내생증]	• 네일이 살 속(조구)으로 파고들어가는 현상(주로 발톱에서 나타남) • 잘못된 파일링, 작은 신발 등으로 인해 발생

항목	증상 및 원인
Onychocryptosis/ Ingrown nail	• 네일을 너무 바싹 자르지 않고 쉐입은 스퀘어형으로 관리
오니캐트로피아 [조갑위축증] Onychatrophia /Onychatrophy	• 네일이 윤기가 없어지고 오그라들면서 떨어져나가는 상태 • 네일 매트릭스(조모) 손상, 내과적 질환, 강한 알칼리성 세제를 　사용할 경우 발생 • 푸셔나 강한 세제 사용 주의 • 파일링은 매우 조심스럽게 해야함
오니콕시스 [조갑비대증] Onychauxis	• 네일의 과잉성장으로 인해 지나치게 두꺼워지는 현상 • 네일 내부의 상처, 질병, 감염, 유전에 의하여 발생 • 두꺼운 부분: 파일 또는 드릴 머신으로 관리 　휘어진 부분: 네일을 자른 후 정리
오니코렉시스 [조갑종렬증] Onychorrhexis	• 네일이 세로로 갈라지거나 부서지는 상태 • 과다한 화학제품 사용, 갑상선기능 항진증으로 인하여 발생 • 핫오일매니큐어, 부드러운 파일을 이용해 파일링으로 관리 혹은 　인조네일이나 실크랩으로 보호
오니코사이아노시스 [조갑청맥증] Onychocyanosis	• 네일 색이 푸르게 변하는 현상 • 혈액순환이 좋지 않을 때 발생 • 근본적인 원인 제거를 위한 치료 필요
테리지움 [조갑익상증/표피조막] Pterygium	• 큐티클이 네일 위로 과잉성장하는 현상 • 핫오일 매니큐어 시술, 지속적인 관리 필요

(2) 시술 불가능한 이상 손톱

항목	증상 및 원인
몰드 [조갑사상균증] Mold	• 자연네일과 인조네일 사이로 습기가 스며들어 사상균이 서식하 　면서 발생하는 사상균에 의한 감염 • 황록색에서 점차 검은색으로 색깔 변화 • 네일이 약해지면서 악취가 나고 떨어져 나가는 증상
오니키아 [조갑염] Onychia	• 네일 폴드에 염증이 생겨서 빨갛게 붓고 고름이 생기는 현상 • 비위생적인 도구 사용시 상처를 통해 감염
오니코리시스 [조갑박리증] Onycholysis	• 네일 바디(조체)와 네일 베드(조상)에 틈이 생겨 점차 벌어지는 증상 • 내과적 질환 또는 특정 약물치료로 인해 발생
오니코마이코시스 [조갑진균증]	• 진균에 감염된 질환 • 이 병은 프리에지로 침투하여 뿌리로 퍼져나감

MEMO

Point

※ 네일 기구, 도구, 소모품 등 가장 필요하고, 중요한 재료만 요점정리한 것이다.
제품에 따른 사용용도는 구분할 줄 알아야 한다.

항목	증상 및 원인
Onychomycosis	• 네일이 황갈색으로 변색되고 네일바디는 불균형적으로 얇아지거나 떨어져 나감
오니코그리포시스 [조갑구만증] Onychogryphosis	• 네일이 두꺼워지고 심하게 구부러지는 현상 • 염증을 일으킬 수 있으며, 피부 속으로 파고들 경우 통증 유발
오니콥토시스 [조갑탈락증] Onychoptosis	• 네일의 일부 또는 전체가 손가락에서 주기적으로 떨어져 나가는 증상 • 매독, 심한 외상, 약물반응으로 발생
파로니키아 [조갑주위증] Paronychia	• 네일 주위가 세균에 감염되어 염증이 발생하는 현상 • 전염성이며, 염증과 고름이 생기는 급성화농성 염증 • 비위생적인 도구 사용, 큐티클을 과도하게 제거할 경우 발생
펑거스 [진균] Fungus	• 자연네일 자체에 생기는 진균감염증 • 큐티클 쪽으로 퍼져 나가며 증상이 진전됨에 따라 검은색 또는 어두운 색으로 변함 • 네일 베드(조상)와 네일 바디(조체)의 분리 현상 발생
파이로제닉 그래뉴로마 [화농성육아종] Pyrogenic Granuloma	• 심한 염증 상태로 손톱 주위의 붉은 살이 네일 베드(조상)에서 네일 바디(조체)로 자라나는 상태 • 박테리아 감염 또는 비위생적인 도구 사용으로 인해 발생

6 네일 기기 및 재료

(1) 네일 기구

■ 소모되지 않고 사용 불가능할 때까지 사용할 수 있는 것

제 품 명	쓰이는 용도
작업 전용 테이블	• 화학제품에 손상되지 않는 것 • 제품과 도구를 보관할 수 있는 충분한 공간 구비
고객용, 시술용 의자	• 의자 모두 높낮이 조절이 가능한 것 • 폴리시 또는 화학제품의 제거가 용이하고 부식되지 않는 재질일 것
핑거볼(Finger Bowl)	• 습식매니큐어 과정에서 손의 큐티클을 불릴 때 사용
램프	• 각도조절이 가능하고 40와트 이상의 백열 전구부다 형광등 선택

제 품 명	쓰이는 용도
자외선 소독기	• 네일 도구의 소독, 살균에 사용
재료 정리대(Supply Tray)	• 네일 서비스에 사용되는 도구와 제품들을 정리하기에 적당할 것
손목 받침대	• 손목과 팔을 안락하게 받쳐주는 것
에나멜 드라이어	• 폴리시의 건조속도를 빠르게 하기 위해 사용하는 기기
솜 용기	• 솜이나 페이퍼 타월을 담는 용기 • 반드시 뚜껑이 있는 것으로 선택
더스트브러쉬	• 네일 바디 위의 먼지를 털어내는 데 사용
디스펜서 (Dispenser)	• 폴리시리무버나 아세톤 등을 담아 사용하는 펌프식 용기

예) 습식소독기, 일러스트브러쉬, 젤램프기 등

(2) 네일 도구

■ 매니큐어 시술에 사용하는 것으로 반드시 소독처리하고 사용

제 품 명	쓰이는 용도
네일 클리퍼	• 자연네일, 인조네일 길이 조절시 사용(일자형이 편리)
파일(File)	• 네일 길이 조절, 표면을 다듬을 때 사용 • 그릿의 숫자가 높을수록 부드럽다
큐티클 니퍼	• 손톱 주위의 큐티클을 정리할 때 사용
팁 커터	• 팁을 원하는 길이로 자를 때 사용
메탈 푸셔/스톤 푸셔	• 손톱 주위의 굳은살, 각질층을 밀어 올리는 데 사용
랩 가위(실크가위)	• 실크, 파이버글라스, 린넨 등을 재단하는 데 사용
콘 커터	• 발바닥 굳은살이나 각질을 제거할 때 사용 • 일회용 면도날을 끼워서 사용

예) 그외 버퍼, 광파일, 오렌지우드스틱 등

(3) 네일 재료: 네일용품과 네일제품

■ 매니큐어 시술할 때 사용되는 소모품

제 품 명	쓰이는 용도
네일 폴리시	• 손톱에 색을 입히는 화장제
베이스코트	• 자연네일의 오염과 변색 방지 • 에틸아세테이트, 이소프로필알코올, 부틸아세테이트, 니트로셀룰로오스 등
탑코트	• 폴리시 보호 및 광택 • 폴리시 바른 후 마지막 단계

제 품 명	쓰이는 용도
큐티클오일	• 큐티클 정리하기 전 네일을 부드럽게 해주는 유연제 • 큐티클을 유연하게 해준다. • 주성분: 식물성오일이 주원료로 사용되며, 라놀린, 비타민A, 비타민E가 함유
네일표백제(네일블리치)	• 누렇게 변색된 손톱을 희게 표백시키는 용도
네일 폴리시 시너	• 폴리시가 끈적거릴 때 묽게 만들어 사용(1~2방울 정도가 효과적임)
네일 보강제/강화제	• 자연네일에 사용하는 보강제 • 찢어지거나 갈라진 약한 손톱을 튼튼하게 만들어 주기 위한 영양제
알코올	• 70% 농도의 알코올로 피부, 도구 소독에 사용
항균 소독제 (안티셉틱)	• 피부소독제로 시술 전 시술자와 고객의 손을 소독하는 데 사용 • 기구 소독제로는 큰 효과가 없음
폴리시리무버	• 아세톤과 비아세톤이 있으며, 인조네일은 비아세톤 사용 • 주성분: 에틸아세톤, 초산 부틸 등

파일(File)	• 파일의 단위(Grit): 그릿(Grit)의 숫자가 높을수록 부드럽다.
	[파일 종류 및 사용용도]
	  - **60~80그릿:** 거친파일
	  - **100그릿:** 길이, 두께조절, 모양정리
	  - **150그릿:** 애칭, 표면, 옆선, 앞선정리
	  - **180그릿:** 애칭, 표면정리
	  - **240그릿:** 세심한 표면정리
	  - **400~500그릿(버퍼):** 표면의 흠을 좀더 세심하게 정리
	  - **4,000그릿:** 부드럽고 광택나는 파일
	  - **12,000그릿(광버퍼):** 광내기용 버퍼

광택파일(3-Way File)	• 손톱 표면에 광택을 낼 때 사용
오렌지 우드스틱	• 손톱 주변의 폴리시를 제거할 때 사용 • 큐티클을 밀어 올릴 때 사용
샌딩블럭(버퍼)	• 자연네일 표면 정리, 유분 제거
글루	• 네일 팁이나 랩 접착시 사용하는 접착제
젤 글루	• 글루보다 점도가 높고 접착력이 강함
글루 드라이어(엑티베이터)	• 글루, 젤글루를 빨리 건조시킬 때 사용
랩	• 자연네일이 찢어지거나 갈라질 때 보수로 사용
필러 파우더	• 랩, 네일 팁이 갈라졌거나 떨어져 나간 부분을 채울 때 사용 • 익스텐션 작업시 사용
페이퍼 타올	• 위생 처리 된 수건 위에 깔고 자주 갈아줄 것
솜	• 폴리시를 제거할 때 사용

제 품 명	쓰이는 용도
스파출러	• 균 번식 억제 • 손가락 대신 사용
지혈제	• 작업시 가벼운 출혈을 멈추기 위함

7 고객관리

(1) 고객층별로 고객의 취향, 성격, 특징 등을 파악해 차별화된 서비스를 제공

(2) 고객카드 작성 및 관리: 고객의 기호와 건강상태, 고객의 시술내용, 특정 제품에 대한 부작용 여부, 서비스 제공의 유무, 서비스 금액의 유무 등 기본적으로 모두 기록

(3) 네일시술뿐만 아니라 미용에 관한 정보를 지속적으로 제공함으로써 고객의 신뢰확보

(4) 고객 응대 및 서비스에 관해 종업원 교육 필요

(5) 차별화된 서비스로 고객의 충성도를 높이고 기존고객의 이탈방지

(6) 사은품 또는 할인상품을 활용한 신규고객 유치 및 기존고객 재방문 유도

해부생리학

1 세포의 구조 및 작용

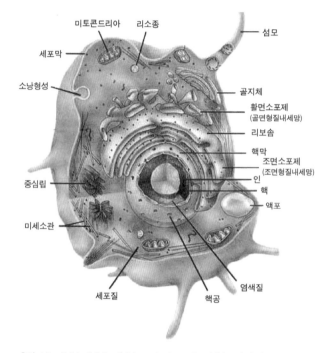

출처: http://clinicclinic2.cafe24.com/prclnc-mdcne/cll-btcs/evltn.htm

- **세포(Cell):** 동식물을 포함한 모든 생명체의 기능적, 구조적, 유전적 기본
  이 되는 단위

(1) 세포의 구조: 핵−세포질−세포막

① **핵(Nucleus)**

- 핵막, 핵소체(인), 핵산(DNA, RNA), 핵공으로 구성
- 핵막에 둘러싸여 있음
- 세포의 대사
- 단백질 합성과 성장, 분열을 조절
- 세포분열, 유전에 관여, 세포의 활성조절

② 세포질(Cytoplasm)

■ 핵을 둘러싸고 있는 원형질

■ 핵과 세포막 사이에 있는 반유동성 액체로 세포구조물이 존재 하는 곳

|세포 소기관|

종 류	기 능
미토콘드리아 (사립체)	• 세포 내 호흡생리 담당 • 동화작용 및 이화작용에 의한 에너지 생산 • 이중막으로 싸인 타원 모양
조면형질내세망 (조면소포체)	• 표면에 리보솜이 있는 소포체 • 리보솜에 의한 단백질 합성
리보솜	• 단백질 합성 • 구성: RNA와 단백질
리소좀	• 세포 내 소화기관으로 노폐물과 이물질 처리
골면형질내세망 (활면소포체)	• 스테로이드 호르몬 합성 • 표면에 리보솜이 없는 소포체
중심체	• 세포 분열시 자기복제를 하며 염색체를 끌어당기는 역할

③ 세포막(Cell membrane)

■ 세포의 경계를 형성하는 막

■ 주요성분: 지질, 단백질, 탄수화물, 콜레스테롤 등

■ 물질 이동방법

  - 수동적 이동 - 능동적 이동 - 수동적, 능동적 이동

■ 수동적 이동: 여과, 확산, 삼투

■ 능동적 이동: 능동적 운반, 음세포작용, 식세포작용, 토세포작용

■ 수동적, 능동적 운반 진행 방식으로 물질 이동이 이루어지며 인지, 촉매, 수용체의 기능을 갖고 있음

(2) 세포의 작용(세포의 신진대사)

① 동화작용: 세포의 조직을 형성하며 수분, 영양, 산소를 흡수하여 에너지를 생산하는 과정

② 이화작용: 세포의 조직을 분해하며 근육의 수축이나 분비 또는 열을 발생하는 것 즉 에너지를 소모하는 과정

2 조직구조 및 작용

- 같은 형태의 세포들이 모인 집단을 '조직'이라고 함
- 인체의 기본 4대 조직: 상피조직, 결합조직, 근육조직, 신경조직

(1) 상피조직(Epithelial Tissue)

① 신체의 체표면이나 체강, 관강 등의 표면을 한층 내지는 여러 층 덮고 있는 세포조직

② 기능: 보호기능, 흡수기능, 분비기능

(2) 결합조직(Connective Tissue)

① 인체에서 가장 많은 양을 차지하는 조직

② 신체의 형태를 지지, 외형을 유지, 장기와 조직 사이를 채워줌

③ 혈액, 림프, 연골, 조혈조직, 지방조직, 인대, 건골막 등이 있음

④ 결합조직의 기능: 세포, 기관 등을 결합, 보호, 충전하는 역할을 하는 조직

⑤ 연골: 골과 골 사이의 충격을 흡수하는 결합조직

(3) 근육조직(Muscular Tissue)

① 신체나 기관의 운동을 담당하는 조직

② 근육의 종류: 골격근(민무늬근), 내장근(평활근), 심장근(심근)

(4) 신경조직

① 신체 내에서 정보를 전달하는 기능을 하는 조직

② 뉴런(신경원)과 신경교세포로 구성

③ 통합과 조절기능을 함

3 뼈(골)의 형태 및 발생

(1) 인체를 구성하는 뼈

- 우리 인체를 구성하는 뼈는 성인의 경우 총 206개로 구성. 이 뼈는 관절을 통하여 서로 연결되어서 하나의 골격을 형성하므로 골격계(Skeletal System)라고 함

※ 이러한 골격계는 골(뼈), 연골(물렁뼈), 관절 및 인대로 이루어져 있음
■ 골격의 기능: 보호기능, 저장기능, 지지기능, 운동기능, 조혈기능

(2) 뼈(골)의 형태에 따른 분류

① 장골(긴뼈): 골수강이 형성하는 긴뼈로, 관상골이라 함
　　상완골, 요골, 척골, 대퇴골, 경골, 비골 등
② 단골(짧은뼈): 골수강이 없는 짧은뼈
　　수근골(손목뼈), 족근골(발목뼈)
③ 골수강이 없는 납작한 모양의 뼈: 견갑골, 늑골, 두개골 등
④ 불규칙골: 척추골, 관골
⑤ 종자골(종강뼈): 씨앗형태의 작은 뼈(슬개골)
⑥ 함기골(공기뼈): 두개골 중 전두골, 상악골, 사골, 측두골, 접형골

(3) 뼈(골)의 구조

종 류	내 용
골 막	• 뼈의 바깥면을 덮고 있는 결합조직층 • 기능: 뼈의 보호, 뼈의 영양, 성장 및 재생
치밀골 (뼈의 표면)	• 뼈의 바깥부분 • 조밀하고 딱딱함
해면골	• 뼈의 중심부 • 전체적으로 스펀지 모양으로 보이는 다공성 구조임
골수강	• 치밀골 내부의 골수로 차 있는 공간 　※ 골수: 적혈구, 백혈구, 혈소판 등을 만드는 조직
골 단	• 장골의 양쪽 끝부분 　※ 연골: 골과 골사이의 충격을 흡수하는 결합조직

(4) 뼈(골)의 발생

■ 뼈 발생(골화)은 '뼈로 바뀐다'는 뜻으로 모든 뼈는 골화 과정을 거친다.

① 골화

■ 처음에는 단단하지 않는 조직이 후에 단단하게 변화되는 과정
■ 연골내골화: 연골의 형태로 있다가 뼈의 원형이 형성되는 과정
　(대부분의 뼈 형성과정)
　(연골: 골과 골 사이의 충격을 흡수하는 결합조직)

Point

※ 연골: 연골세포와 연골세포를 둘러싼
　신축성이 있는 다량의 연골 기질로
　된 뼈를 의미, 골과 골 사이를 결합해
　주는 결합조직
※ 종자골 중 가장 큰 종자골: 슬개골이
　며 손과 발에 존재함

- ■ 막내골화: 두개골 중 대부분과 편평골의 골화과정으로 얇은 섬유성 결합조직에서 뼈가 되는 과정

② 골단
- ■ 완전하게 형성된 뼈의 끝선을 골단이라 함
  뼈의 성장이 멈추면 더 이상 커지지 않음

(5) 골격의 종류(206개)

종류		갯수
두개골(머리뼈)	뇌두개골 (두정골, 측두골, 후두골, 전두골, 설상골, 사골)	8개
	안면두개골 (상악골, 관골, 누골, 비골, 구개골, 하비갑개, 하악골, 서골)	14개
이소골(귀속뼈)		6개
설골(목뿔뼈)		1개
척추	• 경추(목뼈)	7개
	• 흉추(등뼈)	12개
	• 요추(허리뼈)	5개
	• 천추(엉치뼈)	1개
	• 미추(꼬리뼈)	1개
흉골(복장뼈)		1개
늑골(갈비뼈)		24개
상지골(팔뼈)		64개
하지골(다리뼈)		62개

4 손과 발의 뼈대(골격)

(1) 손의 뼈: 오른손 27개, 왼손 27개로 양손 총 54개 뼈로 구성

① 수근골(손목뼈)
- ■ 손목을 구성하는 8개의 짧은 뼈
- ■ 근위수근골: 주상골(손배뼈), 월상골(반달뼈), 삼각골(세모뼈), 두상골(콩알뼈)
- ■ 원위수근골: 대능형골(큰마름뼈), 소능형골(작은마름뼈), 유두골(알머리뼈), 유구골(갈고리뼈)

② 중수골(손바닥뼈)

■ 손바닥을 구성하는 5개의 뼈(1~5중수골 = Ⅰ~Ⅴ중수골)

③ 수지골(손가락뼈)

■ 엄지손가락: 기절골과 말절골로 구성

■ 나머지 손가락: 각각 3개씩 기절골(첫마디 손가락뼈), 중절골(중간마디손가락뼈), 말절골(끝마디 손가락뼈)

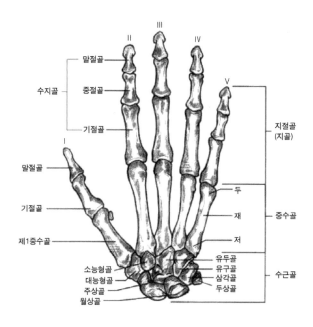

(2) 발의 뼈: 한 발에 26개씩 총 52개 뼈로 구성

① 족근골(발목뼈)

■ 발목을 구성하는 7개의 뼈로 몸무게를 지탱

■ 근위족근골: 거골(목말뼈), 종골(발꿈치뼈), 주상골(발배뼈)

■ 원위족근골: 제1설상골(내측설상골), 제2설상골(중간설상골), 제3설상골(외측설상골), 입방골

② 중족골(발바닥뼈)

■ 족근골과 지골 사이에 위치하여 발바닥을 형성하는 5개의 뼈

■ 제1중족골~제5중족골

③ 족지골(발가락뼈)

- 엄지는 2개, 나머지 발가락은 3개씩 총 14개로 구성
- 엄지발가락에는 기절골과 말절골 2개의 지골이 있고, 나머지 발가락에는 기절골, 중절골, 말절골 등 3개의 뼈가 있다.

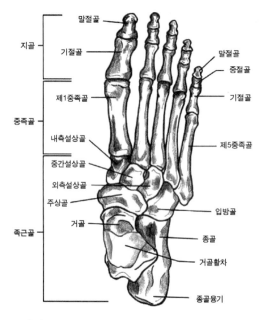

출처: http://m.blog.daum.net/wskim5101/19

④ 족궁

- 발바닥 안쪽의 아치 모양의 뼈
- 몸의 중력을 분산시키는 역할

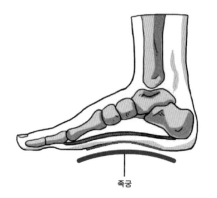

출처: http://blog.naver.com/hanla579/220448560180

5 손과 발의 근육

- 손바닥 면 요측의 높은 것을 '무지구'라고 하며, 이것을 형성하는 근 군을 총칭하여 '무지구근'이라고 함
- **손**: 관절과 관절사이에 서로 겹치는 여러 개의 작은 근육이 있다
- **손등**: 근육이 미약하게 발달돼 있으며, 무지굴근, 중수근, 소지굴근으로 나뉜다.

(1) 손의 근육

구　분	손 근육	작　용
무지구근 (=모지구근)	단무지외전근	엄지손가락의 외전
	단무지굴근	엄지손가락의 굴곡
	무지대립근	엄지손가락의 대립 (물건을 잡는 데 중요한 역할을 함)
	무지내전근	엄지손가락의 내전
소지구근	소지외전근	새끼손가락의 외전
	단소지굴근	새끼손가락의 굴곡
	소지대립근	새끼손가락의 대립 (무지대립근과 협동하여 물건을 잡는 역할)
중간근	충양근(4개)	손가락의 굴곡, 손허리뼈의 사이를 채워주는 근육
	장측 골간근(3개)	2, 4, 5번째 손가락의 내전 및 굴곡
	배측 골간근(4개)	2~4번째 손가락의 외전 및 굴곡

※ 근육의 구분

구　분	기　능
신　근	손목과 손가락을 벌리거나 펴게 하여 내, 외측 회전과 내외향에 작용하는 근육
굴　근	손목을 굽히고 내외향에 작용하며 손가락을 구부리게 하는 근육
외전근	손가락 사이를 벌어지게 하는 근육
대립근	물건을 잡을 때 사용하는 근육
내전근	손가락을 나란히 붙이거나 모을 수 있게 하는 근육
회내근	손을 안쪽으로 돌려서 손등이 위로 향하게 하는 근육
회외근	손을 바깥쪽으로 돌려서 손바닥이 위로 향하게 하는 근육

Point

※ **근육용어 의미**

굴곡(=굽힘)

외전(=벌림)

내전(=모음)

회전(=돌림)

회선(=휘돌림)

회내(=엎침)

회외(=뒤침)

※ **손가락 운동중**

손바닥 쪽으로 움직이는 것을 '굽힘'

손등쪽으로 퍼지는 것을 '폄'이라함

(2) 발의 근육

① 근육은 신축적 조직으로 주로 발의 중심부위를 구성함.

　건은 근육의 끝부분에서 근육을 뼈에 연결하는 역할을 함.

② 발에는 19개의 근육과 건이 있는데 그중 18개가 발바닥에 위치함.

　또한 하지의 13개 건이 발의 각각의 부분과 연결되어 있음.

③ 족배근(발등근육): 단지 신근(짧은발가락폄근), 단무지 신근(짧은엄지폄근)

④ 족척근(발바닥근육)

※ 족척근(발바닥근육)

구분	발 근육	작용
내측족척근	무지외전근	엄지의 외전 및 굴곡
	단무지굴근	엄지발가락의 굴곡
	무지내전근	무지의 내전 및 굴곡
중앙족척근 (2~5지 운동에 관여)	단무지굴근	엄지발가락의 굴곡
	족척방형근	원위지절관절에서 장지굴근의 굴곡보조
	충양근	기절의 굴곡
	척측골간근	3~5번째 발가락의 내전 및 굴곡
	배측골간근	2~4번째 발가락의 외전 및 굴곡
외측족척근	소지외전근	소지의 외전을 보조
	단소지굴근	소지의 굴곡

6 신경조직과 기능

(1) 뉴런(Neuron): 신경계의 기본단위

① 신경세포체: 핵과 세포질로 구성, 뉴런의 생장 및 물질대사에 관여

② 수상돌기: 수용기 세포에서 자극을 받아 세포체에 전달

③ 축삭돌기: 세포체로부터 받은 정보를 말초에 전달(자극전달)

④ 시냅스(Synapse): 뉴런과 뉴런의 접속부위

　　　　　　축삭돌기와 수상돌기가 연결되는 곳

　　　　　　축삭돌기 말단부에 신경전달물질이 있음

(2) 신경계의 구성

① 중추신경계:

뇌(대뇌, 간뇌, 중뇌, 소뇌, 연수)와 척수로 구성

감각기관으로부터 전달된 여러 자극을 분석, 종합하여 판단

반응을 조절

② 말초신경계:

■ 체성신경계(뇌신경 12쌍) 및 척수신경(31쌍) 구성

감각기관 → (자극) → 중추신경계 → (명령) → 반응기관

중추신경계의 명령 → 반응기관으로 보냄

■ 자율신경계(교감신경과 부교감신경) 구성

각종 내장과 혈관에 분포

우리의 의지와 상관없이 몸의 기능을 자율적으로 조절

Point

※ **말초신경계 기능**

• **운동신경**: 뇌자극 - 근육 - 움직임

• **감각신경**: 감각기관 - 뇌 - 메시지 전달

• **혼합신경**: 감각 + 운동신경 - 혼합반사 작용이 일어남

(3) 손의 신경

① 액와신경(겨드랑이): 소원근과 삼각근의 운동 및 삼각근 상부에 있는 피부감각을 지배하는 신경

② 정중신경: 팔과 외측의 손바닥에 전체적으로 분포

(손바닥 외측 1/2의 피부감각을 지배하는 신경)

③ 요골신경: 손등의 외측과 요골에 분포

(윗팔과 앞팔의 신근과 회외근의 운동을 지배, 팔과 앞팔, 손등의 감각을 지배하는 신경)

④ 척골신경: 내측의 손바닥과 척골에 분포

(앞팔 내측 피부의 감각을 지배하는 신경)

⑤ 근피신경: 굴근에 분포 (팔의 굴근에 대한 운동 지배, 앞팔의 외측 피부감각을 지배하는 신경)

⑥ 수지골신경: 손가락에 분포

(4) 발의 신경

① 경골신경: 좌골신경에서 갈라진 것으로 무릎 뒤를 통과하는 신경(무릎, 종아리, 근육, 다리, 발과 발가락 등에 분포)

② 총비골신경: 무릎 뒤에서 발등, 발등을 통과하여 엄지와 둘째발가락에 분포

③ 복재신경: 하퇴의 내측부터 무릎 아래까지 분포

④ 비복신경(종아리): 종아리 뒤 바깥쪽을 내려와 발뒤꿈치 바깥쪽에 분포

⑤ 배측 신경: 발등에 분포

Point

■ **순환계**: 소화, 흡수된 양분, 호흡에 의해 생산된 이산화탄소, 내분비 기관에서 생성된 호르몬 등을 체내에 운반, 배분

구분	기능	작용
심장	• 혈액의 순환 작용 • 혈액의 역류를 막아줌	• 자율신경, 10번 뇌신경, 미주신경 • 좌 · 우심방, 좌 · 우심실로 구성
혈관		• 동맥, 정맥, 모세혈관
혈액	• 운반, 조절, 보호, 지혈 작용	• 성분: 적혈구, 백혈구, 혈소판, 혈장 • 혈장[혈액의 55%로 성분은 약 90%의 수분과 10%의 단백질을 함유
림프	• 운반작용, 감염방지, 유동 환경 제공	

■ **내분비계**: 관이 없이 혈류를 통하여 흐름, 물질을 분비시키는 특수기관임 (체내 항상성 조절을 맡는 호르몬 분비에 영향을 줌)

★ 뇌하수체, 부신, 갑상선, 흉선

■ **배설계**: 인체의 물질대사 결과로 생긴 물과 노폐물을 체외로 배출하는 기관

★ 간 - 담즙배설, 대장 - 음식물 배설, 폐 - 이산화탄소 방출
땀샘 - 발한작용, 신장 - 소변 배설

■ **소화계**: 음식을 체내로 받아들여 분해, 흡수, 배출까지의 종합적인 기능

★ 소화과정 순서

(구강 → 인두 → 식도 → 위 → 소장 → 대장 → 직장 → 항문)

■ **호흡계**: 외부환경으로부터 산소를 받아들이고 이산화탄소를 배출하는 기능

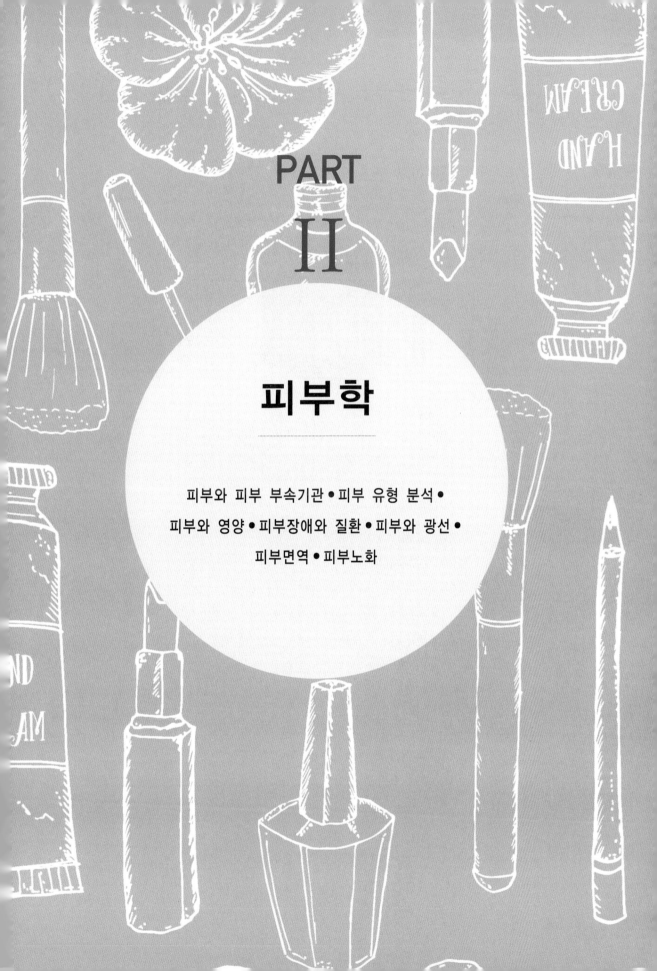

PART

II

피부학

피부와 피부 부속기관•피부 유형 분석•
피부와 영양•피부장애와 질환•피부와 광선•
피부면역•피부노화

피부와 피부 부속기관

1 피부 구조 및 기능

우리의 피부는 표피, 진피, 피하지방 세 개의 층으로 이루어져 있다.

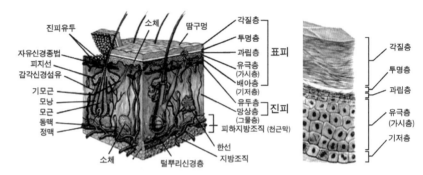

출처

- 피부구조: http://blog.naver.com/yebby0103?Redirect=Log&logNo=150105207368
- 표피:　　　http://blog.naver.com/goyangeenj?Redirect=Log&logNo=220163701329

　　　　　　http://blog.naver.com/rhodex?Redirect=Log&logNo=220444034649

(1) 표피

① 표피의 특성

- 몸의 가장 바깥쪽을 덮고 있으며, 피부의 최상부층에 위치함

- 두께는 0.2mm이며 신경과 혈관이 없음

- 세균이나 유해물질, 자외선으로부터 피부를 보호함

- 표피에 의해 피부결과 보습력, 피부색상이 결정됨

- 표피의 가장 아래층인 기저층에서 형성된 각질형성세포에 의해 각질화
  과정이 일어남

② 표피의 구성

구 조	기 능
각질층	• 무핵의 죽은 세포로 표피층의 가장 외부층으로 각화가 완전히 된 세포들로 구성 • 비듬이나 때처럼 박리현상을 일으킴 • NMF(천연보습인자)를 함유하고 있어 15~20%의 수분을 유지함

구 조	기 능
투명층	• 무핵으로 손바닥, 발바닥에만 존재 • 빛의 굴절 차단 및 수분 침투·증발을 방지하며 엘라이딘이라는 반유동적 단백질 때문에 투명하게 보임
과립층	• 케라토하이알린이라는 과립이 있어 과립층이라 함 • 외부로부터 이물질 침입 및 수분침투와 피부 내부의 수분유출을 막아줌 (수분저지막=레인방어막=베리어존) • 자외선의 80%를 흡수 (무핵층)
가시층 (유극층)	• 표피 중에서 가장 두꺼운 층. 가시모양의 돌기들이 연결되어 있어 가시층이라고 함 • 피부면역 기능을 담당하는 랑게르한스세포가 존재 • 유극층 세포 사이로 림프액이 흐르고 있어 혈액순환이나 노폐물 배출, 영양공급에 관여하는 물질대사가 이루어짐(유핵층)
기저층	• 표피에서 가장 아래층에 있으며, 진피와 경계를 이루는 물결 모양의 단층 • 피부의 물리적인 충격으로부터 보호해주는 각질을 만드는 각질형성세포와 자외선에 대해 보호작용을 해줄 수 있는 색소형성세포로 구성 • 각질화과정이 처음 시작되는 곳(유핵층이 존재)

③ 표피의 구성세포

세 포	기 능

각질 형성 세포	• 표피세포 중 가장 많이 존재하는 세포(80~90%)
	• 표피의 모든 층에서 발견되며 케라틴을 형성하는 것이 가장 주된 기능
	  ▸ 각화과정: 기저층에서 세포분열을 마친 세포가 유극층과 과립층을 거쳐 각질층에 도달하면서 핵이 없어지고 세포의 수분이 빠져나가 편평한 모양으로 변한 후 떨어져 나감
	  ▸ 각화주기: 기저층에서 세포가 생성된 후 떨어져 나갈 때까지 걸리는 시간. 약 28일

멜라닌 생성 세포 (기저층)	• 다수의 가지 돌기를 갖는 세포 • 표피의 기저층에 문어모양으로 자리하며, 티로시나아제 작용에 의해 멜라닌이 생성이 되며 피부색을 결정 • 멜라닌은 활성산소나 자유라디칼을 제거하고 자외선으로부터 피부를 보호
랑게르한스 세포 (유극층)	• 강력한 항원전달 세포로서 피부면역 관련 세포 • 표피세포 중 약 2~4% 존재
머켈 세포 (기저층)	• 기저세포층에 위치한, 피부의 가장 기본적인 촉각수용체 • 주로 털이 있는 부위에서 발견되지만 털이 없는 손발가락, 입술 및 입 점막과 같은 신체의 특정부위에 분포

(2) 진피

① 진피의 특성

- 피부 부피의 대부분(피부의 90% 이상)을 차지하며 유연성, 탄력성, 장력 등 피부의 특성을 제공
- 교원섬유(콜라겐)와 탄력섬유(엘라스틴) 및 기질(뮤코다당류)로 구성
- 표피에 영양분을 공급하여 표피를 지지, 외부의 기계적 손상으로부터 몸을 보호
- 수분저장, 체온조절, 감각에 대한 수용체 역할, 표피와 상호작용에 의해 피부의 재생을 도움
- 표피의 바로 밑을 유두진피(유두층)라고 하며, 피부의 얕은 혈관얼기 이하에서 피하지방층까지의 진피를 그물진피(망상층)라 함

② 진피의 구성

구 조	기 능
유두층	• 표피의 경계 부위에 유두 모양의 돌기를 이룬 부분 • 유두층의 물결모양은 노화가 진행됨에 따라 평평해짐 • 모세혈관이 몰려 있어 돌출된 고리를 통해 표피의 기저층에 영양분을 공급하며 신경이 분포
망상층	• 그물 모양처럼 생겼다고 해서 망상층이라고 함 • 진피의 대부분을 차지함 • 교원섬유인 콜라겐(진피의 90% 차지)과 탄력섬유인 엘라스틴(진피의 2~3% 차지), 그 사이를 채우고 있는 기질과 그 모든 성분을 만들어내는 섬유아세포(결합조직세포)로 이루어짐 • 유두층에 비해 모세혈관은 적고 비교적 큰 혈관과 신경, 감각기관중 압각, 한각, 온각이 분포

(3) 피하조직

① 피하조직의 특성

- 진피와 근육, 뼈 사이에 위치하며 지방을 함유하고 있는 피부의 가장 아래층
- 지방세포들이 지방을 생산하여 정상체온유지를 위한 체온조절기능, 수분조절 기능, 외부로부터 충격완화 작용 및 자극에 대한 피부탄력성 유지,

인체의 소모되고 남은 영양소 저장기능 등을 함
- 지방층의 과도한 축적으로 인해 피하지방층이 두꺼워지면 혈액순환이나 림프의 순환 저해로 피부 표면이 귤껍질처럼 울퉁불퉁해지는 현상이 생길 수 있는데 이러한 현상을 셀룰라이트라 함

(4) 피부의 기능

① 보호기능
- 물리적 자극에 대한 보호: 외부로부터의 충격, 압박, 마찰, 손상 등의 물리적 자극으로부터 인체 내부기관을 보호하고 외상을 받지 않도록 함
- 화학적 자극에 대한 보호: 약산성의 피지막이 피부 표면에 알칼리나 독성을 중화, 각질층을 구성하는 케라틴이 산이나 약알칼리, 유기용매물 등에 대해 강한 저항력을 가짐
- 세균(바이러스)에 대한 보호: 건강한 피부는 pH 4.5~6.5의 약산성으로 세균의 번식을 억제하고, 약산성의 피지막, 피지 속의 지방산이 세균의 침입을 막음
- 광선에 대한 보호: 자외선을 받으면 색소형성세포의 신경돌기가 자외선을 인지하여 멜라닌을 많이 만들어 표피에 분산시킴으로써 진피의 민감한 세포들을 보호함

② 체온조절작용
- 건강한 피부는 36.5℃의 체온을 유지함
- 외부 온도가 변하면 피부의 땀샘이 체온을 조절함
  추울 때: 피부혈관이 수축하여 열의 발산을 억제, 땀의 분비가 줄어듦
  더울 때: 혈관이 확장하여 열의 발산을 증가시킴. 모공이 넓어지며 땀의 분비가 늘어남

③ 분비작용, 흡수작용
- 한선(땀샘)의 한관을 통해 분비되는 땀은 체내의 수분과 노폐물을 동반하여 배설해서 신장의 기능을 보조하고, 피부 표면의 pH를 유지함
- 화장품과 같은 특정한 물질을 선택적으로 흡수하는 작용

④ 감각작용

- 통각, 압각, 온각, 냉각, 촉각, 소양감 등을 느끼게 함
- 통각점 > 압각점 > 촉각점 > 냉각점 > 온각점 순으로 많이 분포
- 통각은 피부에 가장 많이 분포되어 있으며 가장 예민한 감각이고, 온각은 오감 중 가장 둔한 감각

⑤ 저장작용

- 수분, 에너지와 영양, 혈액, 지방을 저장

⑥ 각화작용(재생작용)

- 표피의 신진대사로 기저층에서 피부세포가 생성되어 성장을 계속하면서 유극층, 과립층, 투명층을 거쳐 26~28일 주기로 각질이 떨어져 나가는 과정을 반복(세포재생)

⑦ 면역작용

- 림프구와 랑게르한스세포에서 면역물질을 생산

⑧ 호흡작용

- 모공을 통해 산소를 흡수하고 이산화탄소를 방출

⑨ 비타민 D 생성 작용

- 자외선 자극에 의해 비타민 D를 생성

(5) 피부의 구성성분

① 수분: 70%

② 단백질: 20%

③ 피하지방: 5%

④ 기타 무기질 및 효소: 5%

② 피부 부속기관의 구조 및 기능

(1) 한선

한선은 땀샘이라고도 하며 땀을 만들어 표면에 분비하는 기능을 하며 기능에 따라 소한선과 대한선으로 나뉨

① 소한선(에크린선)
- 입술과 음부를 제외한 전신에 걸쳐 분포
- 무색, 무취로 90% 이상이 수분으로 약 230만 개 정도가 분포

② 대한선(아포크린선)
- 모낭에 연결되어 있으며 피지선에 땀을 분비
- pH 5~6 정도이며 산성막의 생성에 관여
- 활동은 사춘기에 시작하며 성호르몬의 영향을 받음
- 땀의 성분이 복잡하며 분비되는 땀의 농도가 짙고 독특한 냄새를 가짐
- 겨드랑이, 눈꺼풀, 유두, 항문 주위, 외음부, 배꼽 주변 등 한정된 부위에 존재

(2) 피지선

① 피지선의 특징
- 손, 발바닥을 제외한 거의 모든 전신의 피부에 분포
- 얼굴과 두부는 팔, 다리보다 피지선의 크기가 크고, 그 수도 8배(평균800개/㎠) 많이 존재하며, 머리, 얼굴, 가슴, 등, 겨드랑이, 생식기 부위에 많이 분포
- 피지선에서 만들어진 피지는 반유동성 유성물질로 트리글리세라이드 43%, 왁스 23%, 스쿠알렌 15%, 자유지방산 15% 및 소량의 콜레스테롤 4%로 구성

② 피지의 작용
- 수분증발 억제: 각질층과 모발의 표면에 피지막을 만들어 수분증발을 방지

MEMO

- 살균작용: 피지 중 함유된 지방산이 화농균과 백선균을 살균
- 유화작용: 유화작용을 이행하는 물질 함유로 천연 크림과 같은 피지막을 형성
- 흡수조절작용
- 비타민 D 생성 작용: 피부의 타입(지성, 중성, 건성)을 결정

(3) 모발

① 모발의 특성

- 케라틴이라는 단백질이 주성분으로 멜라닌, 지질, 수분 등으로 구성
- 손바닥, 발바닥, 점막과 피부의 경계부위 등을 제외한 피부 어디에나 존재
- 표피의 상피세포로 이루어지며 생명과 직접관련은 없지만 외부로부터 우리 몸을 보호하고, 마찰 감소, 성적 매력을 제공하는 등의 역할
- 건강한 모발은 pH 4.5~5.5
- 성장기(2~6년), 퇴행기(3주), 휴지기(3개월)의 성장과정을 반복

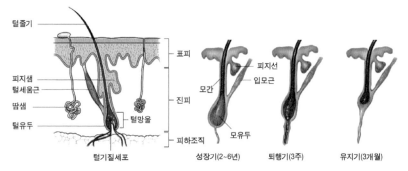

출처

- 모발의 구조 : 네이버 지식백과 : 서울대학교병원 신체기관정보

  http://terms.naver.com/entry.nhn?docId=938790&cid=51006&categoryId=51006&mobile

- 모발의 성장기 : 네이버 지식백과 : 두산백과

  http://terms.naver.com/entry.nhn?docId=1093636&mobile&cid=40942&categoryId=32756

② **모발의 결합구조**

- 폴리펩티드결합: 세로방향의 결합으로 모발의 결합 중 가장 강한 결합
- 수소결합: 아미노산과 아미노산 사이에서의 결합을 나타냄. 물에 의한 모발 힘은 적지만, 건조에 의한 모발 힘은 강함. 모발의 힘은 70% 수소 결합이 관여함.

■ 염(이온)결합: 모발은 pH4.5~5 범위(등전점)일 때 결합력이 최대로 케라틴 섬유 강도에 35%정도 기여하며 산·알칼리에서 쉽게 파괴됨

■ 시스틴결합: 측쇄결합으로 일반적인 모발 웨이브를 형성시킬 때 펌1제로 모발 케라틴 중 시스틴결합을 절단한 후 모발을 원하는 모양으로 변형시키고 형태 유지를 위해 2제(산화제)로 절단된 결합을 다시 합치는 결합

③ 모발의 색상

■ 천연 모발 색상은 모피질 층에서 발견되는 천연색소(pigment)의 양과 분포 정도에 따라 결정됨

■ 멜라닌 양이 많은 모발 색상 순서는 흑색〉갈색〉적색〉금색〉백색이며 과립의 크기도 큰 쪽이 흑색이며 적으면 적색과 갈색이 된다. 흰머리는 멜라노사이트에서 멜라닌 생성이 멈추어 일어나는 일종의 노화 현상

■ 유멜라닌: 갈색·검정색 중합체 입자형 색소

■ 페오멜라닌: 적색·갈색 중합체

④ 털세움근(입모근)

■ 교감신경의 지배를 받아 피부에 소름을 돋게 하는 근육

■ 진피의 표피에 접하는 유두부에서 모낭에 달하는 미소한 평활근으로, 털의 경사면에 존재하며 수축하면 털은 옆으로 회전하면서 서게 됨

■ 코털이나 눈썹 또는 얼굴의 솜털의 일부처럼 입모근이 없는 털도 있음

피부 유형 분석

1 정상피부의 성상 및 특징

① 중성피부라고도 하며 이상적인 피부 유형

② 수분이 적당하고 촉촉하며 피부색이 맑음

③ 주름과 기미가 없고 피지 분비가 적당함

④ 피부결이 곱고 모공이 촘촘하며 탄력이 좋음

⑤ 세안 후 당기거나 번들거리지 않음

⑥ 화장이 잘 지워지지 않고 오랫동안 지속됨

2 건성피부의 성상 및 특징

① 피지분비량이 적고 수분도 부족한 상태

② 피부가 푸석거리며 건조하고 얇은 편

③ 쉽게 각질이 생기며 노화가 빨리 옴

④ 모공이 촘촘하고 잔주름이 많으며 피부결이 섬세함

⑤ 세안 후 손질하지 않으면 심하게 당김

⑥ 화장이 잘 들뜸

3 지성피부의 성상 및 특징

① 피지분비량이 많고 여드름 발생과 염증 유발이 많음

② 모공이 크고 눈에 띄며 블랙헤드와 화이트헤드가 있음

③ 피부가 거칠고 주름이 보이며 번들거림

④ 피부가 두껍고 표면이 귤껍질처럼 보이기도 함

⑤ 남성호르몬(안드로겐)과 여성호르몬(프로게스테론) 기능이 활발

⑥ 피부색이 칙칙하고 어두워 보임

⑦ 피지분비가 활발해 외부에 대한 저항력이 비교적 강한 편

⑧ 건성피부에 비해 잔주름이 거의 없고 노화가 느린 편

⑨ 세안 후 잠시 지나면 번들거림

⑩ 화장이 잘 지워짐

4 민감성피부의 성상 및 특징

① 피부가 얇고 모공이 거의 보이지 않음

② 심신의 컨디션에 따라 피부가 쉽게 반응

③ 바람이나 날씨에 얼굴이 빨개짐

④ 얼굴이 빨개지는 원인으로는 계절의 변화, 화장품, 약품, 음식, 기호식
   품, 자외선, 스트레스, 내장기관 이상, 질병 등이 있음

⑤ 피부 저항력이 약해 붉고 예민하며 홍반, 수포, 알레르기 등의 반응이
   나타나기 쉬움

⑥ 세안 후 당김 심한 편

5 복합성피부의 성상 및 특징

① T존 부위에 피지분비가 많음

② T존 부위를 제외한 다른 부분은 건성화로 눈 주위나 볼이 건조함

③ 눈가에 잔주름이 많고 화장이 잘 받지 않음

④ 유분은 많은데 세안 후 눈가, 볼 부분이 당김

⑤ 피부트러블이 가끔 생김

6 노화피부의 성상 및 특징

① 피지분비량과 수분량이 감소

② 눈가와 입가에 잔주름이 생김

③ 탄력이 떨어져 볼 주위가 늘어지기 시작

④ 검버섯이 생기기 시작

⑤ 피부가 얇아짐

⑥ 세안 후 바로 당김

피부와 영양

1 3대 영양소, 비타민, 무기질

(1) 영양소

① 영양소

■ 식품의 성분 중 체내에서 영양적인 작용을 하는 유효 성분으로 우리 몸
을 만들고 에너지를 제공하며 몸의 생체 기능을 조절함

■ 우리 몸의 건강을 지키기 위해 반드시 섭취해야 하는 영양소로는 탄수화
물, 지방, 단백질 3대 영양소와 비타민, 무기질, 물 등을 합한 6대 영양소
가 있음

② 영양소의 구분

■ 열량소: 탄수화물, 지방, 단백질(에너지원)

■ 구성소: 단백질, 무기질, 물, 지방(신체조직 구성)

■ 조절소: 지방, 단백질, 무기질, 물, 비타민(생리기능 조절)

(2) 탄수화물

식사를 통해 얻는 총 섭취 열량의 60%를 차지하는 주된 열량 영양소

① 탄수화물의 기능과 역할

■ 에너지 공급

■ 단백질 절약 작용

■ 장내 포도당, 과당, 갈락토오스로 흡수

■ 신체 구성 성분

■ 소화흡수율 약 99%

■ 단당류(포도당, 과당, 갈락토오스)/이당류(자당, 맥아당, 유당)/다당류(전
분, 글리코겐, 섬유소)

(3) 지방

① 지방의 기능과 역할

- 농축된 에너지의 급원
- 체지방 축적
- 체온 유지, 장기 보호 기능
- 지용성 비타민의 흡수를 도움
- 세포막을 구성하고 피부를 보호
- 필수 지방산 제공
- 단순지질(중성지방, 밀납)/복합지질(인지질, 당지질, 지단백)/유도지질 (지방산), 콜레스테롤
- 필수 지방산: 리놀렌산, 리놀레산, 아라키돈산

(4) 단백질

체내에 필수적인 중요한 물질들을 만들거나 운반하고 외부로부터 침입한 이 물질과 대항하기도 하며 뼈, 근육 등의 연결 조직을 이룸

① 단백질의 기능과 역할

- 조직의 성장과 유지
- 호르몬과 효소, 항체, 세포막 형성
- 체액 균형 유지
- 산·염기(pH) 균형 유지
- 최소단위는 아미노산
- 피부, 모발, 손톱, 근육 등의 신체 조직을 생성
- 필수 아미노산: 이소루신, 루신, 발린, 리신, 메티오닌, 페닐알라닌, 트레 오닌, 트립토판, 히스티딘, 아르기닌
- 비필수 아미노산: 알라닌, 프롤린, 아스파라긴, 아스파르트산, 시스테인, 글루탐산, 세린글리신, 글루타민, 티로신

(5) 비타민

① 비타민의 특징

- 비타민은 그 자체로는 에너지를 제공하지 않지만 탄수화물, 지방, 단백질이 에너지를 내는 과정에 작용함
- 세포 분열, 시력, 성장, 상처 치료, 혈액 응고 등과 같은 과정에 참여함
- 필요한 양은 적지만 체내에서 합성되지 않아 반드시 식품으로 섭취해야 함
- 부족할 경우 신진대사가 원활하지 않고 결핍증이 나타남
- 지용성 비타민과 수용성 비타민으로 나뉨

② 비타민의 종류와 기능

구 분		기 능
지용성 비타민	비타민 A (레티놀)	• 시력보호, 피부건강, 성장촉진 • 카로틴이 체내에서 비타민 A로 전환됨 • 결핍증: 야맹증, 거친 피부, 성장 부진
	비타민 D (칼시페롤)	• 칼슘과 인의 흡수를 도와 뼈와 이를 튼튼하게 함 • 자외선에 의해 피부에서 합성됨 • 결핍증: 구루병, 골연화증
	비타민 E (토코페롤)	• 세포형성, 항산화제 • 결핍증: 조산, 유산, 불임, 신경계 장애
	비타민 K	• 혈액응고에 관여 • 결핍증: 혈액응고 장애
수용성 비타민	비타민 B₁ (티아민)	• 탄수화물 대사과정 중 조효소로서 매우 중요한 역할을 함 • 결핍증: 피로, 식욕부진, 각기병
	비타민 B₂ (리보플라빈)	• 에너지 발생 과정을 촉진 • 결핍증: 구순구각염, 설염
	비타민 C (아스코르브산)	• 콜라겐 합성, 상처 회복 촉진, 항산화 작용, 철의 흡수를 도움 • 결핍증: 만성 피로, 상처 회복 지연, 괴혈병

(6) 무기질

① 무기질의 기능과 역할

- 신체의 필수 성분
- 뼈, 치아 등의 체조직을 구성
- 대사작용, 조절기능, 효소와 호르몬의 구성요소로 작용
- 신경자극 전달, 근육의 수축성 조절, 심장박동 조절에 관여

MEMO

■ 산·염기(pH) 균형 조절

■ 체액의 균형 조절

■ 혈액응고 작용에 관여

② 무기질의 종류와 기능

종 류	기 능	결 핍
칼슘	• 뼈, 치아를 단단하게 함 • 심장박동, 불면증 완화, 근육운동, 혈압 조절, 신경전달 기능 촉진	골다공증
인	• 성장 촉진, 관절염의 통증완화 • 건강한 치아 유지 • 지방대사를 촉진시켜 에너지와 활력 증진	구루병
칼륨	• 혈압 저하작용 • 체내노폐물 배설 촉진 • 머리를 맑게 해줌	근수축 장애
마그네슘	• 우울증 치료보조 • 심혈관계 기능강화(심장발작 예방) • 치아를 건강하게 함	신경계 이상, 신장 질환
철	• 헤모글로빈 생성, 산소 운반, 빈혈 예방 • 감염증에 대한 저항력증가	빈혈, 두통, 현기증, 수족냉증
아연	• 상처치유 촉진, 식욕 촉진, 성장 촉진 • 정자생산 능력 촉진	동맥경화, 미각장애, 전립선 비대
요오드	• 과잉지방 연소 촉진작용(체중 감소 효과) • 활력 증진, 건강한 피부	갑상선 기능 저하증
셀레늄	• 항산화작용, 노화억제, 면역기능	노화, 생식기능 저하
나트륨	• 삼투압조절, 수분균형, 근육 및 신경자극 전도	근육경련, 무력감, 식욕감퇴
구리	• 철분 흡수 촉진, 에너지 생성 증가	근무력증, 안면 창백

(7) 물

■ 수분은 모든 조직의 기본 성분으로 신체의 2/3가량을 차지함

■ 신체 내에 함유되어 있는 수분의 양은 남자는 체중의 약 60%, 여자는 50~55% 정도이며, 체지방의 함량에 따라 수분 함량이 달라지는데 체지방의 함량이 많을 경우 40% 내외의 수분을 함유함

① 물의 기능과 역할

- 체온조절
- 입, 눈, 코 조직에 수분공급
- 관절 유연작용을 도움
- 세포 대사활동을 도움
- 장기 조직을 보호함
- 체내 공간을 채움
- 각종 영양소의 용해, 운반, 배출
- 독소제거, 노폐물 운반, 발암물질 희석
- 피로 감소, 숙취 감소
- 장 기능 활성화

2 피부와 영양

- 피부의 기능성과 미적인 매력은 영양에 크게 의존
- 피부는 신체의 일부이기 때문에 신체가 건강하지 못하면 피부 건강도 나빠짐
  피부의 영양과 건강 측면에서 올바른 영양소의 섭취는 가장 기본적임
- 피부는 림프계와 혈관계로부터 영양을 공급받음
  음식물을 통한 영양소의 공급이 좋으면 피부조직이 정상적으로 기능하지
  만, 영양소의 과잉 섭취나 결핍 또는 잘못된 영양소가 공급될 경우 이상
  증상을 보임

3 체형과 영양

- 음식물의 섭취량과 활동량, 소비량에 비례해 체형에 영향을 미침
- 영양의 섭취가 불충분하면 쉽게 피로해지고 무기력해지며 발육기인 청
  소년의 경우 신체의 성장과 발달에 지장을 초래
- 영양을 과다하게 섭취하면 비만 등 성인병의 원인
- 영양의 섭취와 소비가 균형을 이루도록 적당한 신체운동과 올바른 식생
  활을 가져야 함

피부장애와 질환

1 원발진과 속발진

(1) 원발진

건강한 피부에 처음으로 나타나는 병적 변화를 원발진이라 함

① 원발진의 종류와 특성

종 류	특 성
반점	• 피부 표면의 융기나 함몰 없이 주변 피부와 색이 다른 반점 ▶ 주근깨, 기미, 자반, 노화반점, 백반, 몽고반점 등
홍반	• 모세혈관의 염증성 충혈에 의해 편평하거나 둥글게 솟아오른 붉은 얼룩으로 시간 경과 후 크기의 변화가 있음
팽진	• 크기가 다양하며 평평한 융기로 부풀어 오르는 부종성 발진으로 모기 등의 곤충에 물렸을 때, 주사 맞은 후 등에도 발생할 수 있으며 가려움을 동반하며 보통 몇 시간 내에 소멸 ▶ 두드러기
구진	• 1cm 미만의 융기된 병변 부위로 주위 피부보다 붉음 ▶ 습진, 피부염
결절	• 구진보다 크고 종양보다는 작은 형태로 경계가 명확하고 딱딱한 덩어리가 만져지는 융기 • 구진과는 달리 표피, 진피, 피하지방층까지 자리 잡음 ▶ 섬유종, 지방종
수포	• 표피 내 또는 표피와 진피 경계부에 존재 ▶ 소수포: 직경 1cm 미만으로 투명한 액체를 가지며 내용물은 인체로 흡수되거나 의식적, 무의식적으로 파괴되거나 괴사되어 흔적 없이 치유 ▶ 대수포: 직경 1cm 이상 혈액성 내용물을 가진 물집으로 표피하에 깊이 존재하면 궤양과 반흔을 남길 수 있음
농포	• 직경1cm 미만, 표면 위로 돌출되어 있으며 만지면 아픔 • 고름과 염증포, 백혈구들이 모여 있으며 진피, 피하조직에 나타나는 농양과 구별 ▶ 여드름
낭종	• 진피 안에 공동이 생기고 그 속에 장액·혈액·지방 등이 들어 있으며 털구멍·기름샘·땀샘에서 발생하여 상피성 내벽을 가지고 있는 것이 많음 ▶ 혹

종 류	특 성
종양	• 직경 2cm 이상의 혹처럼 부어서 외부로 올라와 있는 결절보다 큰 몽우리로서 모양과 색상이 다양하며, 악성종양과 양성 종양으로 구분

② 여드름 단계

■ 1단계(좁쌀여드름): 면포성 여드름. 코, 이마, 뺨에 생기기 시작

■ 2단계(구진/농포): 구진성 여드름. 구진과 농포가 복합적으로 동반되어 여드름 주변이 붉게 부풀고 염증성 농이 생긴 상태

■ 3단계(결절/농포): 농포성 여드름. 피부 깊숙이 위치해 단단하며 통증이 있는 상태로 모공확장과 흉터 발생

■ 4단계(낭포): 응괴성 여드름. 염증성 여드름이 여러 개가 합쳐지거나 고름이 크게 곪아 말랑거리는 상태로 낭종(주머니) 모양의 병변을 만들어 제거시 조직의 손상이 심함

(2) 속발진

원발진에 이어서 일어나는 병적 변화를 속발진이라 함

① 속발진의 종류와 특성

종 류	특 성
인설	• 피부 표면에서 벗겨져 떨어진 각질 조각 • 미세한 상태를 비강상이라 하고 나뭇잎같이 큰 상태를 낙엽상이라 함
가피	• 장액·혈액·고름 등이 건조해서 굳은 것 • 상처나 염증 부위에서 즉시 흘러나온 조직액이 딱지로 말라붙은 상태
미란	• 염증 때문에 표피가 연해져서 상하는 것으로 짓무른 것
균열	• 표피에서 진피까지 가늘고 깊게 찢어진 상처 • 바닥이 불그스름하게 보이며 출혈과 통증 동반 • 입가, 항문, 귀뿌리 등에 생기기 쉬움
궤양	• 진피에서 피하조직에 이르는 피부조직결손 • 장액과 고름으로 젖어 있고 출혈이 있으며 흉터 발생
농양	• 진피나 피하조직 안에 생긴 고름
변지	• 굳은살. 피부의 한 부분에 반복적인 자극으로 각질이 증식하여 두껍고 딱딱해진 상태
반흔	• 흉터. 외상이 치유된 후 재생되어 만들어진 부분 ▶ 켈로이드

종 류	특 성
위축	• 피부의 퇴화변성으로 피부가 얇아지고 표면이 매끄러워져서 잔주름이 생기거나 둔한 광택이 나는 상태
태선화	• 표피가 가죽처럼 두꺼워지며 딱딱해진 상태

❷ 피부질환

(1) 피부질환의 원인

① **세균·바이러스**: 농가진, 매독, 수두가 유발될 수 있으며 전염성이 있음

② **내인성 요인**: 위장장애, 간장병, 신장병, 비타민 결핍

③ **내분비 장애**: 뇌하수체, 갑상선, 생식선, 자율신경계, 물질대사의 영향

④ **항원(알레르기)**: 공업약품, 금속, 기타의 항원 접촉에 의한 항원항체 반응

⑤ **유전성**: 모반, 어린선, 액취증, 백색증

⑥ **물리적 인자에 의한 질환**: 굳은살, 티눈, 화상 등

⑦ **벨로크피부염, 기타**

(2) 피부질환 종류와 특징

① 습진에 의한 피부질환

■ 가려움, 홍반, 부종과 진물 등의 증상을 보이며 조직학적으로 표피의 해면화, 염증세포 침윤과 진피의 혈관 증식과 확장, 혈관 주위의 염증세포 침윤을 보이는 피부질환

종 류	특 성
접촉성 피부염	• 외부 물질과 접촉에 의해 발생하는 피부염 • 원발성 접촉피부염, 알레르기성 접촉피부염
아토피 피부염	• 소양증과 피부 건조증, 습진 동반 • 반복적으로 긁게 되면 피부가 두꺼워지는 태선화가 나타남 • 가을이나 겨울에 심해지고 알레르기 비염이나 천식을 동반하기도 함 • 원인으로는 유전적 영향, 환경적 영향(환경공해, 집먼지진드기, 꽃가루, 동물의 털), 피부장벽구조 손상(염증성 면역반응)이 있음
지루성 피부염	• 원인 불분명 • 피지선이 발달된 부위에 나타나는 염증성 피부질환

종 류	특 성
화폐상 습진	• 자극성 물질과의 접촉 • 유전적 요인, 알레르기, 세균감염, 스트레스 등의 복합적 요인으로 나타나는 타원형 또는 동전 모양의 만성 피부질환
건성습진	• 피부 건조증이 심해지는 겨울철에 잘 나타남(노인성 습진)

② 진균성 피부질환

종 류	특 성
백 선	• 사상균(곰팡이균)에 의해 발생하며 일명 무좀이라고도 함 • 주로 손과 발에서 번식하고 가려움증이 동반되며 피부가 벗겨짐 • 발생되는 부위에 따라서 두부백선(머리), 조갑백선(조갑), 족부백선(발), 체부백선(몸), 고부백선(성기 주변), 수발백선(수염)으로 명명
칸디다증	• 알비칸스균에 의해 발생되며 붉은 반점과 소양증을 동반하는 염증성 질환

③ 바이러스성 피부질환

종 류	특 성
수 두	• 급성 바이러스 질환으로 신체 전반이 가렵고 발진성 수포가 생기는 피부질환 • 주로 어린아이의 피부에 발생하며 감염성이 강함
단순포진	• 헤르페스 바이러스 감염에 의해 점막이나 피부에 나타나는 급성 수포성 질환 • 입, 입 주변, 성기, 항문 주변에 주로 발생하며 감염성 있음
대상포진	• 수두를 앓고 난 후 잠복되어 있던 바이러스가 감염을 일으킴 • 지각신경 분포를 따라 군집 수포성 발진이 생기며 심한 통증을 동반 • 주로 면역력이 떨어진 사람에게 발생 • 신경이 있는 부위에는 어디든지 발생할 수 있으며 전신에 퍼져 사망에 이를 수도 있음
홍 역	• 파라믹소 바이러스에 의해 감염되는 급성 발진성 질환 • 주로 소아에게 발생되며 피부 및 점막에 수포가 나타남
전염성 연속종	• 폭스 바이러스에 의해 감염되며 감염성과 재발가능성이 있는 질환 • 주로 아토피 피부염이 있는 소아에게 발생
사마귀	• 파포바 바이러스에 의해 감염되는 감염성이 강한 질환 • 어느 부위에나 쉽게 발생
풍 진	• 풍진 바이러스에 의해 발생 • 얼굴과 몸에 발진이 나타나는 감염성 질환

④ 세균성 피부질환

종 류	특 성
농가진	• 화농성 연쇄상구균에 의해 발생 • 주로 유·소아의 피부에서 나타남
모낭염	• 모낭이 세균에 감염되어 황백색의 반구형 고름이 나타남
옹 종	• 황색 포도상구균에 의해 모낭 깊숙이 발생한 급성 화농성 염증
봉소염	• 홍반, 열감, 부종, 통증을 동반

⑤ 안검 주위 피부질환

종 류	특 성
비립종	• 피부의 얕은 부위에 위치하며 1mm정도의 하얗게 보이는 알맹이로 안에는 각질이 차 있음 • 주로 눈꺼풀, 뺨에 나타남
한관종	• 한관조직이 비정상적으로 증식하면서 생긴 피부 양성종양으로 약 2~3mm 크기 • 눈 주위, 뺨, 이마에 주로 발생하며 피부색으로 튀어 올라옴

⑥ 온도에 의한 피부질환

종 류	특 성
화 상	• 불이나 뜨거운 물, 화학물질 등에 의해 피부조직이 손상된 것 ▸ 1도 화상: 홍반성 화상. 홍반, 부종, 통증을 수반하며 색소 침착을 남김 ▸ 2도 화상: 수포성 화상. 홍반, 부종, 통증과 함께 수포를 수반하며 흉터를 남김 ▸ 3도 화상: 괴사성 화상. 표피, 진피가 괴사되어 심한 흉터를 남김 ▸ 4도 화상: 피부 전층, 근육, 신경 및 뼈 조직이 손상된 상태
동 상	• 영하 2~10℃의 추위에 노출되어 피부조직에 혈액공급이 되지 않는 상태 • 귀, 코, 뺨, 손가락, 발가락 부위에 주로 발생

⑦ 기계적 충격에 의한 피부질환

종 류	특 성
굳은살	• 만성적인 자극으로 인해 각질층이 두꺼워지는 현상으로 주로 마찰이 강한 발바닥에 생긴다.
티 눈	• 피부에 계속적인 압박으로 생기는 각질층의 증식현상으로 중심핵을 가지고 있으며 통증을 동반함 • 주로 발바닥이나 발가락 사이에 나타남
욕 창	• 지속적인 압박으로 인해 혈액순환이 저하되어 피부가 괴사하는 현상. 장시간 누워 있는 환자들에게 발생한다.

⑧ 기타 피부질환

종 류	특 성
주 사	• 피지선과 관련된 질환 • 혈액의 흐름이 나빠져 모세혈관이 파손되어 코를 중심으로 양 뺨이 나비 형태로 붉어지는 증상으로 주로 40~50대에 발생
하지정맥류	• 다리의 혈액순환 이상으로 피부 밑에 검푸른 상태로 형성
소양감	• 자각증상으로 피부를 긁거나 문지르고 싶은 충동에 의한 가려움증

피부와 광선

1 자외선이 미치는 영향

(1) 자외선의 종류

종류	파장	특징
UV-A (장파장)	320~400nm	• 피부의 진피층까지 침투 • 피부탄력 감소, 잔주름 유발 • 색소침착, 선탠 반응
UV-B (중파장)	290~320nm	• 표피의 기저층, 진피 상부까지 도달 • 각질세포 변형 원인, 선번 • 멜라노사이트를 자극해 색소침착을 유발
UV-C (단파장)	200~290nm	• 강도가 강하지만 오존층에 의해 차단 • 강한 에너지로 각질층에 도달되면 피부암을 유발 • 살균효과

(2) 자외선의 영향

① **장점**: 비타민 D 형성, 살균 및 소독, 강장 효과 및 혈액순환 촉진

② **단점**: 홍반 반응, 색소침착 및 광노화, 선번[일광화상]

2 적외선이 미치는 영향

(1) 적외선의 종류

① **근적외선**: 진피 침투, 자극 효과

② **원적외선**: 표피 전층 침투, 진정 효과

(2) 적외선의 효과

① 혈관 촉진으로 인한 홍반 현상

② 혈액량 증가로 혈액순환 및 신진대사 촉진

③ 근육 이완 및 수축

④ 통증 완화 및 진정 효과

1 면역의 종류와 작용

(1) 면역의 정의
항체가 체내에 있는 동안 특정 항원에 대한 항체와 기억세포가 생성되어 저항성을 지니게 되는 현상을 면역이라고 함. 태어날 때부터 지니는 선천면역과 후천적으로 얻어지는 획득면역으로 구분됨

(2) 면역반응의 구성 요소
① 항원: 생체 내에 투여하면 이것에 대응하는 항체를 혈청 속에 생성시켜 그 항체와 특이적으로 반응하는 성질을 가짐
② 항체: 항원과 특이하게 반응하고 항원 항체 반응을 나타내는 물질
③ 대식세포: 항원을 잡아먹고 소화하여 면역정보를 림프구에 전달하는 면역세포
④ 보체: 항체의 작용을 도와 항원에 대한 방어기능을 보조하는 단백질
⑤ 자연살해세포: 암세포를 직접 파괴하는 역할을 하는 면역세포
⑥ 인터페론: 바이러스에 감염되면 생산되는 항바이러스성 단백질
⑦ 시토카인: 신체의 방어체계를 제어하고 자극하는 신호물질

(3) 선천면역(자기면역)
생체가 태어날 때부터 선천적으로 가지고 있는 면역으로 항원과 상관없이 자연히 존재하는 면역반응. 특정 병원체를 기억하는 것이 아니라 침입한 병인원에 대해 즉시 반응하여, 일차적으로 제거해주는 역할을 하는 면역체계

① 1차 방어기전: 피부 및 점막, 위산이나 눈물, 재채기 등으로 인해 방어
② 2차 방어기전: 대식세포의 식균작용, 히스타민 분비를 통한 염증반응, 발열, 보체, 인터페론, 자연살해세포의 작용을 통해 방어

(4) 후천면역(획득면역)

- 후천적 면역으로 침입했던 항원을 기억하여 다시 침입할 경우 특이적으로 반응
- 자연면역을 돕는 역할
- 3차 방어기전: 특이성 면역의 주된 역할을 하는 세포는 림프구와 대식세포
- 세포성 면역(T세포)과 체액성 면역(B세포)으로 구분

① 세포성 면역과 체액성 면역

종 류	특 징
세포성 면역 (T세포)	• 항원 자극을 받은 T림프구와 T림프구에 의해 생산되는 다양한 시토카인(cytokine)에 의해 일어나는 면역반응 • 시토카인은 대식세포와 같은 면역세포를 자극하는 역할을 함 • 항원에 대하여 항체가 아닌 세포를 매개로 하여 일어나는 반응이기 때문에 세포성 면역이라 함 • 세포성 면역의 주역은 T림프구. T림프구는 B림프구를 활성화시키며 직접적으로 바이러스에 감염된 세포의 제거에 효과적으로 반응 • 살해T세포, 협조T세포, 억제T세포, 기억T세포로 구분
체액성 면역 (B세포)	• 백혈구의 일종인 B세포가 만든 항체에 의해 이루어지는 면역반응 • 항원과 접촉한 후 B림프구(항원전달세포)는 분화하여 항체 또는 면역글로불린을 혈액 중에 분비해서 간접적으로 항원을 공격 • 분비된 항체는 혈액이나 림프액 등의 체액을 타고 돌면서 작용하기 때문에 체액성 면역이라 함

② 능동면역과 수동면역

종 류	특 징
능동면역	• 자연능동면역 감염에 의해 얻어지는 면역. 장티푸스, 수두, 성홍열, 발진티푸스 등에 한 번 감염된 후 낫게 되면 평생 면역을 얻게 되어 다시는 걸리지 않게 됨 • 인공능동면역 병원성이 없는 병원체를 인위적으로 감염시켜 체내에서 능동적으로 면역반응을 나타내는 것. 인공능동면역의 목적으로 사용되는 병원미생물제제를 백신이라 함
수동면역	• 자연수동면역 임신기간 중 모체의 혈액에 있는 항체가 태반을 통해 태아에게 전달되

종 류	특 징
	어 면역이 성립되거나 모체의 항체가 다량 함유된 초유나 모유를 섭취함으로써 면역이 성립됨 • 인공수동면역 어떤 생체가 능동적으로 생성한 항체를 다른 개체에 옮겨줌으로써 나타나는 면역. 디프테리아 또는 파상풍균의 감염시 다량의 항체가 생성되는데 이를 다른 감염되지 않은 개체에게 투여함으로써 병원균에 대한 수동면역이 됨. 항체의 수명이 있어 일시적인 방어능력만 제공됨

(5) 피부의 면역 작용

① 표피의 랑게르한스세포가 피부의 면역에 중요한 역할을 함

② 피부의 각질형성세포는 면역기능에 관여하는 시토카인을 생성하여 면역반응을 함

③ 피부 표면의 피지막이 약산성 상태를 유지해 박테리아 성장을 억제

④ 피부 각질층은 라멜라구조로 이루어져서 피부를 외부로부터 보호

⑤ 진피의 대식세포와 비만세포가 피부의 면역에 중요한 역할

CHAPTER 07 피부노화

1 피부노화의 원인

(1) 피부노화
나이가 들어가면서 피부에 나타나게 되는 유형과 무형상의 변화를 통틀어
피부노화라 함

(2) 피부노화 원인
① 출생시 유전자의 정보(유전적으로 예정된 노화)
② 주위 환경에 의한 손상이 누적되어 생물체의 기능 손상
③ 반응성 활성산소

2 피부노화현상

(1) 내인성 노화(유전적 요소 작용)
시간의 진행에 따라 발생, 나이가 들어감에 따라 생리기능의 저하로 나타나
는 현상

① 특징
- 피부 탄력 감소는 적은 편
- 피부결은 매끈하나 다소 건조한 편
- 창백한 피부색
- 가늘고 얕은 주름이 생김
- 사소한 외상에도 멍이 잘 듦
- 피부 종양이 생기면 양성인 경우가 많음

(2) 외인성 노화(자외선 작용)

환경적인 요소에 의해 발생하며 광(光)노화라고 함

① 특징

- 피부 탄력이 현저히 감소
- 깊은 피부 주름과 처짐이 있음
- 피부 변화의 정도가 심함
- 피부결이 거칠고 건조함
- 피부 종양은 검버섯, 일광흑자 같은 양성종양과 기저세포암, 편평세포암과 같은 악성종양이 생길 수 있음

(3) 피부노화로 인한 기능적 변화

① 상처치유 능력 저하
② 피부면역 기능의 저하
③ 피부종양 발생의 증가
④ 비타민 D 합성 능력 저하
⑤ 항산화 기능 저하
⑥ 표피의 수분 유지 저하

(4) 피부노화의 예방과 치료

① 금연, 소식이나 절식 등 생활습관 개선
② 항산화제 성분의 섭취나 도포
③ 보습제 사용
④ 일광차단제 사용
⑤ 일광차단 의복과 모자 착용
⑥ 레티노이드제(피부노화치료) 사용
⑦ 호르몬 요법(에스트로겐 보충요법)

MEMO

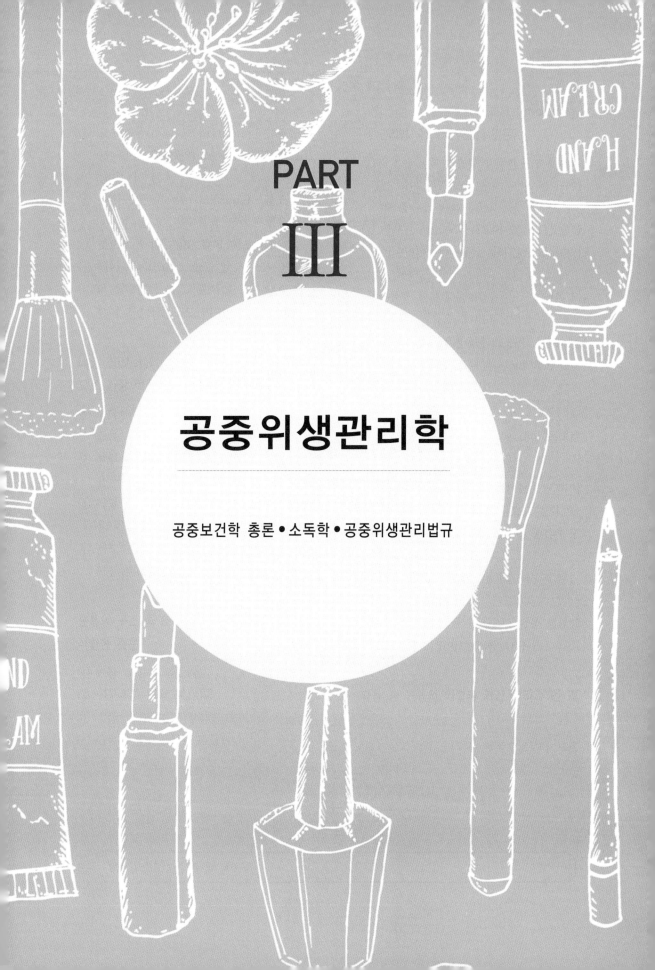

PART

III

공중위생관리학

공중보건학 총론 • 소독학 • 공중위생관리법규

공중보건학 총론

CHAPTER 01

Point

피부 미용이나 일반 미용 등 모두 이 범위에서 벗어나지 않는다. 전반적인 학습을 필요로 한다.

1 공중보건학 개념

(1) 공중보건학의 정의(C.E.A. Winslow)

공중보건학은 조직적인 지역사회의 노력을 통하여 질병을 예방하고, 생명을 연장하며, 신체적, 정신적 효율을 증진시키는 기술이며 과학이다.

- 공중보건학의 대상: 지역사회 전체주민
- 공중보건의 3대 요소:
  생명연장, 질병예방(감염병 예방), 신체적 · 정신적 건강증진

① 공중보건

지역사회가 중심이 되어 주민의 건강을 지키기 위한 노력을 하는 것이다.
- 공중보건의 3대사업: 보건교육, 보건행정, 보건관계법
- 공중보건학의 분야
  - 환경보건: 환경위생, 식품위생, 산업보건 등
  - 질병관리: 역학, 전염병관리, 만성질병관리 등
  - 보건관리: 보건행정, 인구보건, 모자보건, 학교보건, 보건교육, 보건통계 등

※ 공중보건의 유사 개념
  - **위생학**: 개인과 환경과의 관련을 규명하는 환경위생에 중점
  - **지역사회의학**: 의료 환경에 대응하고자 출발, 보건의료공급자와 일반주민간의 역학적 과정으로 포괄적 보건의료를 제공
  - **건설의학**: 건강상태를 최고조로 증진시키는데 역점을 둔 적극적 건강관리 방법을 연구
  - **사회의학**: 사회적 건강장애요인과 인간집단의 건강을 추구하는 학문
  - **예방의학**: 개인을 대상으로 질병예방과 건강증진에 필요한 의학적 지식과 기술을 적용

[공중보건의 내용]

분야	내용
기초 분야	환경위생학, 식품위생학, 역학, 정신보건학, 우생학, 인구학, 보건통계학, 보건행정학, 사회보장, 보건교육 등
임상 분야	모자보건학, 학교보건, 성인보건, 가족계획, 보건간호학 등
응용 분야	도시 및 농어촌 보건, 공해, 산업보건 등

② 공중보건의 역사

■ **서양**: 고대기–중세기–여명기–확립기–발전기

구　분		내　용
고대기	기원전 ~500년	• 개인위생 중시(이집트, 로마시대) • 히포크라테스(장기설, 4액체설 – 혈액, 점액, 황담즙, 흑담즙) • 갈레누스(Galenus) – 최초로 "Hygiene(위생)" 용어 사용)
중세기	500~1500년	• 암흑기, 질병 확산(한센병, 페스트, 매독), 최초의 검역제도
여명기	1760~ 1850년	• 공중보건학의 기초 확립
확립기	1850~ 1900년	• 예방의학
발전기	1900년대 이후	• 지역사회보건학 • 세계 최초의 공중보건법 제정 • 최초의 보건부 설립(영국, 1919년) • 최초의 사회보장법 제정(미국, 1935년)

■ **우리나라의 공중보건의 역사**

- 약부 – 질병을 치료하고 약제를 조달(백제시대)

- 약전, 보명사 – 의료행정기관(신라시대)

- 제위보 – 빈민의 구호 및 질병치료(고려시대)

- 전향사 – 의약, 제사, 음선 등의 업무(조선시대)

- 전의감 – 일반 의료행정과 의학교육을 담당(조선시대)

- 내의원 – 왕실의료(조선시대)

- 혜민서 – 일반 서민의 치료사업 담당(조선시대)

- 활인서 – 도성내의 전염병 환자를 치료(조선시대)

(2) 건강과 질병

① 건강의 정의(WHO – 세계보건기구): 단순히 질병이 없고 허약하지 않은
   상태만을 의미하는 것이 아닌 육체적, 정신적, 사회적으로 건전한 상태

② 질병 발생의 3가지 요인: 병인, 숙주, 환경

■ 병인적 요인

생물학적 병인	세균, 곰팡이, 기생충, 바이러스 등
물리적 병인	열, 햇빛, 온도 등
화학적 병인	농약, 화학약품 등
정신적 병인	스트레스, 노이로제 등

■ 숙주적 요인

생물학적 요인	성별, 연령, 영양상태, 유전 등
사회적 요인	직업, 거주환경, 흡연, 음주, 운동

■ **환경적 요인**: 기상, 계절, 매개물, 사회 환경, 경제적 수준 등

(3) 인구보건 및 보건지표

① 인구 피라미드 형태

인구 피라미드는 인구의 성별, 연령별 분포를 피라미드 모양으로 나타
낸 그래프로 연령별, 성별 인구 구성을 한눈에 알 수 있으며, 각 지역
인구의 특징과 지역 간의 차이점을 비교할 수 있다.

■ 인구밀도: 인구분포의 조밀한 정도를 측정하는 대표적 지표
   (=인구(명)/국토면적(km^2))

■ 성비: 여자 100명당 남자의 수(= (남자인구/여자인구) × 100)

■ 노령화지수: 유소년인구 100명에 대한 고령인구의 비
   (= (고령인구/유소년인구) × 100)

피라미드형	종형	방추형	표주박형	별형
증가형	정체형	감소형	전출형	전입형
개발도상국	초기 선진국	선진국	농촌	도시
출생률과 사망률이 높고 평균 수명이 낮음	출생률과 사망률이 낮고, 노년층의 비율이 높게 나타남	출생률과 사망률이 모두 낮고, 인구 감소가 예상됨	청장년층이 적고, 노년층의 비중이 높은 전출형 인구 구조	청장년층의 비중이 높은 전입형 인구 구조

* 유소년인구(0~14세), 생산연령인구(15~64세), 고령인구(65세 이상)

② 인구구조의 변화요인

- 출생률의 저조
- 여성의 사회활동
- 평균 수명의 증가
- 의학 기술의 발달
- 영양 상태의 개선
- 노년층 인구증가

③ 보건지표

- **인구통계**

구분	내용
조출생률	• 1년간의 총 출생아수를 당해 연도의 총인구로 나눈 수치를 1,000 분비로 나타낸 것
일반출생률	• 15~49세의 가임여성 1,000명당 출생률

■ 사망통계

구분	내용
조사망률	• 인구 1,000명당 1년 동안의 사망자수
영아사망률	• 한 국가의 보건수준을 나타내는 지표 • 생후 1년 안에 사망한 영아의 사망률
신생아사망률	• 생후 28일 미만의 유아의 사망률
비례사망지수	• 한 국가의 건강수준을 나타내는 지표 • 총 사망자 수에 대한 50세 이상의 사망자 수를 백분율로 표시한 지수

※ 다른 나라와의 보건수준 평가 3대 지표(WHO의 종합건강지표)

■ 평균수명(0세의 평균 수명)

■ 조사망률

■ 비례사망지수

※ 다른 지역과의 보건수준 평가 3대 지표

■ 평균수명

■ 영유아사망률

■ 비례사망지수

2 질병관리

(1) 역학의 정의

역학은 인구에 관한 학문 또는 인구의 질병에 관한 학문으로 인간사회의
집단을 대상으로 그 속에서 질병의 발생, 분포 및 경향과 양상을 명백히 하
고 그 원인을 탐구하는 학문이다. 따라서 궁극적 목적은 질병 발생 원인을
제거(질병 발생 원인을 규명)함으로써 질병을 예방하는데 있다.

① 역학의 범위

■ 감염성 질환 및 비감염성 질환

■ AIDS 등 새롭게 나타나는 감염성 질병

■ 각종 대사성질환, 만성퇴행성질환 및 악성신생물에 의한 질환

② 역학의 역할

- 질병의 발생 원인 규명
- 질병의 발생 및 유행의 감시
- 질병의 자연사 연구
- 보건의료서비스 연구
- 임상 분야

(2) 감염병의 정의

감염은 병원체가 숙주 내에서 분열 증식하고 있는 상태로 그 결과 사람에게 질병이나 면역반응을 일으키게 된다. 감염병은 어떤 특정 병원체 혹은 병원체의 독성 물질 때문에 일어나는 질병으로 병원체 혹은 독성 물질에 감염된 사람, 동물 혹은 기타 병원소로부터 감수성 있는 숙주(사람)에게 전파되는 질환을 말한다.

① 병원체 및 병원소

- **병원체의 종류**: 기생충, 스피로헤타, 리케차, 진균, 클라미디아, 박테리아, 바이러스

병원체 특성에 따른 분류

종류	감염병
동물성 기생충	말라리아, 아메비아시스, 각종 기생충 질환
스피로헤타	보렐리아, 렙토스피라증, 매독
리케차	티푸스, 쯔쯔가무시병
진균	칸디다증, 스포로트리쿰증
클라미디아	앵무새병, 트라코마
박테리아	장티푸스, 콜레라, 디프테리아, 파상풍, 임질
바이러스	홍역, 풍진, 유행성이하선염(볼거리), 바이러스성 간염, 후천성면역결핍증(AIDS)

- **병원소의 종류**: 사람 간 접촉, 식품이나 식수, 곤충매개, 동물에서 사람으로 전파, 성적 접촉

■ **전파방법에 따른 분류**

종 류	감 염 병
사람 간 접촉에 의한 전파	홍역, 풍진, 유행성이하선염(볼거리), 디프테리아, 인플루엔자, 감기, 무균성 뇌막염, 단순포진, 결막염, 결핵
식품, 식수에 의한 전파	장티푸스, 이질, 콜레라, 각종 식중독, A형간염, 장출혈성 대장균감염증
곤충매개에 의한 전파	말라리아, 황열, 뎅기열, 일본뇌염, 쯔쯔가무시병
동물에서 사람으로 전파	광견병, 탄저병, 브루셀라병, 렙토스피라증
성적 접촉에 의한 전파	매독, 임질, 후천성면역결핍증(AIDS)

② 감염병의 발생기전

질병발생의 주요 3요인은 병원체, 숙주 그리고 이들을 둘러싸고 있는 환경요인으로 구성되어 있다. 이들 3요인이 균형 상태를 이루고 있을 때에는 질병이 발생하지 않는다. 그러나 숙주요인이 약해지거나, 병원체가 강해지거나, 환경요인이 인간에게 해롭게 혹은 병원체에게 이롭게 작용하는 상황에서는 질병이 발생하게 된다.

③ 감염병의 발생과정

일반적으로 감염병 발생과정은 6단계를 거쳐 이루어지는데, 이 중 한 단계라도 거치지 않으면 감염은 이루어지지 않는다.

> 병원체/병원소 ▶▶▶ 탈출 ▶▶▶ 전파 ▶▶▶ 새로운 숙주에게 침입 ▶▶▶ 숙주

■ **병원소**

병원체가 생존과 함께 증식하면서 감수성 있는 숙주에 전파될 수 있는 기회를 제공하는 환자, 동물, 곤충, 식물 및 흙 등을 병원소라고 한다. 병원체는 생존과 증식을 하여야 하므로 병원체에게 필요한 영양소가 필수적인 요소이다.

병원소	병원체
인간	매독균, 임질균, HIV, B형 및 C형 간염바이러스, 세균성이질균, 장티푸스균
동물	광견병 바이러스, 페스트균, 렙토스피라균, 살모넬라균, 브루셀라균
흙	보툴리누스균, 히스토플라스마, 파상풍균
물	레지오넬라균, 슈도모나스균, 마이코박테리움

■ **사람 병원소**

- 건강보균자(healthy carrier) : B형 간염

- 잠복기보균자(incubatory carrier) : 호흡기 전파 전염병

- 회복기보균자(convalescent carrier) : 위장관 전염병

- 만성보균자(chronic carrier) : 장티푸스, B형 간염, 결핵

■ **동물 병원소**

동물 병원소를 통해서는 주로 동물이 감염되지만, 여러 경로를 통하여 인간에게도 감염을 시킬 수 있다. 이러한 경우를 인수전염병 또는 인수공통감염병이라고 한다.

- 가축: 감염 여부 파악이 용이하여 관리가 비교적 쉽다.

- 야생동물: 감염 여부 파악뿐만 아니라 관리도 어렵다.

(3) 병원체의 탈출

병원소로부터 병원체가 탈출하는 경로는 매우 다양하여 ①호흡기계 ②위장관계 ③비뇨생식기계 ④개방된 상처 ⑤기계적 탈출 ⑥태반을 통한 경로 등이 있다. 일반적으로 호흡기계를 통한 탈출의 경우 주로 증상이 발현되기 전에 균이 배출되는데 비하여, 위장관계를 통한 탈출의 경우 주로 증상이 발현된 이후에 균이 배출된다. 이와 같은 이유 때문에 호흡기계 감염병의 경우에는 환자 격리가 감염병 관리에 큰 효과가 없는 경우가 많다.

(4) 전파

① 직접전파

직접전파란 신체적 접촉 혹은 비말과 같이 병원소와 새로운 숙주 간에 매우 밀접한 상태에서 전파되는 것을 말한다.

② 간접전파

- **공기를 통한 전파**: 먼지나 비말핵에 의하여 이루어진다. 비말핵이란 이야기, 기침, 재채기 등을 통하여 튀어나온 비말이 바닥에 가라앉은 뒤 수분이 증발하면 지름이 작아지면서 실내에 떠다니는 것을 의미한다.
- **매개체를 통한 전파**: 생명력이 없는 모든 물질에 의하여 전파되는 것을 말한다.

(5) 침입

병원소로부터의 탈출, 전파 과정을 거친 뒤 새로운 숙주로 침입하는 과정은 일반적으로 병원소로부터 병원체의 탈출 경로와 침입 경로가 같은 경우가 많다.

주요 감염병의 탈출, 전파, 침입의 예

탈 출	전 파	침 입	감염병
기도분비물	직접전파(비말), 공기매개 전파(비말핵), 개달물	기도	결핵, 홍역, 디프테리아, 감기
분변	음식, 파리, 손, 개달물	입	장티푸스, 소아마비, 콜레라, A형간염
혈액	주사바늘	피부	AIDS, B, C형 간염
	흡혈절족동물		말라리아, 일본뇌염, 황열, 뎅기열
병변부위 삼출액	직접전파(성교, 손)	피부, 성기점막, 안구점막 등	단순포진, 임질, 매독, 종기

(6) 면역 및 주요 감염병의 접종시기

① 개인의 저항성과 면역

숙주인 사람에게 균이 침입하였다고 하여 모두 질병을 야기하는 것은 아니다. 즉 사람이 높은 저항성 혹은 면역성을 갖고 있다면, 감염 혹은 감염으로 인한 질병은 발생하지 않게 된다.

② 집단면역

지역사회 혹은 집단에 병원체가 침입하여 전파하는 것에 대한 집단의 저항성을 나타내는 지표. 각 질병에 따라 차이가 있지만 집단의 인구밀도에 따라 변하게 된다. 인구밀도가 높으면 집단 구성원 간에 접촉 가능성이 높아지므로 한계밀도가 높아야 유행이 일어나지 않으며, 인구밀도가 낮으면 한계밀도도 낮지만 이 경우에도 유행은 일어나지 않는다.

③ 면역의 종류

면역이란 생체 내에서 자기와 비자기를 구별해서 외부에서 들어온 이물질을 인식하여 제거하는 일련의 반응을 말한다.

- **선천성 면역반응**: 체내에 자연적으로 형성된 면역으로 1차 방어는 피부와 점막이, 2차 방어는 수용성 단백질이 담당한다.
- **후천성 면역반응**: 인체 내 이종단백질에 의해 형성되거나 이미 형성된 것을 받는 것으로 능동면역과 수동면역이 있다.
  - **능동면역**: 자기 자신의 면역체계에 의해서 만들어지며 대부분 영구적이다.
    - **자연적 능동면역**: 항원이 신체에 침입했을 때 그 항원에 저항하는 항체를 능동적으로 형성함으로써 발생한다(수두 바이러스).
    - **인위적 능동면역**: 적은 양의 특이항원을 신체내부에 침투시켜(예방접종) 신체가 항원에 대하여 능동적인 반응을 일으켜 항체를 형성하는 것이다.
  - **수동면역**: 다른 사람이나 동물의 신체에서 형성된 특이항원에 대한 항체를 체내에 주입하여 면역이 생기게 하는 것으로 대개 수주에서 수

개월이 지나면 소실되게 된다.

- **자연적 수동면역**: 태반을 통해 또는 모유를 통해 항체 전달
- **인위적 수동면역**(광견병, 파상풍 예방접종)

④ 법정전염병 관리

■ 법정전염병 분류기준

구 분	내 용
제1군 전염병	발생 또는 유행 즉시 방역대책을 수립하여야 하는 전염병(6종)
제2군 전염병	국가예방접종 사업의 대상이 되는 전염병(11종)
제3군 전염병	간헐적으로 유행할 가능성이 있어 지속적 감시 및 예방대책의 수립(19종)
제4군 전염병	국내에서 새로 발생한 신종전염병증후군, 재출현 전염병 또는 국내 유입이 우려되는 해외유행전염병으로서 방역대책의 긴급한 수립이 필요하다고 인정되어 보건복지가족부령이 정하는 전염병(18종)
제5군 전염병	기생충에 감염되어 발생하는 감염병으로서 정기적인 조사를 통한 감시가 필요하여 보건복지부령으로 정하는 감염병(6종)
지정 전염병	유행여부의 조사를 위하여 감시활동이 필요하다고 인정되어 보건복지가족부장관이 지정하는 전염병(17종)

■ 법정전염병 종류

구분(신고)	종류	특성
제1군 전염병 (즉시)	콜레라, 장티푸스, 파라티푸스, 세균성 이질, 장출혈성 대장균 감염증, A형 간염	물 또는 식품 매개발생(유행) 즉시 방역대책 수립 필요(6종)
제2군 전염병 (즉시)	디프테리아, 백일해, 파상풍, 홍역, 유행성이하선염(볼거리), 풍진, 폴리오, B형 간염, 일본뇌염, 수두, B형 헤모필루스 인플루엔자	국가예방접종사업 대상(11종)
제3군 전염병 (즉시)	말라리아, 결핵, 한센병, 성병, 성홍열, 수막구균성수막염, 레지오넬라증, 비브리오패혈증, 발진티푸스, 발진열, 쯔쯔가무시증, 렙토스피라증, 브루셀라증, 탄저, 공수병, 신증후군출혈열, 인플루엔자, 후천성면역결핍증(AIDS), 매독, 크로이츠펠트 – 야콥병(CJD) 및 변종크로이츠펠트 – 야콥병(vCJD)	간헐적 유행 가능성계속 발생 감시 및 방역대책 수립 필요(19종)
제4군 전염병 (즉시)	페스트, 황열, 뎅기열, 바이러스성 출혈열 (마버그열, 라싸열, 에볼라열 등), 두창, 보툴리눔독	국내 새로 발생 또는 국외유입 우려(18종)

구분(신고)	종류	특성
	소증, 중증급성호흡기증후군, 동물인플루엔자인체감염증, 신종인플루엔자, 야토병, 큐열, 웨스트나일열, 신종감염병증후군, 라임병, 진드기매개뇌염, 유비저, 치쿤구니야열, 중증열성혈소판감소증후군	
제5군 전염병 (7일 이내)	회충증, 편충증, 요충증, 간흡충증, 폐흡충증, 장흡충증	기생충 감염증 정기적 조사 필요(6종)
지정전염병 (7일 이내)	C형간염, 수족구병, 임질, 클라미디아, 연성하감, 성기단순포진, 첨규콘딜롬, 반코마이신내성황색포도알균(VRSA) 감염증, 반코마이신내성장알균(VRE) 감염증, 메티실린내성황색포도알균(MRSA) 감염증, 다제내성녹농균(MRPA) 감염증, 다제내성아시네토박터바우마니균(MRAB) 감염증, 카바페넴내성장내세균속균종(CRE) 감염증, 장관감염증, 급성호흡기감염증, 해외유입기생충감염증, 엔테로바이러스 감염증	유행 여부조사·감시 필요(17종)

⑤ 기본접종

나이	백신종류	기본 - 추가접종시기
0~4주	결핵(BCG)	생후 4주 이내
0~6개월	B형간염(B virus: HBV)	생후 0, 1, 6개월에 3회 기초접종
2개월~만 12세	디프테리아, 백일해, 파상풍(DTaP)	생후 2, 4, 6개월에 3회 기초접종 18개월, 만 4~6세 2회 추가접종 만 11~12세에 Td로 추가 접종
2개월~만 6세	폴리오(경구용 소아마비, Polio)	생후 2, 4, 6개월에 3회 기초접종 만 4~6세 1회 추가접종
12개월~15개월	홍역, 유행성이하선염, 풍진(MMR)	생후 12~15개월 사이 만 4~6세 사이에 2회
12개월~ 15개월	수두	생후 12~15개월에 1회 접종
12개월~만 12세	일본뇌염	생후 12~24개월에 1-2주 간격으로 2회 접종 2차 접종 후 12개월 뒤 3차 접종 만 6세, 만 12세 때 각각 1회 접종

(7) Leavell과 Clark 질병의 자연사 5단계와 예방 3단계

구분	질병과정	예비적 조치	예방수준	예방단계
1단계 비병원성기	병인, 숙주, 환경의 상호작용	환경위생개선 건강증진	적극적 예방	1차적 예방
2단계 초기 병원성기	병인자극의 형성	예방접종 특수예방	소극적 예방	
3단계 불현성 감염기	병인자극에 대한 숙주의 반응	조기발견 조기치료	중증화 예방	2차적 예방
4단계 발현성 감염기	질병	악화방지를 위한 치료	진단과 진료	
5단계 회복기/사망	회복 또는 사망	재활활동 사회복귀활동	무능력 예방	3차적 예방

(8) 질병발생의 3요소(숙주, 병인, 환경)

① **숙주(인간)**: 개인위생 또는 집단의 생활습관, 유전력, 성, 연령, 민족적 특성, 병인(전염원)과의 접촉상태, 체질, 유전, 방어기전(저항력) 등

② **병인(질병의 원인)**: 세균, 리케차, 바이러스, 기생충 등 병원체의 특성, 민감성에 대한 저항성, 전파조건

③ **환경**: 물리적, 화학적, 사회적-경제적, 생물학적 등

(9) 질병의 예방대책

현대 보건의료에서는 질병을 포괄적으로 관리하기 위한 적극적인 예방활동에 중점을 둔다.

- **1차적 예방**: 예방접종, 환경개선, 안전관리, 건강증진활동, 보건교육(건강생활실천) 등
- **2차적 예방**: 조기발견(건강검진, 집단검진), 조기치료
- **3차적 예방**: 질병의 악화방지, 재활치료, 사회복귀훈련 등

3 가족 및 노인보건

(1) 가족의 정의

가족은 대체로 혈연, 혼인, 입양, 친분 등으로 관계되어 같이 일상의 생활을 공유하는 사람들의 집단(공동체) 또는 그 구성원을 말한다. 학자에 따라 성과 혈연의 공동체, 거주의 공동체, 운명의 공동체, 애정의 결합체, 가계의 공동체로 정의하고 있다.

(2) 가족의 기능

가족은 개인의 성장 및 발달, 사회의 유지와 발전을 위해 여러 가지 기능을 수행하고 있다. 가족의 크기나 범위를 기준으로 대가족과 소가족 혹은 미국의 인류학자 G. P. 머독이 처음 사용한 부부가 중심이 되는 핵가족과 혈연관계가 중심이 되어 이루어진 대가족으로 나눌 수 있다.

① 성적 욕구 충족의 기능
② 자녀 출산의 기능
③ 자녀 양육과 사회화의 기능
④ 새로운 가족원에게 사회적 신분을 부여하는 기능
⑤ 가족원에 대한 보호와 안전을 위한 기능
⑥ 경제적 기능
⑦ 사랑과 애정을 공급하는 정서적 기능
⑧ 종교적 기능
⑨ 오락을 통한 사회적 기능

(3) 노인보건

노인이란 노령화 과정에서 나타나는 육체적, 정신적, 심리적, 환경적 행동의 변화가 상호작용하는 복합적 형태의 과정에 있는 사람이다. 다시 말해서 노인은 육체적, 정신적으로 그 기능과 능력이 감퇴하는 시기에 있는 사람으로서 생활기능을 정상적으로 발휘할 수 없는 사람을 지칭한다. 우리나라는 〈생활보호법 제3조〉에서 65세 이상의 노쇠자를 생활보호대상 노인으로 지정하고 있다.

MEMO

노령기 건강은 유소년부터 청장년기까지의 건강관리에 좌우되는데 최근 고령화 진전으로 노인인구 급증 및 생산가능인구의 부양부담은 증가되고 있다. 이에 노령기의 건강유지 및 증진을 도모하기 위해 노인보건이 필요하다.

① 노령화 4대 문제: 건강, 경제, 역할상실, 고독
② 노령기 3대 중증질환: 암, 심뇌혈관질환, 근골격계질환

4 환경보건

환경보건이란 지역사회의 공중보건문제를 인식하고 관련된 환경요인에 대한 관리를 통하여 지역주민의 건강보호 및 건강증진에 기여하는 것을 일차적인 목표로 하며, 환경오염과 유해화학물질 등이 사람의 건강과 생태계에 미치는 영향을 조사하고 평가하여 이를 예방 및 관리하는 것이다.

(1) 환경위생의 정의

세계보건기구(WHO)는 환경위생을 인간의 신체발육, 건강 및 생존에 유해한 영향을 미치거나 미칠 가능성이 있는 인간의 물리적 환경을 통제하는 것이라고 정의하였다.
- 보건환경 분야: 실험위생학, 생리위생학, 환경의학
- 위생(환경)공학

(2) 환경위생의 영역

① 자연적 환경
- 물리적 환경: 공기, 물, 토양, 광선, 소리 등
- 생물학적 환경: 동물, 식물, 위생곤충, 미생물 등

② 사회적 환경
- 인위적 환경: 의복, 식생활, 주거, 위생시설, 산업시설 등
- 문화적 환경: 정치, 경제, 사회, 문화 등

(3) 환경오염의 특성

① 온열환경

기후요소 중 인간의 체온조절에 중요한 영향을 미치는 것을 온열요소(온열인자)라고 하며 기온, 기습, 기류, 복사열(일사, 일조) 등이 이에 해당된다.

② 기온

- 쾌적온도: 실내: 18±2℃
- 사람이 의복에 의하여 체온을 조절할 수 있는 범위: 10~26℃
  ※ 냉방 시 실내외의 적당한 온도차이: 5~7℃
- 일교차: 하루의 최고기온인 오후 2시경과 최저기온인 아침 해뜨기 30분 전의 기온의 차이
- 일교차는 내륙 〉 해안 〉 산림 순으로 크다.
- 연교차: 1년을 통해 가장 높은 월평균 기온인 달을 최난월, 가장 낮은 월평균기온인 달을 최한월이라고 한다. 이 두 달의 월평균기온의 차를 연교차라고 한다.

③ 습도

- 일반적인 쾌적 습도는 40~70%의 범위이다.

④ 실내 공기오염

- 실내 오염의 발생 이유: 새집증후군, 환기가 어려운 실내구조
- 군집독: 실내에 사람이 있는 경우 호흡에 의한 탄산가스의 증가, 체열에 의한 실내온도의 상승 및 피부 등에서 배출되는 수분에 의한 실내습도의 증가 등으로 불쾌감, 오한, 구토 등의 증상을 일으키는 현상

⑤ 실내 공기의 환경기준

- 부유 분진, 일산화탄소, 탄산가스, 온도, 상대습도, 기류, 조명 등

(4) 공기

공기는 지구상의 모든 생명체에 필수적인 물질이다. 인간 및 동물의 호흡

에 필요한 산소를 공급하고 식물의 광합성에 필요한 탄산가스의 공급원이며, 질소고정세균에 의해 질소도 공급해주고, 외계로부터 유입되는 우주선의 흡수, 태양광선중의 방사선과 유해한 자외선의 차단 역할을 하며 지구의 열평형 유지에 중요한 역할을 담당한다.

〈공기의 자정작용〉

- 대기 중에서 공기의 희석작용
- 강우의 세정작용
- 산소, 오존 및 과산화수소등에 의한 산화작용
- 자외선에 의한 살균작용
- 식물의 광합성에 의한 이산화탄소 및 산소의 교환의 정화작용

① 산소(O_2)

■ 생물체의 호흡, 물질의 산화나 연소에 필수적인 원소
■ 생물체가 호흡할 때 혈액 내의 혈색소와 결합하여 세포의 성장 및 에너지 생산에 사용
■ 대기 중의 산소는 일반적으로 21%

  * 산업안전보건법에서는 산소가 18% 미만인 상태를 산소결핍 상태라고 정의

② 질소(N)

■ 공기의 78%를 차지, 생리적으로 인체에 해를 주지 않는 불활성가스
■ 고압상태나 감압 시에는 인체에 영향
■ 잠수작업등의 고압상태: 자극작용, 중추신경계의 영향, 정신기능에 이상을 주기도 함
■ 감압병: 고압으로부터 갑자기 감압할 때에는 체액에 녹아 있던 질소가 기포를 형성하여 모세혈관의 혈전현상을 일으키게 되는 데, 이를 감압병 또는 잠함병이라고 한다.

Point

상수의 정수과정: 침전 – 여과 – 소독

③ 이산화탄소(CO_2)

- 공기 중 0.03% 함유
- 실내공기의 오염지표로 사용
- 지구온난화의 주범

④ 일산화탄소(CO)

- 무색, 무미, 무취의 맹독성 가스
- 혈중에 흡수되면 조직세포에 산소부족을 일으키는 저산소증 또는 무산소증을 유발
- 실내공기의 일산화탄소의 위생적 한계는 0.01%임.

⑤ 오존(O_3)

- 성층권에 존재하며 태양광선중의 자외선을 차단하여 생물체 보호
- 자극성 가스로 살균, 탈취, 탈색작용.
- 오존의 대기 중 최대 허용농도는 0.1 ppm정도

(5) 수질오염

수질오염이란 물속에 부패성 물질과 유독물질, 가정에서 쓰고 버리는 각종 생활하수, 산업활동에 의한 산업폐수 등이 유입되어 각종 용수로는 사용할 수 없거나 생물의 서식에 심한 피해를 줄 정도로 수질이 나빠지는 것을 말한다. 수질오염의 주요원인은 도시생활하수, 하수공장, 폐수, 농약, 축사에서 나오는 가축의 분뇨 등이다.

- 수질악화 및 수인성 전염병: 이질, 장티푸스, 콜레라 등
- 수질악화 및 중금속에 의한 전염병: 미나마타병, 이타이이타이병 등

① 물

사람은 매일 2~3L의 물을 평생 마시고 있다. 때문에 먹는 물에 미량이나마 유해물질이 함유되어 있으면 건강에 미치는 영향이 매우 크다.

MEMO

Point

물의 염소 요구량: 수중의 유기물질을
산화하는 데 필요한 염소량

② 물의 수질기준

■ 상온에서 색, 냄새, 맛이 없는 액체

■ 인체는 체중의 약 60~70%가 물로 구성

■ 병원체 및 납이나 수은 같은 유독물질을 함유하지 않아야 한다.

■ 화학적으로는 산소와 수소의 결합물로 pH는 5.8~8.5

■ 천연으로는 바닷물, 강물, 지하수, 우물물, 빗물, 온천수, 수증기, 눈, 얼음 등으로 존재

※ 물의 오염된 정도지수

• 산소요구량(BOD – Biochemical Oxygen Demand):
물속에 들어있는 오염물질을 미생물이 분해하는데 필요한 산소의 양
• 화학적 산소요구량(COD – Chemical Oxygen Demand):
수중의 각종 오염물질을 화학적으로 산화시키기 위해 필요로 하는 산소의 양

※ 상수 오염검사의 지표

① 대장균수   ② 일반세균수   ③ 염소이온   ④ 과망간산칼륨 소비량

※ 먹는 물 판정 기준상 일반세균수는 1㎖ 중 100 이하여야 한다.

※ 음용수 소독에 염소를 사용하는 이유

① 강한 소독력이 있기 때문에

② 강한 잔류효과가 있기 때문에

③ 조작이 간편하기 때문에

④ 경제적이기 때문에

(6) 하수

① 하수의 배출

집(화장실, 싱크대, 욕조), 학교(급식실, 화장실), 도로(빗물, 지하수), 공장(공장폐수)

② 하수처리의 역할

도로와 택지에 내린 비를 하수도관으로 모아 침수를 예방하여 우리의
재산을 보호하고, 더러운 물을 정화하여 강과 바다를 깨끗하게 한다.

※ **하수처리: 수처리와 오니처리**

- 수 처 리: 가정 → 침사지 → 최초침전조 → 포기조 → 최종침전조 → 하천방류
- 오니처리: 농축조 → 소화조 → 탈수기 → 배출

③ 하수처리의 목적

일상생활에서 무심코 버리게 되는 음식 쓰레기, 세제, 생활하수와 화장
실의 정화조시설 등으로 수질오염이 높아지고, 경제의 발전과 성장으로
공장에서 흘러나오는 산업폐수가 수질을 악화시켜 인간생명을 위협하
고, 도시인구 집중으로 생활하수와 쓰레기 발생으로 인한 환경오염의
심각성으로 생태계 위협과 마실 물의 고갈에 따라 하수처리가 필요하게
되었다.

(7) 대기오염

대기오염물질은 예전에는 난방이나 취사를 목적으로 조금씩 때는 연료에서
나오는 것이 대부분이었다. 그러나 지금은 연료의 사용이 대규모화되었고,
산업시설에서도 잡다한 오염물질들이 발생하며, 자동차 배기가스에 의한
오염 배출량도 많아졌다. 뿐만 아니라 이렇게 배출된 오염물질들이 햇빛을
받고 광화학반응을 일으킨다든지, 비나 안개와 결합하여 산성비 혹은 산성
안개를 만들어 2차 오염 현상을 일으키기도 한다.

1) 원인

① 아황산가스

아황산가스(SO_2)는 석탄이나 석유 같은 화석연료에 함유되어있는 유황
성분이 연소하면서 발생한다. 아황산가스는 호흡기 기관에 흡입되면 호
흡기 세포를 파괴하든지 기능을 저해함으로 저항력을 약화시킨다.

MEMO

Point

※ 오니 : 수중의 오탁 물질이 침전해서
생긴 진흙 상태의 물질을 말한다.

② 부유 분진

부유 분진은 연료 중에 타지 않은 회분이 있어서 연소 후에 배기가스를 통하여 배출되기도 하고, 연료의 불완전 연소로 인하여 발생하기도 하며, 자동차의 배기가스나 산업공정으로 부터 발생하기도 한다. 분진은 아황산가스와 더불어 상승작용을 하여 호흡기 질환에 영향을 미친다.

③ 질소 산화물

질소 산화물은 고온에서 연소할 때 공기 중의 질소가 산화하여 발생한다. 질소 산화물은 혈액 중의 헤모글로빈과 결합하여 메테모글로빈을 형성하기에 산소결핍증을 일으킬 수 있다.

④ 일산화탄소

일산화탄소(CO)는 연료의 불완전연소로 인하여 발생한다. 따라서 효율이 낮은 소규모의 연소장치, 즉 가정에서 때는 무연탄과 자동차에서 많이 발생한다. 일산화탄소는 식물에는 피해가 없다. 그러나 인체나 동물에는 일산화탄소가 혈액 중의 헤모글로빈과 결합하여 카복시헤모글로빈을 형성하기 때문에 산소결핍증을 일으킨다.

⑤ 탄화수소

탄화수소(HC)는 연료의 불완전연소로 인하여 발생하는 주로 탄소와 수소로 된 화합물의 총칭이다. 주로 자동차 배기가스와 무연탄에서 많이 발생한다. 탄화수소의 문제점은 햇빛을 받으면 광화학 반응을 일으켜 광화학 스모그를 만든다는 데 있다.

⑥ 광화학 산화제

광분해의 결과로 생성된 물질들로 대표적으로 오존(O_3), 알데히드, PAN(peroxyacyl nitrate)과 PBN(peroxybenzoyl nitrate)을 비롯한 각종 화합물들이다. 산화제는 햇빛이 강한 낮에 형성되었다가 밤이면 차차 없어지지만 돌연변이를 일으키고 세포를 늙게 할 뿐만 아니라 다른 산과 마찬가지로 호흡기 질환을 일으키고 식물에 피해를 입히기도 한다.

⑦ 기타 대기오염물질

- **불소**: 기체는 대단히 자극성이 강하여, 피부, 눈, 호흡기에 손상을 입히고 이와 뼈에 반점이 생기며 우유생산이 줄고, 체중감소, 성장부진 등의 증상이 나타난다.
- **납**: 주로 자동차와 휘발유에 옥탄가를 높이기 위해 납 화합물을 첨가하는 데서 발생한다. 적혈구의 형성을 방해하며 체내에 과다하게 축적되어 납중독에 걸리면 복통, 빈혈, 신경염, 뇌손상 등을 일으킨다.
- **석면**: 바늘 같은 형태가 호흡기 내부의 세포를 자극, 극미량으로도 예민한 피해를 나타낼 수 있으며, 석면폐증에 걸리면 천식과 같은 호흡기 질환, 산소결핍증, 심장질환, 폐암 등이 나타난다.

2) 대기오염의 변화양상

① 우리나라 대도시의 경우 겨울에 연료 사용이 많고 기상조건에 오염물질이 잘 흩어지지도 않아 오염도가 가장 높다.
② 여름에는 오염물질이 잘 흩어져 오염도가 가장 낮다.
③ 하루 중 오염도는 오전 6 - 10시에 가장 높고 오후 2 - 4시에 가장 낮다.
④ 바람이 없고 햇빛이 강한 때인 봄과 여름의 낮에 가장 오염도가 높다.

3) 대기오염의 영향

① 산성비로 인한 생태계 파괴
② 오존층의 파괴
③ 지구의 기후변화

(8) 소음과 진동

소음이란 기계, 기구, 시설, 기타 물체의 사용으로 인하여 발생하는 강한 소리를 말하며, 진동이란 기계, 기구, 시설, 기타 물체의 사용으로 인하여 발생하는 강한 흔들림을 말한다. 소음과 진동공해는 피해 당사자에게는 참을 수 없는 고통을 주며, 정신적, 심리적 스트레스의 원인이 될 뿐만 아니라 심한 경우 환청과 난청의 원인이 되기도 한다. 주로 공장, 사업장의 소음, 건설작업 소음, 자동차, 철도, 항공기 등의 교통소음, 이동 행상의 마이크

소음과 같은 일상 사업 활동에 따른 소음 등으로 다양한 형태가 있다.

※ 소음, 진동이 인체에 미치는 영향

- **심리적 영향:** 불쾌감, 정서불안, 스트레스, 집중력 저하, 수면장애, 대화장애 등
- **생리적 영향:** 심장박동수 증가, 혈압 상승, 소화장애, 청력 약화 등

5 식품위생과 영양

식품위생이라 함은 식품, 첨가물, 기구 또는 용기, 포장을 대상으로 하는 음식에 관한 위생을 말한다. 세계보건기구(WHO)는 식품위생이란 식품의 재배, 생산, 제조로부터 최종적으로 사람에게 섭취될 때까지의 모든 단계 내 걸친 식품의 안전성, 건전성 및 완전무결성을 확보하기 위한 모든 필요한 수단이라고 정의한다.

(1) 식품위생의 목적 및 필요성

유해식품을 배제하고 양질의 식품을 선택하여 식품의 안전성을 지키는데 있다. 산업화 이전에는 가정 중심의 자가 충족의 식사형태로 안전사고가 매우 적었으나, 산업화가 되면서 대량생산, 포장, 외식의 일반화, 환경오염, 다양한 가공방법 등으로 안전성이 크게 대두되었다.

① 안전성 확보방법: 원료, 식품취급자, 식품취급시설에 대한 위생관리
② 합리적 식품위생의 장점: 법적 요구사항 부응, 식중독 사고 방지, 저장기간 연장 및 품질개선, 소비자 신뢰도 향상

(2) 식품과 건강장애

① 영양장애: 영양결핍 또는 부족에 의해서 일어남
② 식품위생장애: 세균성 식중독, 세균성 독소에 의한 감염, 미생물 기인성, 화학물질 기인성, 독성물질 기인성, 기생충 및 오염물질에 의한 것

MEMO

(3) 식품으로 인한 질병의 원인

원료의 오염, 부적절한 공정과 가공방법, 위생관리 개념의 미흡, 새로운 오염원

(4) 식중독

식중독이란 식품의 섭취로 인하여 인체에 유해한 미생물 또는 유독 물질에 의하여 발생하였거나 발생한 것으로 판단되는 감염성 또는 독소형 질환

① 식중독 예방

■ 손씻기: 비누를 사용하여 흐르는 물에 20초 이상 씻어야 함

■ 신속의 원칙: 식품에 부착한 세균이 증식하지 못하도록 신속하게 처리하는 것이 중요

■ 가열 또는 냉각의 원칙: 세균은 종류에 따라 증식의 최적온도가 서로 다르지만 식중독균, 부패균은 일반적으로 사람의 체온(36~37℃) 범위에서 잘 자라며, 5℃에서 60℃까지 광범위한 온도 범위에서 증식이 가능하므로 식품 보관시 이 범위를 벗어난 온도에서 보관하도록 하여야 함

② 식중독의 분류

※ 세균성 식중독의 특징

■ 세균이 다량 함유된 식품의 섭취

■ 2차 감염이 일어나지 않는다.

■ 잠복기가 짧다.

■ 면역이 생기지 않는다.

※ 세균성 식중독이 일어나기 위한 조건

■ 식품이 식중독 세균의 증식에 적합할 것

■ 세균의 발육에 알맞은 온도와 습도일 것

■ 원인 세균에 의하여 특정 음식물을 오염하기 쉬운 특수 관계가 성립 할 것

※ **세균성 식중독의 예방**

- 세균에 의한 오염방지
- 세균의 증식 발육 억제
- 가열 살균
- 보건교육의 실시

③ 세균성 식중독

■ **독소형 식중독**

식품 내에서 균이 증식, 독소가 생성됐을 때 그 식품을 섭취함으로 인해 중독

종 류	특 징
보툴리누스균 식중독	• 원인: 토양, 하천, 호수, 바다흙, 동물의 분변, 야채, 육류 및 육제품, 과일, 새고기(오리, 칠면조 등), 어육훈제 • 증상: 메스꺼움, 구토, 복통, 설사, 신경증상, 호흡곤란 • 잠복기: 보통 12~36시간, 빠르면 5~6시간, 늦으면 72시간 이상
포도상구균 식중독	• 원인: 주로 사람의 화농소나 콧구멍, 목구멍 등에 존재하는 포도상구균 (손, 기침, 재채기 등), 우유 및 유제품, 육제품, 난제품, 쌀밥, 떡, 도시락, 빵, 과자류 등의 전분질 식품 • 증상: 급성 위장염 증상, 구토, 복통, 설사 등 • 잠복기: 보통 1~6시간, 평균 3시간으로 매우 짧음

■ **감염형 식중독**

식품과 함께 섭취한 미생물이 체내에서 증식되어 중독을 일으키는 것

종 류	특 징
살모넬라 식중독	• 원인: 바퀴벌레, 파리, 쥐, 닭 등이 감염원, 균에 오염된 식품(우유, 육류, 난류 및 가공품, 어패류 및 가공품, 도시락, 튀김류, 어육연제품 등) • 증상: 구토, 복통, 설사, 발열(급격히 시작하여 39℃를 넘는 경우가 빈번함) • 잠복기: 12~48시간
장염 비브리오 식중독	• 원인: 연안의 해수, 바다벌, 플랑크톤 등에 널리 분포하는 장염 비브리오균에 오염된 해수가 감염원이 되어 어패류가 오염되며, 장염 비브리오균에 오염된 생선회, 초밥 같은 식품의 섭취로 발병함 • 증상: 복통, 구토, 설사, 발열 등 전형적인 급성위장염 증상 • 잠복기: 8~10시간
병원성	• 원인: 환자, 보균자의 분변이 감염원, 균에 오염된 모든 식품(햄, 치즈,

종 류	특 징
대장균 식중독	소시지, 고로케, 야채샐러드, 분유, 파이, 도시락, 두부 및 가공품 등) • 증상: 설사, 발열, 두통, 복통 등 3~5일에 회복 • 잠복기: 10~24시간

웰치균
식중독
	• 원인: 보균자인 식품업자, 조리사의 분변을 통한 식품의 감염, 조리실의
	  하수, 오물, 쥐, 가축의 분변을 통한 식품의 감염, 조수육 및 그 가공품,
	  어패류 및 가공품, 식물성 단백식품
	• 증상: 복통, 수양성 설사, 경우에 따라 점혈변
	• 잠복기: 8~24시간

■ 자연독에 의한 식중독

구 분	종 류	독성물질
식물성	독버섯류	무스카린, 무스카르딘, 콜린, 뉴린 등
	고사리, 소철	발암성 물질을 함유하는 식용식물
	독미나리,	시큐톡신
	흰독말풀, 독보리	오용하기 쉬운 유독식물
	감자	솔라닌, 셉신
	청매	아미그달린
	목화씨	고시폴
	오색두, 수수, 피마자	유동성분을 함유하는 식용식물
동물성	복어	테트로도톡신
	섭조개, 대합	삭시토신
	모시조개, 바지락, 굴	베네루핀

※ 독버섯류의 독성물질: 부교감신경 홍분, 침흘림, 심한 발한, 동공 수축,
   호흡 급박, 소화기 증상을 일으킴

※ 복어의 테트로도톡신: 5, 6월 산란기, 섭취 후 10 - 45분 후에 증상이 나
   타남, 치사율 60%, 가열 조리에도 성분이 파괴되지 않음.

■ 곰팡이균에 의한 식중독

■ 아플라톡신(간장독): 동물의 간경변, 간종양 또는 간세포의 괴사를 일으
  키는 물질로 간암을 일으킴.

■ 시트리닌(신장독): 신장에 급성 및 만성장애를 일으키는 물질

■ 파툴린(신경독): 뇌 및 중추신경계에 장애를 일으키는 곰팡이 독소

■ 곡류, 목초나 사료가 병발생의 원인이 된다.

- 항생제나 기타 약제로 난치이거나 거의 치유되지 않는다.
- 동물 또는 사람 사이에서는 전파되지 않는다.
- 원인식물에서 관여 곰팡이독이 검출될 수 있다.
- 병 발생이 계절적 요인과 관계가 깊다.

④ 화학성 식중독
- 유해성 금속화합물에 의한 식중독
- 메탄올에 의한 식중독
  - 농약 및 살충제에 의한 독성
- 유해 첨가물에 의한 식중독(착색료, 표백제, 유해감미료, 유해보존료)

(5) 영양

영양이란 섭취하는 음식, 영양소와 다른 화학적 물질에 입각한 기능, 상호관계, 그리고 건강을 유지하고 질병을 예방하기 위한 영양관리로서 음식을 섭취, 소화, 흡수, 대사하는 전체적인 과정을 말한다. 영양소란 사람이 성장이나 건강의 유지, 증진 등 정상적인 생리기능을 원활하게 하기 위하여 음식물로부터 섭취해야 하는 것이다.

① 식품의 영양소 구성
- 3대 영양소 → 탄수화물, 지방, 단백질
- 5대 영양소 → 탄수화물, 지방, 단백질, 비타민, 무기질
- 6대 영양소 → 탄수화물, 지방, 단백질, 비타민, 무기질+물
- 7대 영양소 → 탄수화물, 지방, 단백질, 비타민, 무기질+물+식이섬유소

② 비타민의 종류
비타민은 신체조직의 기능과 성장 및 유지를 위해서 식이에 아주 적은 양이 필요한 필수 유기물질이다. 비타민 자체는 체내에서 에너지를 내지는 않지만 에너지를 생성하는 화학적인 반응을 도와준다.

■ **지용성 비타민**: A, D, E, K

- 비타민 A: 카로틴이 많이 함유, 시각기능에 관여(결핍시 야맹증)
- 비타민 D: 체내에서 생성되며 뼈 생성에 관여(결핍시 구루병)
- 비타민 E: 항산화 역할을 담당, 피부노화방지
- 비타민 K: 혈액응고요인을 합성하는 데에 필수적인 영양소. 골격 형성에서 칼슘결합

■ **수용성 비타민**: B_1, B_2, 나이아신, B_6, 엽산, 비타민 B_{12}, 비타민 C

- 비타민 B_1(티아민): 다량 섭취해도 소변으로 배설되기 때문에 독성은 없다. 신경자극 전달물질을 합성하며, 결핍증은 각기병. 티아민은 적은 양이지만 식품에 널리 분포해있다.
- 비타민 B_2(리보플라빈): 에너지 대사에 관여하는 비타민으로, 우유나 유제품 섭취가 적을 때 리보플라빈 결핍증을 보일 수 있다.
- 나이아신: 나이아신은 세포내에서 약 200개 효소의 조효소로서 산화, 환원 반응에 관여한다. 이 영양소의 결핍증은 전신에서 나타난다.
- 비타민 B_6: 단백질과 아미노산 대사에 절대적으로 필요한 영양소. 적혈구 형성에 직접적으로 관여하며 부족할 시 철분 결핍성 빈혈과 같은 증세를 보임.
- 엽산: DNA 합성에 필요하며 세포분열과 적혈구 성숙에도 필요함.
- 비타민 B_{12}: 동물성 식품에서 얻는다.
- 비타민 C: 환원제 역할. 골격과 혈관을 튼튼하게 하는 결합조직의 콜라겐을 합성하여 조직을 강하게 함.

③ 탄수화물

영양학적으로는 단당류, 이당류, 다당류로 나뉘며 대부분의 곡류와 설탕류가 여기에 속한다.

- 에너지 공급(신체 활동을 위해서는 에너지가 끊임없이 요구)
- 장내 운동성(장내에서 음식물이 잘 이동하도록 연동운동을 돕는 역할)
- 단백질 절약 작용

Point

※ 지용성 비타민 : 지방이나 지방을 녹이는 유기용매에 녹는 비타민
※ 수용성 비타민 : 물에 녹는 비타민

MEMO

- 이당류인 유당은 칼슘의 흡수를 돕는 작용을 함.
- 신체 구성 성분(손톱, 뼈, 연골 및 피부 등의 중요한 구성요소)
- 탄수화물이 함유된 식품: 곡류, 설탕, 꿀, 과일, 쌀, 보리, 콩, 옥수수, 밀, 감자, 고구마, 밀가루, 밤, 팥 등

④ 지방
체온을 보호해 주며 중요한 인체의 장기를 외부로부터 보호해준다.

- 농축된 에너지의 급원
- 맛과 향미의 제공
- 지용성 비타민의 흡수를 도움
- 지방이 함유된 식품: 유지류
- 주요영양소: 지방, 지용성 비타민

⑤ 단백질
단백질은 신체 내 모든 세포에서 발견되며 신체조직의 성장과 유지에 매우 중요하다. 식사로부터 섭취한 단백질이 충분해야만 임신이나 성장기 동안 정상적인 성장이 이루어진다.

- 머리카락이나 손톱, 발톱의 성장
- 뼈와 결합조직, 그리고 혈액의 유지를 위해서 필요
- 단백질이 함유된 식품: 고기, 생선, 알 및 콩류
- 주요영양소: 단백질, 철분, 비타민 B_{12}, 아연, 비타민 B_1, 나이아신

⑥ 무기질
신체조직을 구성하는 중요한 영양소로 결핍이 되었을 경우 빈혈, 골다공증, 충치가 생긴다.

- 산, 염기의 균형
- 산을 형성하는 무기질은 곡류, 곡류제품, 육류, 닭고기, 계란, 생선에 비교적 풍부

- 칼슘과 인은 뼈와 치아 같은 신경조직을 구성하는데 중요함
- 물의 균형 조절
- 촉매작용
- 무기질이 함유된 식품: 우유, 깻잎, 배추, 김, 톳, 다시마 등

6 보건행정

보건행정이란 지역사회 주민의 건강을 유지, 증진시키고 정신적 안녕 및 사회적 효율을 도모할 수 있도록 하기 위한 공적인 행정활동을 말한다.

(1) 보건행정의 범위

① 보건 관련 통계의 수집, 분석, 보존
② 보건교육
③ 환경위생
④ 산업보건
⑤ 모자보건
⑥ 구강보건
⑦ 보건간호
⑧ 전염병 관리 및 역학
⑨ 성인병 관리

(2) 보건행정의 특성

① 공공성과 사회성
② 적극적인 봉사성
③ 자발적인 참여의 조장성
④ 교육적인 목적 달성
⑤ 기술성
⑥ 과학성

(3) 보건행정과 일반행정의 차이점

일반적으로 어느 행정이나 절대적인 4대 기본요소로 조직, 예산, 인사, 법적 규제 등을 일컫는다. 보건행정이란 보건학 및 의학 등 지식과 기술을 행정에 적용시켜야 하는 기술행정이라는 특성을 지닌 점이 일반행정과 차이점이다.

CHAPTER 02 소독학

1 소독 및 멸균의 정의

① 소독: 병원 미생물을 죽이거나 제거하여 감염력을 없애는 것
② 멸균: 모든 미생물을 열, 약품으로 죽이거나 제거시켜 살아 있는 모든 것을 완전히 없애는 것
③ 방부: 균을 적극적으로 죽이지 않으나 균의 발육을 저지하는 것
④ 살균: 원인균을 죽이는 것

> **소독효과가 가장 큰 순서 ▶▶▶ 멸균 〉 살균 〉 소독 〉 방부**

2 소독법의 조건

① 물리적 인자: 열, 수분, 자외선
② 화학적 인자: 물, 농도, 온도, 시간

〈소독약의 이상적인 조건〉
- 가장 많이 사용되는 것은 석탄산의 살균력을 기준으로 한 석탄산계수를 사용한다.
- 높은 살균작용력을 가지고 있어야 하며 석탄산계수가 높아야 한다.
- 화학적으로 분해되기 어려운 유기화합물이나 금속에서도 효과적이어야 한다.
- 침투력이 강해야 한다.
- 용해성과 안전성이 높아야 한다.
- 부식성과 표백성이 없어야 한다.
- 짧은 기간에 소독할 수 있어야 한다.
- 사용법이 간단하고 값이 저렴해야 한다.

- 소독 대상물을 손상시키지 않아야 한다.
- 언제 어디서나 할 수 있어야 한다.
- 소독 시 인체에 해가 없어야 한다.
- 소독한 물건에 나쁜 냄새를 남기지 않아야 한다.
- 필요하면 표면만이 아니고 내부도 소독할 수 있어야 한다.

3 대상별 소독법

① 유리그릇, 도자기: 자비소독, 건열멸균법, 화염멸균법, 증기, 자외선, 각종 약액 소독, 가스소독
② 금속제품: 석탄산수, 크레졸수, 역성비누, 자비소독
③ 셀룰로이드, 플라스틱, 고무제품: 역성비누, 포르말린
④ 종이제품: 포름알데히드가스 소독
⑤ 가죽제품: 소독용 에탄올, 역성비누
⑥ 손 소독: 석탄산(1~2%), 크레졸(1~2%), 승홍(0.1%), 역성비누(역성비누의 원액을 1~5㎖), 소독용 에탄올.
⑦ 수건류: 증기소독, 자비소독, 역성비누, 일광소독
⑧ 배설물: 3%의 크레졸수와 석탄산수
⑨ 화장실, 하수구, 쓰레기통: 석탄산
⑩ 미용실 바닥 소독: 포르말린, 크레졸, 석탄산 순으로 적당.
⑪ 미용실 기구 소독: 크레졸, 석탄산

4 소독법의 종류

(1) 물리적 소독법

약액을 전혀 사용하지 않는 방법

① 건열에 의한 방법
- 화염멸균법: 알콜 버너나 램프를 사용하여 소독 대상물에 약 20초간 이

상 가열하는 방법

- 건열멸균법: 건열멸균기 속에 넣고 160~170℃에서 1~2시간 가열하는 방법
- 소각소독법: 값싼 물건이나 쉽게 교환할 수 있는 물건은 소각하는 것이 좋다.

② 습열에 의한 방법

- 자비소독법: 100℃에서 15~20분, 물에 탄산나트륨 1~2%를 첨가하면 살균력도 강해지고 금속이 녹스는 것을 방지하는 효과가 있다.
- 고압증기멸균법: 120℃에서 20분간 가열하면 모든 미생물을 멸균하며 아포까지 사멸한다. 주로 기구, 의류, 고무제품, 거즈, 약액의 소독에 주로 사용된다.
- 유통증기소독법: 아놀드나 코흐(Koch) 증기솥을 사용하여 100℃도의 증기를 30~60분간 쐬게 만드는 방법이다.
- 간헐멸균법: 100℃의 유통증기를 15~30분씩 24시간 간격으로 3회 가열하며, 사이의 쉬는 시간에는 실내온도를 20℃ 정도로 유지한다.
- 저온살균법: 프랑스의 파스퇴르에 의해 고안된 소독법으로, 63~65℃로 30분간 가열한다. 세균의 감염을 방지하기 위해 우유 같은 식품의 소독에 사용하며 결핵균은 사멸되나 대장균은 완전 사멸되지는 않는다. (초고온순간살균법－132℃에서 1~2초간 가열)

③ 열을 이용하지 않는 멸균법

ⓐ 자외선멸균법

ⓑ 세균여과법

ⓒ 초음파살균법

(2) 화학적 소독법

① 석탄산: 살균기전은 단백질의 응고작용, 세포응고, 효소계 침투작용. 소독약의 표준.

- 보통 3~5% 수용액(실험기기, 의료용기, 오물 등)을 사용한다(손 소독 2%). 수지, 의류, 침구커버, 천조각, 브러시, 고무제품, 실내 내부, 가구,

변소, 변기, 배설물 등.

- 경제적이고 안정성이 강해 오래 두어도 화학적 변화가 적다. 거의 모든 균에 효력이 있고 용도 범위가 넓다.
- 피부 점막에 자극성과 마비성이 있고 금속제품을 부식시키기도 한다. 또한 바이러스 아포에 대해 효력이 떨어지고 낮은 온도에서는 효력이 약하다.
- 석탄산계수: 살균력의 지표.

② 크레졸: 난용성, 단백질 응고작용.

- 1~2%는 손가락, 피부 소독, 2~3%는 의류, 헝겊, 솔, 가죽, 고무, 변소 등의 소독에 이용한다. 결핵, 객담, 배설물 등의 소독에 효과가 있고 석탄산보다 2배 높은 살균력을 지녔다.
- 경제적이고 소독력이 강해 거의 모든 균에 효과적이며 사용 범위가 넓다. 결핵균에 대한 소독 효력이 커서 적합하다.
- 진한 용액이 피부에 닿으면 짓무른다. 바이러스에 대해 효력이 없고 냄새가 강하고 용액이 혼탁하다.

③ 포르말린

- 포르말린 : 물 = 1 : 34의 비율. 30도 이상에서 높은 살균력을 지닌다.
- 미용실 실내 소독, 손, 발, 금속, 자기, 고무, 유리제품 등의 소독에 쓰인다.
- 아포에 대해 소독력이 강한 것이 장점이며, 온도에 민감하다.

④ 포름알데히드: 기체 상태로 실내 소독이나 밀폐된 공간, 서적, 종이 제품 소독에 적합하다.

⑤ 승홍수: 0.1%용액.

- 독성이 강하기 때문에 금속은 부식되고 살균기전은 단백질 응고작용이다.
- 손발, 유리제품, 의류, 도자기 소독에 적합하며 금속제품, 장난감, 식기소독에는 부적합하다.
- 플라스틱 용기를 사용하며, 맹독이므로 취급할 때 상당한 주의가 요구된다.
- 온도가 높을수록 살균력이 강해지므로 가온해서 사용한다.

⑥ 알코올

■ 피부에서 70%의 에탄올을 처리했을 때 2분 내에 90%의 미생물이 거의 죽는다.

■ 이·미용업소의 손이나 피부 및 기구(가위, 칼, 면도, 니퍼 등)의 소독에 가장 적합한 소독법이다.

■ 무수알코올은 효과가 없다. 단점은 가격이 비싸고 휘발성이 있다.

■ 고무나 플라스틱을 녹인다.

⑦ 역성비누액: 냄새가 없고 자극이 없다.

■ 살균력과 침투력은 좋으나 세정력은 없고 무색이다.

■ 수지(원액 1~5㎖), 식기나 기구는 0.5%의 수용액을 사용한다.

⑧ 생석회

■ 알칼리성으로 살균작용은 균체 단백질의 변성을 이용한 것이다. 석회유로도 사용된다.

■ 용도는 분뇨, 토사물, 문류통, 쓰레기통, 선저수 등의 소독에 적당하다.

⑨ 산화제

■ 과산화수소(옥시풀): 2.5~3.5%의 수용액을 사용하며 용도는 창상 부위 소독이나 인두염, 구내염, 또는 구내 세척제로 사용된다.

■ 과망간산칼륨: 0.1~0.5%의 수용액을 사용하며 요도 소독 또는 창상 부위 소독에 적당하다.

⑩ 창상용 소독제

■ 머큐로크롬액: 2%의 수용액을 사용하며 상처 소독 시 그대로 사용한다. 빨간약이라고 한다.

■ 희옥도정기: 70%의 에탄올에 3%의 요오드, 2%의 요오드화칼륨을 함유했다.

■ 아크리놀: 화농균에 대해 강한 효력이 있고 창상 소독에는 0.1~0.2%를 사용한다.

5 소독약의 살균 기전

① 단백질의 응고작용: 석탄산, 승홍, 알코올, 크레졸, 포르말린, 산, 알칼리, 중금속염
② 산화작용: 과산화수소, 과망간산칼륨, 오존, 염소, 표백분, 차아염소산
③ 가수분해작용: 생석회, 석회유

6 미생물

단세포 또는 균사로 된 육안으로 감식이 불가능한 정도(0.1mm 이하)로 미세한 생물을 말한다. 세균, 곰팡이, 효모, 조류, 원생동물, 기생생물이라고 할 수 있는 바이러스 등이 이에 속한다.

사람에게 감염됨으로서 질병을 유발하는 병원성 미생물, 독소형 또는 감염형으로 식중독을 일으키는 식중독 미생물, 의식주에 관계되는 각종 물질을 변질, 부패시키는 유해미생물이 있다.

① 미생물의 종류
■ 바이러스: 인플루엔자, 노로바이러스, HIV(세균의 1/50~1/100정도)
■ 박테리아(세균): 구균, 간균, 나선균
■ 효모: 형태는 구형, 타원형. 빵, 맥주, 청주, 와인에 사용됨.
■ 곰팡이: 포자와 균사로 번식

② 미생물의 증식환경에 영향을 미치는 요인
■ 습도: 세균의 발육 증식에 필요한 영양소는 보통 물에 녹기 때문에 많은 수분을 필요로 한다(세균 〉효모 〉곰팡이).
■ 온도: 일정한 온도가 필요하나 그 이상 혹은 그 이하에서는 발육을 못하므로 28~38도가 적당하다.
■ 수소이온농도: 세균이 잘 자라는 수소이온농도는 pH 5.0~8.5가 적당하다.
■ 영양과 신진대사: 물, 질소, 탄소 및 유기물질이 필요하다.

■ 광선: 직사광선은 일부 세균을 몇 분 또는 몇 시간 안에 죽이며 자외선은 살균작용을 한다.

③ 병원성 미생물
■ 박테리아(세균)의 종류
  * 구균: 포도상구균(중이염, 폐렴, 신우염 등), 연쇄상구균(폐렴, 성홍열, 인후염), 임균(임질), 수막염균(수막염)
  * 간균: 탄저균(탄저병), 파상풍균(파상풍), 보툴리누스균(보툴리늄 식중독), 디프테리아균(디프테리아), 결핵균(결핵), 나균(한센병), 대장균(장염), 녹농균(호흡기와 상처감염), 이질균(이질), 장티푸스균(장티푸스), 콜레라균(콜레라), 장염비브리오균(장염비브리오, 식중독), 인플루엔자균(뇌수막염, 폐렴), 백일해균(백일해)
  * 나선균: 매독균(매독), 렙토스피라(렙토스피라증)

■ 진균
  * 곰팡이: 누룩곰팡이(이질균증, 알레르기, 각막염), 푸른곰팡이(페니실린 생산), 지오트리쿰(폐질환), 마두라진균(만성 육아종, 부종), 알트나리움(기관지 천식), 분아균(분아균증), 히스토플라스마(간비종, 발열, 백혈구 감소), 스포로트리쿰(피부에 결절 궤양)
  * 효모: 효모균(빵효모, 맥주효모), 한세눌라(양조식품 변패), 칸디다(아구창), 크립토코커스(외상에서 폐수막염)

■ 리케차
  * 주로 진핵생물체의 세포내에 기생생활을 하며, 절지동물(벼룩, 진드기, 이)과 공생한다.
  * 병원균은 절지동물을 매개로 음식물을 통해 감염된다.
  * 주요 감염질환 – 티푸스열, 로키산 홍반열, 큐열, 참호열 등으로 발진이나 열성질환 등

7 소독방법

(1) 네일미용의 위생과 안전관리

1) 살롱의 안전한 위생관리

① 제품의 소독 및 안전관리를 철저히 한다.

② 모든 용기와 제품은 이름표를 붙여 서늘한 곳에 보관한다.

③ 습기가 많은 장소의 전기기구는 반드시 접지를 해야 한다.

④ 모든 기구나 기자재들은 사용 후 항상 소독 처리를 하고 필요시 멸균처리 한다.

⑤ 파일은 한 고객에게만 사용한다.

⑥ 환기가 제대로 되고 있는지 반드시 확인한다.

⑦ 소화기를 배치하고 소방서, 경찰서의 비상 연락처를 붙여 놓는다.

⑧ 자주 사용하지 않는 제품들도 일정기간을 정하여 점검해 준다.

⑨ 콘 커터의 면도날은 고객마다 새 것으로 쓴다.

⑩ 크림이나 용량이 큰 제품은 스파츌러를 이용하여 덜어서 사용한다.

⑪ 전염병이나 피부질환이 있는 고객은 완전히 나을 때까지 시술하지 않는다.

2) 화학물질의 안전주의사항

① 햇볕이 잘 드는 곳에 보관한다.

② 화학물질이나 용제의 냄새를 맡아 확인하여 사용한다.

③ 화학물질은 폭발 가능성이 있다. 특히 스프레이는 냉암소에 보관하고, 각 이름표를 붙여두어 제품 설명서 지시에 따라 적정농도를 사용한다.

④ 때에 따라서 시술자의 경험으로 양을 마음대로 조절하여 사용한다.

3) 살롱에서의 환기

① 냄새가 없거나 좋은 냄새가 나는 화학물질이라도 반드시 환기를 해야 한다.

② 마스크를 착용할 경우 먼지의 흡입은 막을 수 있으나 유해 공기를 막을 수는 없다.

③ 공기 청정기나 환풍기 또는 선풍기를 사용할 수 있다.

④ 화학제품의 냄새는 사용의 안전도와 무관하기 때문에 환기에 신경 써야 한다.

4) 살롱에서 감염 예방에 대한 방법

① 시술 전, 후에 70% 알코올이나 손 소독제를 사용하여 시술자와 고객의 손을 소독한다.

② 체액이나 피가 묻은 세탁물은 멸균처리를 한다.

③ 파상풍은 매 10년마다 추가 접종해야 한다.

④ 시술 도중 출혈이 일어나지 않도록 주의한다.

5) 네일 살롱의 적절한 소독방법

① 재사용이 가능한 기구/도구는 청소한 후 적절한 소독액에 완전히 담가 소독해야 한다.

② 모든 기구들은 먼지가 없도록 깨끗하게 닦아주어야 한다.

③ 소독제 제조업체의 라벨에 표시된 소요 시간(10~20분) 동안 손잡이를 비롯하여 모든 표면이 잠기도록 완전히 담가야 한다.

④ 이소프로필알코올과 에틸알코올은 20분 동안 담가야 한다.

⑤ 자외선 멸균기를 사용할 경우에는 2~3시간 정도 소독한다.

⑥ 네일 작업대는 항상 소독용제로 닦은 후 냄새가 없어야 한다.

6) 소독제

제품/화학용품	기본농도	사용용도
과산화수소	3%	찔리거나 작게 베인 상처
포르말린	20% 용액	작업대, 샴푸대 등 소독
알코올(이소프로필)	70%를 60%로 희석	손, 피부, 가벼운 상처 소독
요오드팅크	2%	찔리거나 베인 상처
붕산	5% 용액	눈과 눈 주위 닦아냄

7) 멸균제

제품/화학용품	기본농도	사용용도
포름알데하이드 (포르말린)	10% 용액, 25% 용액	브러쉬 소독(20분간 담금), 기구 소독
알코올 (이소프로필)	70% 용액	기구 소독(20분간 담금)
4기 암모니아 합성물 (콰츠)	1:1,000용액	기구 소독(20분감 담금) 강한 농축액의 사용은 화학적 화상을 야기할 수 있으며, 비누로 씻은 후 헹굼
차아염소산(염소)	1/2용액	살균작용, 탈색제, 탈취제, 섬유표백, 상하수도처리 등
크레졸	비누 섞인 100% 용액	3온스(88.72㎖)를 1갤런(3.7851)으로 희석. 작업대, 변기, 세면대 소독
페놀 (석탄산)	88% 용액	8온스(236.59㎖)를 1갤런으로 희석, 작업대, 변기, 세면대 소독

8) 미용기구 소독

자외선소독	1㎠당 85㎼ 이상의 자외선을 20분 이상
건열멸균소독	섭씨 100℃ 이상의 건조한 열에 20분 이상
증기소독	섭씨 100℃ 이상의 습한 열에 20분 이상
열탕소독	섭씨 100℃ 이상의 물속에 10분 이상
석탄산수소독	석탄산수(석탄산 3%, 물 97%의 수용액을 말함)에 10분 이상
크레졸소독	크레졸수(크레졸 3%, 물 97%의 수용액을 말함)에 10분 이상
에탄올소독	에탄올수용액(에탄올이 70%인 수용액을 말함)에 10분 이상 담가두거나 에탄올수용액을 머금은 면 또는 거즈로 기구의 표면을 닦아준다.

공중위생관리법규

Point

용어 정의를 확실히 학습한다.
법령내용은 모두 암기하도록 한다.
과태료와 벌금은 예상문제 위주로 학습
하도록 한다.

1 공중위생관리법의 정의

공중위생관리법이란 공중이 이용하는 영업과 시설의 위생관리 등에 관한 사항을 규정함으로써 위생수준을 향상시켜 국민의 건강증진에 기여함을 목적으로 하는 것이다.

(1) 공중위생영업

다수인을 대상으로 위생관리서비스를 제공하는 영업으로서 숙박업, 목욕장업, 이용업, 미용업, 세탁업, 위생관리용역업을 말한다.

(2) 이용업

손님의 머리카락 또는 수염을 깎거나 다듬는 등의 방법으로 손님의 용모를 단정하게 하는 영업을 말한다.

(3) 미용업

손님의 얼굴·머리·피부 등을 손질하여 손님의 외모를 아름답게 꾸미는 영업을 말한다. 미용업의 영역은 사람의 외모를 가꾸는 전문 서비스 행위로써 헤어스타일, 헤어-케어, 메이크업, 피부관리, 네일아트 등을 미용업의 영역으로 규정할 수 있다.

① 미용업(일반): 파마, 머리카락 자르기, 머리카락 모양내기, 머리 피부 손질, 머리카락 염색, 머리 감기, 손톱과 발톱의 손질 및 화장, 의료기기나 의약품을 사용하지 않는 눈썹 손질을 하는 영업
② 미용업(피부): 의료기기나 의약품을 사용하지 않는 피부 상태 분석, 피부 관리, 제모, 눈썹 손질을 하는 영업
③ 미용업(손톱, 발톱): 손톱과 발톱을 손질·화장하는 영업
④ 미용업(화장, 분장): 얼굴 등 신체의 화장, 분장 및 의료기기나 의약품을 사용하지 않는 눈썹 손질을 하는 영업

⑤ 미용업(종합): 위의 업무를 모두 하는 영업

(4) 공중이용시설

다수인이 이용함으로써 이용자의 건강 및 공중위생에 영향을 미칠 수 있는
건축물 또는 시설로서 대통령령이 정하는 것을 말한다.

② 공중위생업의 신고 및 폐업

(1) 영업신고(주체: 시장, 군수, 구청장)

공중위생업을 하고자 하는 자는 공중위생영업의 종류별로 **보건복지부령이
정하는 시설 및 설비를 갖추고** 시장, 군수, 구청장에게 신고하여야 한다.

⚜ 첨부서류

- 영업시설 및 설비개요서
- 면허증
- 교육필증(미리교육을 받은 사람만 해당)

(2) 폐업신고(주체: 시장, 군수, 구청장)

공중위생영업을 폐업한 경우에는 **폐업한 날로부터 20일 이내**에 시장, 군수,
구청장에게 신고하여야 한다. 폐업한 날부터 20일 이내에 폐업신고를 하지
않으면 **300만원 이하의 과태료**가 부과된다.

(3) 공중위생영업의 승계

① 양도, 사망, 합병의 경우

공중위생영업자는 그 공중위생영업을 양도하거나 사망한 때 또는 법인
의 합병이 있는 때에는 그 양수인, 상속인 또는 합병 후 존속하는 법인
이나 합병에 의하여 설립되는 법인은 그 공중위생영업자의 지위를 승계
한다.

② 파산, 경매, 매각의 경우

민사집행법에 의한 경매, 「채무자 회생 및 파산에 관한 법률」에 의한 환
가나 「국세징수법」, 「관세법」 또는 「지방세법」에 의한 압류재산의 매
각, 그 밖에 이에 준하는 절차에 따라 공중위생영업 관련시설 및 설비의
전부를 인수한 자는 이 법에 의한 공중위생영업자의 지위를 승계한다.

③ 이용업 또는 미용업의 경우에는 면허를 소지한 자에 한하여 공중위생영
업자의 지위를 승계할 수 있다.

④ 공중위생영업자의 지위를 승계한 자는 1개월 이내에 보건복지부령이 정
하는 바에 따라 시장, 군수 또는 구청장에게 신고하여야 한다.

⑤ 미용업을 폐업한 자는 폐업한 날부터 20일 이내에 폐업신고를 해야 한다.

❸ 영업자의 준수사항(보건복지부령)

공중위생영업자는 그 이용자에게 건강상 위해요인이 발생하지 아니하도록
영업 관련 시설 및 설비를 위생적이고 안전하게 관리하여야 한다.

① 의료기구와 의약품을 사용하지 않는 순수한 화장 또는 피부미용을 할 것.

② 미용사 면허증을 영업소 안에 게시할 것.

③ 보건복지부령이 정하는 미용기구 소독기준 및 방법에 따라 미용기구는
소독을 한 기구와 소독을 하지 아니한 기구로 분리하여 보관하고, 면도
기는 1회용 면도날만을 손님 1인에 한하여 사용해야 한다.

④ 공중위생영업자가 준수하여야 할 위생관리기준 및 위생관리서비스 제공
에 필요한 사항, 건전한 영업질서유지를 위하여 영업자가 준수하여야
할 사항은 보건복지부령으로 정한다.

✿ 미용업자의 위생관리기준

- 점 빼기, 귓불 뚫기, 쌍꺼풀 수술, 문신, 박피술 그 밖에 이와 유사한 의료행위를 해서는 안 된다.
- 피부미용을 위하여 「약사법」에 따른 의약품 또는 「의료기기법」에 따른 의료기기를 사용해서는 안 된다.
- 미용기구 중 소독을 한 기구와 소독을 하지 않은 기구는 각각 다른 용기에 넣어 보관해야 한다.
- 1회용 면도날은 손님 1인에 한하여 사용해야 한다.
- 영업장안의 조명도는 75 Lux(룩스) 이상이 되도록 유지해야 한다.
- 영업소 내부에 미용업 신고증 및 개설자의 면허증 원본을 게시해야 한다.
- 영업소 내부에 최종지불요금표를 게시 또는 부착해야 한다.
- 신고한 영업장 면적이 66제곱미터 이상인 영업소의 경우 영업소 외부에도 손님이 보기 쉬운 곳에 「옥외광고물 등 관리법」에 적합하게 최종지불요금표를 게시 또는 부착해야 한다. 이 경우 최종지불요금표에는 일부항목(5개 이상)만을 표시할 수 있다.

✿ 미용기구 소독

- 자외선소독: 1㎠당 85㎼ 이상의 자외선을 20분 이상
- 건열멸균소독: 섭씨 100℃ 이상의 건조한 열에 20분 이상
- 증기소독: 섭씨 100℃ 이상의 습한 열에 20분 이상
- 열탕소독: 섭씨 100℃ 이상의 물속에 10분 이상
- 석탄산수소독: 석탄산수(석탄산 3%, 물 97%의 수용액을 말함)에 10분 이상
- 크레졸소독: 크레졸수(크레졸 3%, 물 97%의 수용액을 말함)에 10분 이상
- 에탄올소독: 에탄올수용액(에탄올이 70%인 수용액을 말함)에 10분 이상 담가두거나 탄올수용액을 머금은 면 또는 거즈로 기구의 표면을 닦아준다.

4 면허

이용사 또는 미용사가 되고자 하는 자는 다음 각 호의 1에 해당하는 자로서 **보건복지부령**이 정하는 바에 의하여 **시장, 군수, 구청장의 면허**를 받아야 한다.

(1) 면허발급대상자

① 전문대학 또는 이와 동등 이상의 학력이 있다고 교육과학기술부장관이 인정하는 학교에서 이용 또는 미용에 관한 학과를 졸업한 자

② 고등학교 또는 이와 동등의 학력이 있다고 교육과학기술부장관이 인정하는 학교에서 이용 또는 미용에 관한 학과를 졸업한 자

③ 교육과학기술부장관이 인정하는 고등기술학교에서 1년 이상 이용 또는 미용에 관한 소정의 과정을 이수한 자

④ 국가기술자격법에 의한 이용사 또는 미용사의 자격을 취득한 자

(2) 면허제한(결격사유자)

① 금치산자

② 정신질환자 또는 간질 환자

③ 공중의 위생에 영향을 미칠 수 있는 전염병 환자로서 보건복지부령이 정하는 자(비감염성 제외)

④ 마약, 기타 **대통령령으로 정하는 약물 중독자**

⑤ 이 법을 위반하거나 면허증을 다른 사람에게 대여하여 면허가 취소된 후 1년이 경과되지 아니한 자

(3) 면허 취소(시장, 군수, 구청장)

시장, 군수, 구청장은 이용사 또는 미용사가 이 법 또는 이 법의 규정에 의한 명령에 위반한 때, 면허증을 다른 사람에게 대여한 때에는 그 면허를 취소하거나 6월 이내의 기간을 정하여 그 면허의 정지를 명할 수 있다. 다만 정신질환자, 간질 환자 또는 마약 기타 **대통령령으로 정하는 약물 중독자는 그 면허를 취소**하여야 한다.

5 업무범위

이용사 또는 미용사의 면허를 받은 자가 아니면 이용업 또는 미용업을 개설하거나 그 업무에 종사할 수 없다. 다만, 이용사 또는 미용사의 감독을

받는 경우는 이용 또는 미용 업무의 보조를 행할 수 있다. 이용 및 미용의 업무는 영업소 외의 장소에서 행할 수 없다.

(1) 위생관리의무 위반

위생관리의무를 위반한 미용업자는 특별시장, 광역시장, 도지사(이하 "시·도지사"라 함) 또는 시장, 군수, 구청장(자치구의 구청장)으로부터 다음과 같은 개선명령, 영업정지 처분 또는 영업소폐쇄명령을 받을 수 있다. 천재지변, 그 밖에 부득이한 사유가 있는 경우 개선기간의 연장(최대 6개월)을 신청할 수 있다.

행정처분				위반사항
1차 위반	2차 위반	3차 위반	4차 위반	
경고	영업정지 5일	영업정지 10일	영업소 폐쇄명령	소독을 한 기구와 소독을 하지 않은 기구를 각각 다른 용기에 넣어 보관하지 않거나 1회용 면도날을 2명 이상의 손님에게 사용한 경우
영업정지 2개월	영업정지 3개월	영업소 폐쇄명령		피부미용을 위하여 「약사법」에 따른 의약품 또는 의료용구를 사용하거나 보관하고 있는 경우
				점 빼기, 귓불 뚫기, 쌍꺼풀 수술, 문신, 박피술, 그 밖에 이와 유사한 의료행위를 한 경우
경고 또는 개선명령	영업정지 5일	영업정지 10일	영업소 폐쇄명령	미용업 신고증, 면허증 원본 및 미용요금표를 게시하지 않거나 업소 내 조명도를 준수하지 않은 경우

(2) 과태료

공중위생관리법에 따른 미용업소의 위생관리 의무를 지키지 않은 미용업자는 200만원 이하의 과태료가 부과된다.

※ 행정처분의 불이행 시 제재

■ 시·도지사 또는 시장·군수·구청장의 개선명령을 이행하지 않은 경우
1차 위반 (경고) ▶▶▶ 2차 위반 (영업정지 10일) ▶▶▶ 3차 위반 (영업정지 1개월) ▶▶▶ 4차 위반 (영업소폐쇄명령)

- 영업정지 처분을 받고 그 영업정지 기간 중 영업을 한 경우: 1차 위반 (영업소폐쇄명령)
- 영업소폐쇄명령을 받고도 계속 영업을 하면 해당 미용업소의 간판 제거, 봉인, 위법업소임을 알리는 게시물 부착 등의 조치를 받을 수 있다.
- 시·도지사 또는 시장, 군수, 구청장의 개선명령을 위반하면 300만원 이하의 과태료가 부과된다.
- 영업정지 처분을 받고도 그 기간 중에 영업을 하거나 또는 영업소폐쇄명령을 받고도 계속하여 영업을 한 자는 1년 이하의 징역 또는 1천만원 이하의 벌금에 처해진다.

6 공중위생감시원

특별시, 광역시, 도 및 시, 군, 구에 대통령령이 정하는 공중위생감시원의 자격, 임명, 업무범위 기타 필요한 사항에 따라 관계공무원의 업무를 행하기 위하여 공중위생감시원을 둔다. 시·도지사는 공중위생의 관리를 위한 지도, 계몽 등을 하기 위해 소비자단체, 공중위생 관련 협회 또는 단체 소속 직원 등을 명예공중위생감시원으로 위촉하여 활동하게 할 수 있다. 명예공중위생감시원의 자격 및 위촉방법, 업무범위 등에 관하여는 **대통령령**으로 정한다. 미용업자는 시장, 군수 또는 구청장으로부터 통보받은 위생관리등급의 표지를 가게의 명칭과 함께 영업소의 출입구에 부착할 수 있다.

〈명예공중위생감시원이 하는 일〉
- 공무원인 공중위생감시원이 하는 검사대상물의 수거를 지원
- 법령 위반행위에 대한 신고 및 자료 제공
- 그 밖에 공중위생에 관한 홍보, 계몽 등 공중위생관리업무와 관련하여 시·도지사가 따로 정하여 부여하는 업무
- 공중위생영업자단체
  공중위생영업자는 공중위생과 국민보건의 향상을 기하고 그 영업의 건전한 발전을 도모하기 위하여 영업의 종류별로 전국적인 조직을 가지는 영업자단체를 설립할 수 있다.

7 위생관리등급

시장, 군수, 구청장은 특별시장, 광역시장, 도지사(이하 "시·도지사"라 함)의 위생서비스평가계획에 따라 미용업소의 위생서비스수준 평가를 2년마다 실시하되, 미용업소의 보건, 위생관리를 위하여 특히 필요한 경우에는 보건복지부장관이 정하여 고시하는 바에 따라 평가주기를 달리할 수 있다.

(1) 위생관리등급 공표

시장, 군수, 구청장은 위생서비스평가의 결과에 따라 다음과 같은 위생관리등급을 해당 미용업자에게 통보하고 이를 공표하여야 한다.

구 분	위생관리등급
최우수업소	녹색등급
우수업소	황색등급
일반관리대상 업소	백색등급

8 위생교육

(1) 위생교육 이수

미용업자(양수인, 승계인 포함)는 위생교육 실시기관으로부터 **매년 3시간**의 위생교육을 받아야 한다. 위생교육은 「공중위생관리법」 및 관련 법규, 소양교육(친절 및 청결에 관한 사항 포함), 기술교육, 그 밖에 공중위생에 관하여 필요한 내용을 교육한다. 이 경우 위생교육 실시단체는 교육교재를 편찬하여 교육대상자에게 제공해야 한다.

(2) 영업장별 공중위생 책임자 지정

미용업자 중 영업에 직접 종사하지 않거나 2개 이상의 장소에서 영업을 하는 자는 종업원 중 영업장별로 공중위생에 관한 책임자를 지정하고 그 책임자로 하여금 위생교육을 받게 해야 한다.

(3) 도서벽지지역에서 영업하는 미용업자의 위생교육

미용업자 중 보건복지부장관이 고시하는 도서벽지지역에서 미용업을 하는 자는 공중위생교육교재를 배부 받아 이를 익히고 활용함으로써 교육을 받은 것으로 할 수 있다.

(4) 위생교육 수료증

위생교육을 수료한 자는 위생교육 실시단체의 장으로부터 수료증을 교부받는다. 수료증을 교부한 위생교육 실시단체의 장은 교육실시 결과를 교육 후 1개월 이내에 시장, 군수 또는 구청장(자치구의 구청장을 말함)에게 통보해야 하며, 수료증 교부대장 등 교육에 관한 기록을 2년 이상 보관, 관리해야 한다.

(5) 위생교육 실시단체

위생교육 실시단체는 보건복지부장관이 허가, 고시한 단체 또는 「공중위생관리법」 제16조에 따라 공중위생업자가 설립한 단체가 할 수 있다.

(6) 위반 시 행정처분

위생교육을 받지 않은 미용업자는 시장, 군수 또는 구청장으로부터 다음과 같은 행정처분을 받을 수 있다. 단 해당 영업정지 처분이 고객들에게 심한 불편을 주거나 그 밖에 공익을 해칠 우려가 있다고 시장, 군수 또는 구청장이 판단한 경우 미용업자는 영업정지를 대신해 과징금 처분(위반행위의 종류, 정도 등 감안하여 최대 3천만원 한도)을 받는다.

> 1차 위반 (경고) ▶▶▶ 2차 위반 (영업정지 5일) ▶▶▶ 3차 위반 (영업정지 10일) ▶▶▶ 4차 위반 (영업소폐쇄명령)

(7) 과태료

과태료	위반행위
20만원	위생교육을 받지 아니한 자
30만원	폐업신고를 하지 아니한 자
50만원	미용, 이용업소의 위생관리 의무를 지키지 아니한 자
70만원	영업소 외의 장소에서 이용 또는 미용업무를 행한 자
100만원	보고를 하지 아니하거나 관계공무원의 출입·검사, 기타 조치를 거부·방해 또는 기피한 자
100만원	개선명령에 위반한 자

9 시행령 및 시행규칙 관련사항

(1) 행정처분

① 행정기관이 법규에 따라서 특정사건에 관하여 권리를 설정하기도 하며 의무를 명하기도 하는 행정행위로서 공중위생영업자가 공중위생관리법 및 관계 법령을 준수하지 아니하였을 경우 그 위반행위의 종별에 따라 행정(제재)처분을 하도록 되어있다.

② 공중위생관리법의 행정처분 유형으로는 면허취소 및 업무정지, 영업소 폐쇄명령, 영업정지, 개선명령, 경고 등이 있다.

③ 행정절차법 준수

공중위생 영업자에게 행하는 부담적 행정행위로서 행정절차법의 제 규정에 따라 청문 및 행정처분의 사전통지 등을 실시한 후 행정처분을 실시한다.

(2) 벌칙규정

① 1년 이하의 징역 또는 1천만원 이하의 벌금

■ 무신고 영업자

■ 영업정지 명령, 일부시설의 사용 중지명령, 영업소폐쇄명령을 받고도 계속하여 시설을 사용하거나 영업한 자

② 6월 이하의 징역 또는 5백만원 이하의 벌금

■ 변경신고를 하지 아니한 자

■ 영업자지위승계 신고를 하지 아니한 자

■ 건전영업질서유지를 위한 영업자 준수사항을 지키지 아니한 자

③ 3백만원 이하의 벌금

■ 위생관리기준 또는 오염허용기준을 지키지 아니한 자로서 개선명령에 따르지 아니한 자

■ 면허가 취소된 후 계속하여 업무를 행한 자 또는 면허정지 기간 중에 업무를 행한 자

■ 규정에 위반하여 이용 또는 미용의 업무를 행한 자

(3) 행정처분기준

위 반 사 항	행 정 처 분 기 준			
	1차 위반	2차 위반	3차 위반	4차 위반
시설의 구조·설비가 기준에 미달한 때	개수 또는 개선명령	영업정지 15일	영업정지 1월	영업소 폐쇄명령
규정에 위반하여 변경 신고를 하지 아니 하고 영업소의 소재지를 변경한 때	영업소 폐쇄명령			
규정에 위반하여 영업자의 지위를 승계 한 후 1월 이내에 신고하지 아니한 때	개선명령	영업정지 10일	영업소 폐쇄명령	
영업신고를 한 후 정당한 사유 없이 영 업을 개시 하지 아니한 때	개선명령	영업소 폐쇄명령		
폐업신고를 하지 아니하고 폐업한 때	개선명령	영업소 폐쇄명령		
휴업 및 재개업 신고를 하지 아니하고 휴업 또는 재개업한 때	개선명령	영업정지 5일	영업정지 10일	영업소 폐쇄명령
위생관리 기준에 따라 위생관리를 하지 아니한 때	경 고	영업정지 10일	영업정지 20일	영업소 폐쇄명령
위생교육을 받지 아니한 때	경 고	영업정지 5일	영업정지 10일	영업소 폐쇄명령
영업정지 처분을 받고 영업정지 기간 중에 영업을 한 때	영업소 폐쇄명령			

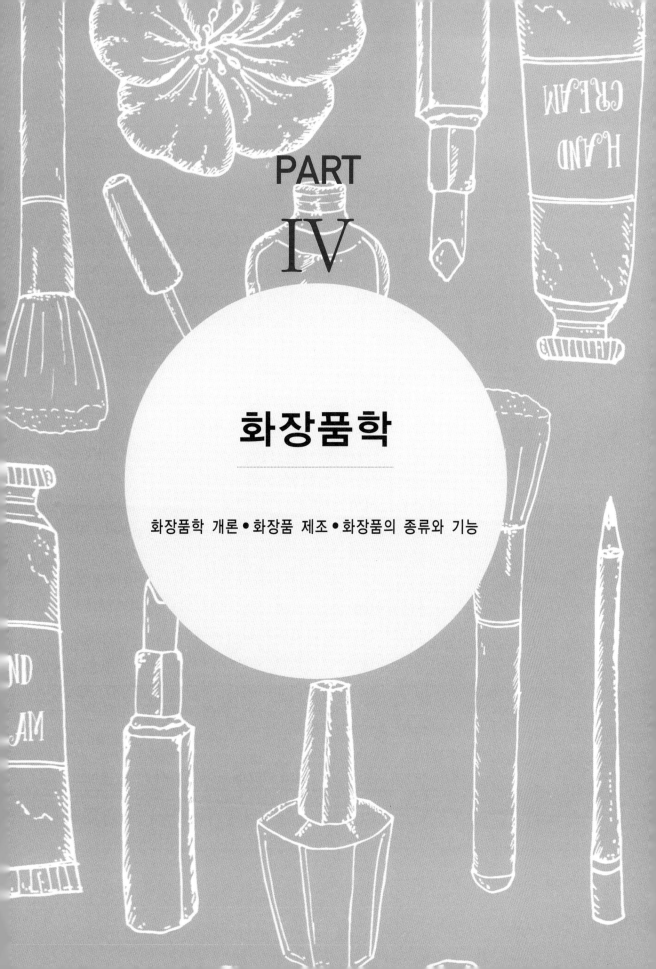

PART

IV

화장품학

화장품학 개론 • 화장품 제조 • 화장품의 종류와 기능

CHAPTER 01 화장품학 개론

1 화장품의 정의

(1) 화장품

인체를 청결·미화하여 매력을 더하고 용모를 밝게 변화시키거나 피부·모발의 건강을 유지 또는 증진하기 위하여 인체에 바르고 문지르거나 뿌리는 등 이와 유사한 방법으로 사용되는 물품으로서 인체에 대한 작용이 경미한 것을 말한다. 다만, 의약품에 해당하는 물품은 제외한다. (화장품법 제2조 제1항)

(2) 기능성 화장품

화장품 중에서 다음 각 항목 중 어느 하나에 해당되는 것으로서 총리령으로 정하는 화장품을 말한다. (화장품법 제2조 제2항)

① 피부의 미백에 도움을 주는 제품
② 피부의 주름개선에 도움을 주는 제품
③ 피부를 곱게 태워주거나 자외선으로부터 피부를 보호하는 데 도움을 주는 제품

(3) 유기농화장품

유기농 원료, 동식물 및 그 유래 원료 등으로 제조되고, 식품의약품안전처장이 정하는 기준에 맞는 화장품을 말한다. (화장품법 제2조 제3항)

화장품, 의약부외품, 의약품 구별기준

구 분	화장품	의약부외품	의약품
사용대상	정상인	정상인	환자
사용목적	청결, 미화, 유지	위생, 미화	질병치료, 진단
사용기간	장기간, 지속적	장기간 혹은 단기간	일정기간
부 작 용	없어야 함	없어야 함	일부 부작용 있어도 무방
판매경로 제한	없음	없음	있음(의사처방)

2 화장품의 분류

화장품은 영·유아용 제품류, 목욕용 제품류, 인체 세정용 제품류, 눈 화장용 제품류, 방향용 제품류, 두발 염색용 제품류, 색조 화장용 제품류, 두발용 제품류, 손발톱용 제품류, 면도용 제품류, 기초화장용 제품류, 체취방지용 제품류로 나누어지며 사용부위에 따라 안면용, 전신용, 헤어용, 네일용으로 나누어진다.

분 류	사용목적	제품 종류
기초 화장품	세정	클렌징 로션/크림/오일, 클렌징폼, 페이셜스크럽
	정돈	화장수, 팩, 마사지 크림
	보호	유액(앰플, 세럼, 에센스), 모이스처크림
메이크업 화장품	베이스 메이크업	파운데이션, 메이크업 베이스, 파우더
	포인트 메이크업	아이섀도, 립스틱, 아이라이너, 아이브로우, 블러셔, 마스카라
모발 화장품	세정	샴푸
	트리트먼트	헤어린스, 헤어트리트먼트
	정발	헤어 글레이즈, 무스, 스프레이, 포마드
	퍼머넌트 웨이브	퍼머넌트 웨이브로션, 퍼머넌트 웨이브 1제, 2제
	염모, 탈색	헤어 컬러, 헤어 블리치, 컬러린스
두피 화장품	육모, 양모	육모제, 헤어토닉
	트리트먼트	두피 트리트먼트, 에센스
바디 화장품	세정	비누, 바디 클렌저, 입욕제, 바디 스크럽
	보호	바디로션, 바디크림, 선 스크린, 선탠크림, 선탠오일
	제한, 방취	데오드란트, 샤워코롱
	탈색, 제모	탈색크림, 제모크림
네일 화장품	미화, 보호	베이스코트, 네일 에나멜, 탑코트, 큐티클크림, 네일 보강제, 큐티클오일
구강용 화장품	치마제, 구강청정제	치약, 가글, 필름형 구강청정제
방향 화장품	방향	향수, 오데코롱

CHAPTER 02

화장품 제조

1 화장품 원료

화장품의 구성성분은 수성원료, 유성원료, 계면활성제, 보습제, 방부제, 색소, 향료, 산화방지제, 효능 원료 등이 있다.

(1) 수성 원료

① 정제수

세균과 금속이온이 제거된 물로 화장품 원료 중 가장 큰 비율(10%이상)을 차지하며 화장수, 로션, 크림 등의 기초 성분이다.

② 에탄올

에틸알코올이라고 하며 휘발성이 있고 살균, 소독작용을 한다.
피부에 청량감과 가벼운 수렴효과가 있다.

(2) 유성 원료

① 오일

피부 표면에 친유성 막을 형성하여 수분 증발을 막고 피부 보호 및 유해 물질 침투를 방지한다.
- 식물성오일: 올리브유, 아보카도유, 아몬드유, 피마자유, 살구씨유, 맥아유 등
- 동물성오일: 라놀린, 밍크오일, 난황오일, 스쿠알란 등

② 왁스

실온에서 고체의 유성 성분으로 고급 지방산과 고급 알코올이 결합된 에스테르를 말한다.
- 식물성왁스: 카르나우바 왁스, 호호바오일, 칸데릴라 왁스
- 동물성왁스: 밀납, 라놀린

③ 합성 유성 원료

- 광물성오일: 유동파라핀(미네랄오일), 실리콘오일, 바셀린
- 고급 지방산: 스테아르산, 팔미틴산, 라우릭산, 미리스트산, 올레인산
- 고급알코올: 세틸알코올(세탄올), 스테아릴알코올
- 에스테르: 부틸스테아레이트, 이소프로필미리스테이트, 이소프로필팔미테이트

(3) 계면활성제

① 계면활성제

한 분자 내에 물을 좋아하는 친수성기와 기름을 좋아하는 친유성기를 함께 갖는 물질로 수성 성분과 유성 성분의 경계면에 흡착하여 표면의 장력을 줄여 균일하게 혼합해주는 물질로 가용화제, 유화제, 분산제, 기포형성제, 습윤제, 세정제 등으로 사용된다.

② 계면활성제 이온성 분류

분 류	특 징	종 류
양이온성 계면활성제	살균, 소독작용 정전기 발생 억제	헤어린스, 헤어트리트먼트
음이온성 계면활성제	세정작용 기포 형성 작용이 우수	비누, 샴푸, 클렌징폼
양쪽성 계면활성제	세정작용 정전기 발생 억제 피부 안정성 좋음	저자극 샴푸, 베이비 샴푸
비이온성 계면활성제	피부 자극이 적어 기초 화장품에 사용	화장수의 가용화제, 크림의 유화제, 클렌징크림의 세정제, 분산제

③ 계면활성제의 피부자극 정도

- 양이온성 〉 음이온성 〉 양쪽성 〉 비이온성

(4) 보습제

피부의 건조함을 막아 피부를 촉촉하게 하는 물질로 수분 흡수능력과 수분 보유성이 강하며 피부와의 친화성과 안전성이 있어야 한다.

① 보습제 종류

- 폴리올: 글리세린, 폴리에틸렌글리콜(PEG), 프로필렌글리콜(PPG), 부틸렌글리콜(BG), 솔비톨
- 천연보습인자(NMF): 아미노산(40%), 젖산(12%), 요소(7%), 지방산, 피롤리돈카르복 시산(Sodium PCA)
- 고분자 보습제: 히알루론산염, 가수분해 콜라겐

(5) 방부제

미생물에 의한 화장품의 변질 방지, 세균 성장을 억제하여 화장품의 안정성과 안전성을 유지하기 위해 첨가하는 물질이다.

① 방부제 종류

- 파라벤류(파라옥시향산에스테르 – 화장품에 가장 많이 쓰임)
  : 메틸파라벤, 에틸파라벤, 프로필파라벤, 부틸파라벤
- 이미다졸리디닐우레아: 파라벤류 다음으로 독성이 적어 유아용 샴푸와 기초 화장품 등에 널리 사용
- 페녹시에탄올: 메이크업 제품에 많이 사용
- 이소치아졸리논: 샴푸와 같이 씻어내는 제품에 사용

(6) 색소

화장품의 색을 조정, 피부색을 보정하고 아름답게 보이기 위해 사용한다.

① 염료

물 또는 오일에 녹는 색소로 화장품 자체에 시각적인 색상을 부여한다.

② 안료

물, 오일 모두에 녹지 않는 색소로 메이크업 제품에 사용된다.

– 무기안료, 유기안료, 레이크, 펄안료

③ 천연색소

　　헤나, 카르타민, 클로로필 등 동·식물에서 얻어 안전성이 높으나 대량생
　　산이 불가능하고 착색력, 광택, 지속성이 약해 많이 사용되지 않는다.

(7) 향료

화장품 원료의 특이한 향취를 중화하거나 좋은 향을 부여해 사용감과 화장
품의 이미지를 높이기 위해 사용된다.

① 천연향료
- 동물성 향료: 사향, 영묘향, 용연향
- 식물성 향료: Essential Oil

② 합성향료
- 단리향료(화학적 합성)
- 순합성 향료

③ 조합향료

　　천연향료, 합성향료를 조합한 향료

(8) 산화방지제

화장품의 제조, 보관, 유통, 판매, 사용 단계에서 유성 성분이 공기 중의 산
소를 흡수하여 자동산화하는 것을 방지하기 위해 첨가하는 물질로 항산화
제라고도 한다.

① 산화방지제 종류
- 디부틸히드록시톨루엔(BHT)
- 부틸하이드록시아니솔(BHA)
- 비타민 C(아스코빌팔미테이트)
- 비타민 E(토코페롤)

(9) 미백제

멜라닌 생성을 억제하거나 색소 침착을 방지하는 원료

① 미백제 종류와 역할
- 티로시나제 작용 억제: 알부틴, 코직산, 감초, 닥나무 추출물
- 도파의 산화를 억제: 비타민 C
- 멜라닌 세포를 사멸: 하이드로퀴논
- 각질 세포를 벗겨내 멜라닌 색소를 제거: 알파하이드록시산
  (α - Hydroxy Acid (AHA))

② AHA 종류
- 글리콜릭산(사탕수수)
- 젖산(발효유)
- 주석산(포도)
- 구연산(감귤류)
- 사과산

(10) pH 조절제

화장품에 사용가능한 pH는 3~9이며 시트러스 계열은 화장품의 pH를 산성화시키며 암모늄카보네이트는 알칼리화시켜준다.

(11) 자외선 차단제(SPF)

① 자외선 산란제

물리적으로 산란작용을 이용한 제품으로 피부에서 자외선을 반사하며 피부에 자극을 주지 않고 비교적 안전하나 백탁현상이 있다.
- 이산화티탄, 산화아연, 탈크

② 자외선 흡수제

화학적인 흡수작용을 이용한 제품으로 자외선의 화학에너지를 미세한 열에너지로 바꾼다. 사용감이 우수하나 피부에 자극을 줄 수 있다.
- 벤조페논, 옥시벤존, 옥틸디메칠파바

③ SPF(Sun Protection Fator): UV－B 방어 지수

$$SPF = \frac{\text{자외선 차단제를 도포한 피부의 최소 홍반량(MED)}}{\text{자외선 차단제를 도포하지 않은 대조 부위의 최소 홍반량(MED)}}$$

④ PA(Pretection UVA): UV－A 방어 지수

PA$^+$(UV－A 2~4시간 차단) / PA^{++}(UV－A 2~8시간 차단) / PA^{+++}(UV－A 8시간 차단)

(12) 착색제(인공선탠제)

피부 각질층의 아미노산을 갈색으로 착색: 다이하이드록시아세톤

(13) 노화, 주름개선제

항노화, 재생작용을 하는 원료

① 노화, 주름개선제 종류
- 세포생성 촉진: 레티놀, 레티닐팔미테이트
- 피부탄력, 주름 개선: 아데노신
- 항산화제: 비타민 E, 슈퍼옥시드 디스무타아제(SOD)
- 피부유연, 재생: 베타카로틴(비타민 A)

(14) 항염, 살균·소독작용 원료

주로 여드름 피부용 화장품에 사용된다.
- 항염증, 피부진정: 아줄렌, 위치하젤, 비타민 P, 비타민 K, 판테놀, 리보플라빈
- 피지조절, 살균기능: 살리실산, 유황, 캄퍼

2 화장품의 기술

화장품은 분산, 유화, 가용화, 혼합, 분쇄, 성형 및 포장 공정 등의 제조공정에 의해 생산되어진다.

(1) 가용화

물과 물에 녹지 않는 소량의 오일이 계면활성제에 의해 용해되어 있는 상태로 투명한 색을 보인다.

① 가용화 제품 종류
- 화장수, 에센스, 향수, 립스틱, 네일 에나멜, 포마드, 헤어토닉

(2) 유화

물과 오일 성분처럼 섞이지 않는 원료를 계면활성제와 유화장치를 이용하여 혼합시키는 기술로 물과 기름이 우윳빛으로 불투명하게 섞인 것을 유화라고 한다.

① W/O(유중수형 에멀전):
오일 베이스에 물이 분산되어 있는 상태(크림류)로 사용감이 무겁고 유분감이 많아 피부흡수가 느리다.
– 크림

② O/W(수중유형 에멀전):
물 베이스에 오일이 분산되어 있는 상태(로션류)로 피부흡수가 빠르고 사용감이 산뜻하고 가벼우나 지속성이 낮다.
– 로션

(3) 분산

물 또는 오일 성분에 미세한 고체입자를 계면활성제와 수용성 고분자 등을 이용하여 균등하게 분산시킨다.

① 분산 제품 종류
– 립스틱, 아이섀도, 마스카라, 아이라이너, 파운데이션

(4) 포장

반제품을 완제품으로 생산하는 작업과정이다.

3 화장품의 특성

(1) 화장품의 4대 요건

요 건	내 용
안전성	피부에 대한 자극, 경구독성, 이물혼입, 파손 등이 없을 것
안정성	제품의 보관에 따라 냄새가 변하거나 변색, 변질, 미생물의 오염 등이 없을 것
사용성	피부에 대한 피부 친화성, 흡수감, 발림성, 형상, 크기, 중량, 기능성, 휴대성이 좋고 향, 색, 디자인 등이 우수할 것
유효성	피부에 적절한 보습효과, 노화방지, 자외선 차단, 미백, 탈모방지, 세정작용, 채색효과 등을 부여할 것

(2) 화장품 사용 시 주의사항

① 화장품을 사용하여 다음과 같은 이상이 있는 경우에는 사용을 중지한다.
- 사용 중 붉은 반점, 부어오름, 가려움증, 자극 등의 이상이 있는 경우
- 적용 부위가 직사광선에 의하여 위와 같은 이상이 있는 경우

② 상처가 있는 부위, 습진 및 피부염 등의 이상이 있는 부위에는 사용을 하지 않는다.

③ 보관 및 취급 시에는 다음의 주의사항에 따른다.
- 사용 후에는 반드시 마개를 닫아둘 것
- 유아·소아의 손이 닿지 않는 곳에 보관할 것
- 고온 또는 저온의 장소 및 직사광선이 닿는 곳에는 보관하지 말 것

(3) 화장품 제품 표기 사항

① 화장품의 명칭
② 제조업자, 제조판매업자의 상호 및 주소

③ 화장품 제조에 사용된 성분

④ 내용물의 용량 또는 중량

⑤ 제조번호

⑥ 사용기한 또는 개봉 후 사용기간

화장품의 종류와 기능

1 기초 화장품

피부의 청결을 돕고 유해한 환경으로부터 피부를 보호하며 수분균형 유지와 신진대사를 촉진시켜 피부를 건강하고 아름답게 유지하기 위한 목적으로 사용되는 제품이다.

(1) 세안용 화장품

제 품	특 징
비 누	• 계면활성제의 일종으로 피부의 노폐물 제거 • 피부에서 유·수분을 과도하게 제거해 피부건조 유발
클렌징크림	• 광물성오일(유동 파라핀)이 40~50% 함유 • 피부세정효과 높음 • 피지 분비량이 많고 짙은 메이크업 시 효과적
클렌징로션	• 식물성 오일 함유로 이중세안이 불필요함 • 수분을 많이 함유하고 있어 사용감이 좋고 자극이 적음 • 세정력이 클렌징크림보다 떨어지므로 가벼운 메이크업 시 사용
클렌징오일	• 물에 유화되는 수용성 오일로 건성, 노화, 민감한 피부에 적합 • 짙은 메이크업 시 효과적
클렌징폼	• 세정력이 우수하며 보습제를 함유하고 있어 사용 후 피부건조 방지 • 피부에 자극이 적어 민감하고 약한 피부에 좋음
클렌징젤	유성타입 • 짙은 메이크업에 효과적 수성타입 • 유성타입에 비해 세정력이 약해 가벼운 메이크업을 지울 때 적합 • 사용 후 피부가 촉촉하고 매끄러워 사용감이 좋음
클렌징워터	• 가벼운 메이크업 시 적합 • 피부를 청결히 닦아낼 목적으로도 사용

(2) 조절용 화장품

피부의 수분공급과 pH조절, 피부정돈을 목적으로 사용되는 제품이다.

① 유연화장수

■ 스킨로션, 스킨소프너, 스킨토너가 있다.

■ 보습제와 유연제 함유로 피부를 부드럽게 한다.

■ pH에 따라 약알칼리성(보습), 중성(탄력), 약산성(세균침투예방)으로 나뉘며 기능에 차이가 난다.

② 수렴화장수

■ 아스트리젠트, 토닝로션 등이 있다.

■ 알코올 성분 함유로 모공 수축작용과 피지분비 억제, 피부 소독 등의 효과가 있다.

(3) 보호용 화장품

① 로션, 에멀전

■ O/W형의 묽은 유액으로 피부 흡수가 빠르며 사용감이 가볍고 피부에 부담이 적어 지성 피부, 여름철 정상 피부에 사용한다.

■ 피부에 수분(60~80% 함량)과 유분(30% 이하 함량)을 공급해준다.

② 크림

■ 유화제에 따라 O/W형, W/O형으로 나누어지며 유분감이 많아 피부흡수가 더디고 사용감이 무겁다.

■ 피부에 보습, 보호 작용을 하며 유효성분들이 피부 문제점을 개선해준다.

종 류	기 능
데이크림	• 피부에 수분을 공급하고 낮 동안의 외부 자극으로부터 피부를 보호해줌
나이트크림	• 피부에 영양, 보습, 재생 효과를 주며 유분함량이 높음
콜드크림	• 피부 도포 시 차가운 느낌이라 붙여진 이름 • 마사지용 크림으로 혈액순환과 신진대사를 촉진
모이스처크림 에몰리언트크림	• 피부 보습, 피부 유연 효과
화이트닝크림	• 피부 미백 효과
아이크림 안티링클크림	• 눈가의 잔주름 완화 및 예방, 피부 탄력 향상

종 류	기 능
선크림	• 자외선 차단 효과
바디크림	• 유·수분 공급과 피부 건조 방지
핸드크림	• 피부 보호, 건조 예방

③ 에센스

■ 고농축 보습 성분을 함유하고 있으며 흡수가 빠르고 사용감이 가볍다.

■ 피부를 보호하며 영양을 공급한다.

④ 마스크, 팩

■ 마스크: 외부 공기 유입과 수분 증발을 차단 피부를 유연하게 하고 영양 성분의 침투를 용이하게 한다.

■ 팩: 얇은 피막을 형성하지만 딱딱하게 굳지 않고 흡착작용, 각질제거, 청정작용, 보습작용을 한다.

구 분	특 징
필오프 타입	팩이 건조된 후에 형성된 투명한 피막을 떼어내는 형태
워시오프 타입	팩 도포 후 일정 시간이 지난 후 미온수로 닦아내는 형태
티슈오프 타입	티슈로 닦아내는 형태
시트 타입	시트를 얼굴에 올려놓았다 제거하는 형태

2 메이크업 화장품

자외선으로부터 피부를 보호하고 피부색을 균일하게 정돈하며 색채감을 부여하여 장점을 강조하고 결점을 보완하여 미적효과를 내기 위한 제품이다.

(1) 베이스 메이크업

① 메이크업 베이스

■ 피지막을 형성하여 피부를 보호, 파운데이션의 밀착성, 지속성을 높이고 색소침착을 막아준다.

MEMO

② 파운데이션

■ 피부톤 정리, 얼굴 윤곽 수정, 피부 결점 보완, 자외선 및 외부자극으로부터 피부를 보호해준다.

③ 파우더

■ 파운데이션의 유분기를 제거하고 화장의 지속력을 높여준다.
■ 페이스파우더: 가루분, 루스파우더라 하며 사용감이 가벼우나 휴대와 사용이 불편하다.
■ 콤팩트파우더: 고형분, 프레스파우더라 하며 페이스파우더를 압축시킨 파우더로 휴대와 사용이 간편하나 페이스파우더에 비해 무게감이 느껴진다.

(2) 포인트 메이크업

제 품	효 과
아이브로우	• 눈썹 모양, 색을 조정
아이섀도	• 눈 주위에 명암과 색채감을 부여하여 눈매를 아름답고 입체감 있게 만듦
아이라이너	• 눈의 윤곽을 또렷하게 해주어 눈이 크고 생동감 있게 표현해줌
마스카라	• 속눈썹을 짙고 풍성하게 해주어 눈매를 선명하게 표현해줌
블러셔	• 얼굴 윤곽에 입체감을 부여하며 얼굴색을 건강하고 아름답게 표현해줌
립스틱	• 입술에 색감을 주어 입술모양 보완 • 입체감, 광택을 부여함 • 건조와 자외선으로부터 입술을 보호해줌

3 모발 화장품

(1) 세발용

① 샴푸

■ 모발과 두피를 세정하여 비듬과 가려움을 덜어주며 건강하게 유지시킨다.
■ 거품이 잘 나야 하며 거품의 지속성을 가져야 한다.
■ 두피를 자극하여 혈액 순환을 좋게 하고 모근을 강화시킨다.
■ 모발에 광택과 윤기를 부여한다.
■ 세정력은 우수하되 과도한 피지제거로 두피와 모발에 손상, 건조가 없어

야 한다.

② 린스

- 샴푸 후 감소된 모발의 유분을 공급하며 윤기를 더해준다.
- 모발의 정전기 발생을 방지, pH조절, 표면을 보호한다.
- 샴푸 후 불용성 알칼리 성분을 중화시켜준다.

(2) 정발용

세정 후 모발에 유분을 공급하고 보습효과를 주며 모발을 원하는 형태로 스타일링하거나 고정시켜주는 세팅의 목적으로 사용되는 제품이다.

종 류	기 능
헤어오일	• 유분 및 광택을 주며 모발을 정돈, 보호
포마드	• 반고체형태로 식물성과 광물성으로 구분, 주로 남성용 정발제로 쓰임
헤어크림	• 모발을 정돈, 보습 • 광택을 주며 유분이 많아 건조한 모발에 적합
헤어로션	• 모발에 보습을 주며 끈적임이 적음
헤어스프레이	• 모발에 분사하는 타입으로 세팅된 헤어스타일을 일정하게 유지·고정시켜 줌
헤어젤	• 투명하고 촉촉한 타입으로 모발을 원하는 스타일로 자유롭게 연출 가능
헤어무스	• 거품을 내어 모발에 도포하는 타입으로 모발을 원하는 스타일로 연출 가능

(3) 트리트먼트

모발의 손상을 방지하고 손상된 모발을 복구해 주는 제품이다.

종 류	기 능
헤어 트리트먼트 크림	• 손상된 모발에 영양을 공급하고 모발의 건강 회복을 도움
헤어 팩	• 집중 트리트먼트 효과를 냄
헤어 코트	• 고분자 실리콘을 사용하여 갈라진 모발의 회복을 돕고 모발의 갈라짐을 방지하며 코팅효과를 줌
헤어 블로우	• 모발의 유·수분을 공급하고 드라이어 사용 시 모발을 보호 • 컨디셔닝 효과, 헤어스타일링 효과

(4) 양모용

살균력이 있어서 두피나 모발에 쾌적함을 주고 청결히 해준다.

두피의 혈액순환을 촉진하고 비듬과 가려움을 제거한다.

(5) 염모용

모발의 염색, 탈색을 목적으로 사용하는 제품으로 모발을 원하는 색으로 변화시켜준다.

(6) 탈색용

헤어 블리치라고도 하며 모발의 색을 빼서 원하는 색조로 밝고 엷게 해준다.

(7) 퍼머넌트용

모발에 물리적인 방법과 화학적인 방법으로 영구적인 웨이브를 만든다.

4 바디관리 화장품

얼굴을 제외한 전신의 넓은 부위에 사용하는 제품으로 피부를 청결하게 해주며 피부의 유·수분 균형 조절해 건강한 피부를 유지해주는 제품이다.

(1) 세정제

피부의 노폐물을 제거하여 청결하게 해준다.
- 바디샴푸, 비누

(2) 각질제거제

노화된 각질을 부드럽게 제거해준다.
- 바디스크럽, 바디솔트, 바디슈가

(3) 트리트먼트제

바디 세정 후 피부의 건조함을 방지하며 피부 표면을 보호, 보습해준다.
- 바디로션, 바디오일, 바디크림

(4) 체취방지제

신체의 불쾌한 냄새를 예방하거나 냄새의 원인이 되는 땀 분비를 억제해준다.

- 데오드란트 스프레이, 데오드란트 스틱, 데오드란트 로션

5 네일 화장품

손톱에 광택과 색채를 부여하여 미적효과를 주며 손톱에 수분과 영양을 공급하고 건강한 손톱으로 보호, 유지시켜주는 제품이다.

(1) 네일 화장품

종 류	기 능	주원료
네일 폴리시	폴리시, 락카, 컬러라고도 하며 손톱 표면에 딱딱하고 광택이 있는 피막을 형성하는 유색화장품	피막형성제: 니트로셀룰로오스
베이스코트	폴리시를 도포하기 전에 도포하여 손톱 표면에 착색과 변색을 방지하고 폴리시의 밀착성을 높임	
탑코트	폴리시 위에 도포하여 에나멜의 광택과 내구성을 높임	니트로셀룰로오스
폴리시 리무버	폴리시를 용해시켜 제거 해줌	
큐티클오일	큐티클과 네일에 유·수분 공급하며 네일 주변의 피부 조직을 유연하게 해줌	호호바오일, 아몬드오일, 아보카도오일
큐티클 리무버	네일 주변의 죽은 각질 세포를 부드럽게 해주어 정리, 제거할 때 사용함	트리에탄올아민, 글리세린, 정제수
큐티클크림	네일과 네일 주변의 피부에 트리트먼트 효과를 줌	
네일 보강제	찢어지거나 갈라지는 손톱에 영양을 공급하여 단단하게 해줌	프로틴 하드너
네일 표백제	누렇게 변색된 손톱 표면을 탈색할 때 사용	과산화수소수, 레몬산
띠너	끈끈해지고 굳어져가는 에나멜을 다시 묽게 녹여줌	

6 향수

향수는 후각적인 아름다움을 부여하여 개인의 매력을 높여주고 개성을 표현시켜 주는 제품이다.

(1) 좋은 향수의 조건

격조 높은 세련된 향으로 향에 특징이 있고 확산성, 지속성이 좋아야하며 향기의 조화가 적절해야 한다.

(2) 발향 단계에 따른 분류

단 계	특 징
탑노트	향의 첫 느낌: 향수를 처음 뿌리고 5~10분 후 나타나는 향으로 가볍고 휘발성이 강함 (시트러스 계열)
미들노트	향의 중간 느낌: 30분~1시간 경과 후 나타나는 향 (플로럴, 오리엔탈, 스파이시 계열)
베이스노트	향의 마지막 느낌: 2~3시간 지난 후에 느껴지는 향으로 마지막까지 은은하게 유지됨 (우디, 엠버, 오리엔탈 계열)

(3) 농도에 따른 분류

유 형	부향률 (농도)	지속 시간	특 징
퍼퓸 (Perfume)	15~30%	6~7시간	향기가 가장 풍부해 액체의 보석이라고도 불릴 정도로 완성도가 높은 향으로 향기를 강조하거나 오래 지속시킬 때 사용
오드퍼퓸 – EDP (Eau de perfume)	9~15%	5~6시간	퍼퓸 다음으로 농도가 짙고 지속력과 풍부한 향을 가짐
오드뜨왈렛 – EDT (Eau de toilette)	5~10%	3~5시간	몸을 정돈하기 위한 물이라는 의미로 상쾌하고 가벼운 느낌으로 전신에 사용함
오데코롱 – EDC (Eau de Cologne)	3~5%	1~2시간	가볍고 신선해서 향수를 처음 접하는 사람에게 적당함
샤워코롱 – SC (Shower Cologne)	1~3%	1시간	목욕이나 샤워 후 사용 은은하게 전신을 산뜻하고 상쾌하게 해줌

⑦ 에센셜(아로마)오일 및 캐리어오일

(1) 에센셜(아로마)오일

식물의 꽃, 잎, 열매, 줄기, 뿌리 등에서 증류법, 용매추출법, 이산화탄소 추출법, 압착법을 이용하여 추출한 방향성 천연오일이다.

① 향의 추출 방법

■ 수증기 증류법: 식물을 물에 담가 가온하여 증발되는 향기물질을 냉각하여 추출한다.

■ 용매 추출법: 휘발성 추출은 에테르, 핵산 등의 휘발성 유기용매를 이용해서 낮은 온도에서 추출하는 방법이다. 비휘발성추출은 동식물의 지방유를 이용한 추출방법이다.

■ 압착법: 주로 감귤류 겉껍질에 있는 분비낭 세포를 압착하여 추출하는 방법이다.

■ 이산화탄소 추출법: 이산화탄소는 초임계 상태(액체도 기체도 아닌 상태로 순식간에 발산되는 상태)가 될 수 있는 기체로 열에 의한 영향을 받지 않고 짧은 시간 안에 원하는 향을 추출해낸다.

② 향에 따른 분류

■ 플로럴 계열: 꽃에서 추출하며 로즈, 재스민, 라벤더, 캐모마일 등이 있다.

■ 시트러스 계열: 상큼하고 가벼운 느낌이 나는 향으로 휘발성이 강해 확산성이 좋으나 지속성이 짧다. 레몬, 오렌지, 라임, 그레이프프루트 등이 있다.

■ 허브 계열: 복합적인 식물의 향으로 로즈마리, 바질, 세이지, 페퍼민트 등이 있다.

■ 수목 계열: 중후하고 부드러우며 따뜻한 느낌이 나는 향으로 나무를 연상시키는 향이다. 샌들우드, 삼나무, 유칼립투스 등이 있다.

■ 스파이시 계열: 자극적이고 샤프한 느낌이 나는 향으로 시나몬, 진저 등이 있다.

③ 사용법

- 흡입법: 공기 중의 향을 들이마시는 방법으로 수건이나 티슈에 떨어뜨린 후 흡입하는 건식흡입법과 따뜻한 증기와 함께 코로 들이마시는 증기흡입법이 있다.
- 발향법: 아로마 램프, 디퓨저 등을 이용하여 공기 중에 발산시켜 사용한다.
- 목욕법: 전신 또는 신체 일부를 정유를 넣은 더운물에 15~30분 정도 담그는 방법으로 몸과 마음의 긴장해소, 피로 회복, 스트레스 해소를 도와준다.
- 마사지법: 마사지 시 마사지 효과를 상승시키고 유효한 성분을 피부에 침투시키기 위해 마사지오일에 블렌딩하여 사용한다.

④ 사용시 유의사항

- 희석하지 않은 원액의 정유를 피부에 바로 사용하지 않으며 아로마오일의 성분을 파악하고 용량을 지킨다.
- 빛과 열에 약하므로 갈색 유리병에 담아 서늘하고 어두운 곳에 보관한다.
- 패치 테스트를 하여 이상 유무를 확인하고 사용한다.
- 임산부, 고혈압 환자에게 사용 시 반드시 성분 확인 후 금지된 정유는 사용하지 않는다.
- 색소침착의 우려가 있는 감귤류 계열은 감광성에 주의한다.

(2) 캐리어오일

베이스오일이라고도 하며 에센셜오일과 달리 휘발성이 없고 불포화 지방산과 비타민, 미네랄 등의 영양성분을 가지고 있어 피부에 연화, 진정 및 영양을 주며 에센셜오일을 피부에 효과적으로 흡수시키게 도와주는 역할을 한다.

종 류	기 능
호호바오일	• 항감염 피부에 효과가 뛰어나며 피부 친화성과 침투력이 우수하다. • 아토피, 여드름, 건성, 지성 등 모든 피부에 사용
스윗아몬드 오일	• 비타민과 무기질이 풍부하며 피부에 영양공급과 연화작용을 한다. • 민감성피부, 어린이피부, 노화피부에 적합
아보카도오일	• 비타민 A, B, D와 레시틴 성분이 풍부하다. • 흡수력이 우수하고 세포재생기능이 있다. • 건성피부, 노화피부에 적합
포도씨오일	• 피부 흡수력이 뛰어나며 피부 연화작용을 한다. • 피지조절에 효과적이며 점성이 없어 사용감이 부드럽다. • 모든 피부에 사용
달맞이꽃 종자유	• 감마리놀렌산(GLA) 함유로 항혈전, 항염증 작용을 하며 호르몬 조절 기능이 있어 월경전 증후군에 효과적이다. • 마른 버짐, 습진, 피부염, 비듬, 아토피 피부에 사용
헤이즐넛오일	• 올레인산이 풍부하고 피부에 잘 스며들어 보습효과가 뛰어나다. • 셀룰라이트를 예방하고 탄력과 혈액순환을 촉진하여 튼살에 효과 적이다. • 건성 피부에 적합
로즈힙오일	• 리놀렌산, 비타민 C, 팔미톨레산을 함유하고 있다. • 피지에 활력을 주어 노화피부, 주름에 매우 좋다. • 여드름이나 지성피부는 사용을 자제해야 하며 노화피부, 건성, 주름피부에 적합

8 기능성 화장품

피부의 문제를 개선시켜주는 제품으로 미백, 주름 개선, 피부를 곱게 그을리거나 자외선 차단기능을 하는 화장품이다.

(1) 기능성 화장품의 분류 및 특성

① 미백 화장품
- 피부의 색소침착을 개선해준다.
- 미백 에센스, 미백 크림, 비타민 C 세럼

MEMO

② 주름개선 화장품

■ 피부의 노화를 막고 탄력 증가, 주름 완화, 밀도를 높여준다.

■ 주름개선 에센스, 주름개선 크림

③ 선탠 화장품

■ 피부를 균일하게 그을려 건강한 피부 연출을 돕는 제품으로 피부의 손상
   을 막기 위해 UV‒B차단 성분이 함유되어 있다.

■ 선탠오일, 선탠젤, 선탠로션

④ 자외선 차단 화장품

■ 피부 노화와 색소침착의 주범인 자외선을 차단하고 피부를 보호해준다.

■ 선크림, 선 스프레이, 선로션

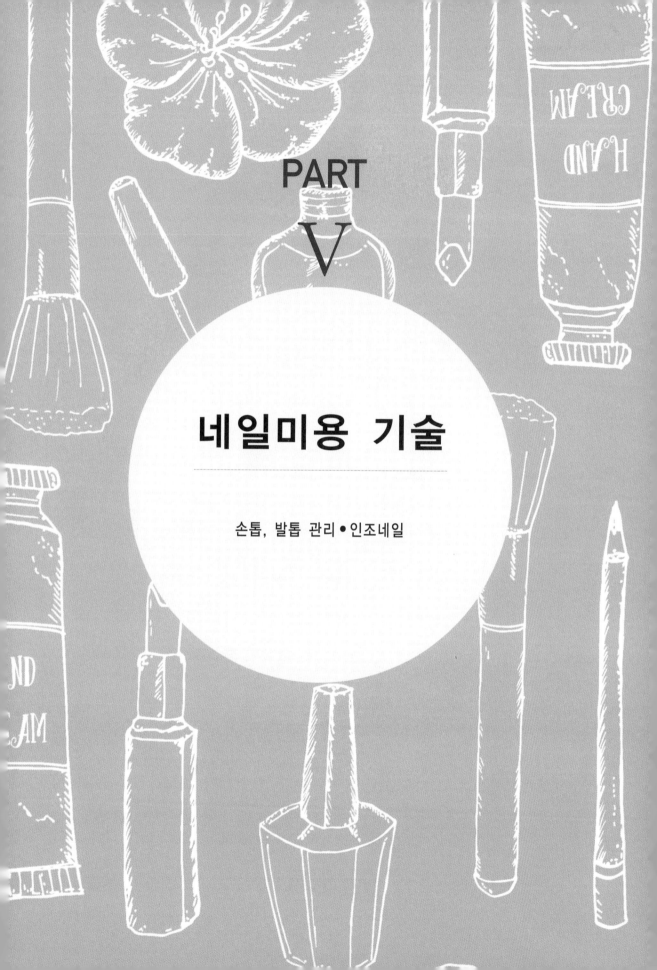

PART

V

네일미용 기술

손톱, 발톱 관리 • 인조네일

CHAPTER 01 손톱, 발톱 관리

※ 네일 관리 분류

- **자연네일**: 손톱관리, 발톱관리
- **인조네일**: 네일팁, 네일팁 오버레이, 실크 익스텐션, 아크릴릭네일, 젤네일
- **손톱관리**: 습식매니큐어, 프렌치매니큐어, 핫오일매니큐어, 파라핀매니큐어
- **발톱관리**: 페디큐어

1 네일 재료와 도구

(1) 네일 재료

① 고객에게 적합한 제품을 선택, 사용할 수 있어야 함

② 제품의 용도와 사용법을 정확히 숙지하여 사용할 수 있어야 함

③ 제품의 효과, 용도, 성분 등에 대해 설명할 수 있어야 함

④ 매니큐어 시술할 때 사용되는 제품

제품명	쓰이는 용도
항균소독제 (안티셉틱)	• 피부 소독제로 시술 전 시술자와 고객의 손을 소독하는데 사용
폴리시 리무버	• 손톱의 폴리시를 제거할 때 사용 • 아세톤과 비아세톤이 있으며, 인조네일은 비아세톤 사용
큐티클 오일	• 큐티클을 정리하기전 네일을 부드럽게 해주는 유연제 • 주성분: 식물성 오일이 주원료로 사용되며 라놀린, 비타민A, 비타민E를 함유
큐티클 리무버	• 리퀴드 또는 크림 종류가 있음 • 유수분을 공급, 큐티클을 유연하게 하여 작업이 용이함 • 주성분: 소디움, 글리세린
네일 표백제 (네일 블리치)	• 손톱의 표면이 변색되었을 때 표백 • 오렌지우드스틱 끝에 솜을 말아 손톱 표면에만 바름 • 주성분: 과산화수소수(20볼륨), 레몬산
네일 화이트너	• 손톱의 끝(프리에지) 아래 부분을 희게 보이도록 하는 것 • 주성분: 산화아연, 티타늄디옥사이드
네일 보강제	• 자연네일에 사용하는 손톱 보강제 • 베이스코트 전에 바르는 것 (찢어지거나 갈라지는 것을 예방)
베이스코트	• 레진 성분이 많아 폴리시의 밀착성 도와줌 • 폴리시를 바르기 전에 손톱 표면의 보호와 변색방지

제품명	쓰이는 용도
탑코트 (씰러)	• 투명한 색으로 폴리시 보호 및 광택 • 주성분: 니트로셀룰로오스, 톨루엔, 용해제(알코올), 폴리에스터, 레진
네일 폴리시	• 손톱에 색을 입히는 유색 화장제 • 에나멜, 락커의 명칭으로도 사용
에나멜 드라이어	• 폴리시의 빠른 건조를 위해 사용 • 스프레이 제품도 많음
네일 폴리시 시너	• 폴리시가 조금 경화될 때 섞어서 사용 • 과다 사용 시 색상이 옅어짐

(2) 네일 도구

① 시술에 사용되는 도구들로 반드시 살균, 소독 처리한 후 보관되는 용품
　과 폐기 처리할 용품들로 구분

제품명	쓰이는 용도
큐티클 니퍼	• 네일 주위의 큐티클, 거스러미, 굳은살을 정리할 때 사용 • 위생, 소독 처리 후 사용
메탈 푸셔	• 네일 주위의 큐티클, 굳은살, 각질층을 밀어 올리는데 사용 • 45°방향으로 비스듬히 세워 손톱 표면이 상하지 않도록 주의 • 위생, 소독 처리 후 소독기에 보관 (메탈푸셔)
네일 클리퍼	• 자연네일, 인조네일 길이 조절 시 사용 (일자형이 편리) • 위생소독 처리 후 소독기에 보관
팁 커터	• 인조네일 부착 시 길이를 자를 때 사용
핑거볼(Finger Bowl)	• 습식 매니큐어 과정에서 손의 큐티클을 불릴 때 사용
디스펜서 (Dispenser)	• 폴리시 리무버나 퓨어 아세톤 등을 담아 사용하는 펌프식 용기
랩 가위(실크가위)	• 실크, 파이버 글라스, 린넨 등을 재단하는데 사용하는 가위
파일(File)	• 네일 길이 조절, 형태를 다듬을 때 사용 • 그릿의 숫자가 높을수록 부드럽다 • 단, 에머리보드는 1회 사용후 폐기처리
버퍼	• 손톱의 표면 정리와 광택(블럭 버퍼형, 보드형, 샤미스 등)을 낼 때 　사용
오렌지 우드스틱	• 큐티클을 밀거나, 폴리시 수정할 때 사용 • 1회 사용 후 폐기처리
더스트브러쉬 (네일 브러쉬)	• 손톱의 이물질을 제거할 때 사용
토우 세퍼레이터	• 발톱에 폴리시를 바를 때 사용이 용이함
콘 커터	• 발바닥 굳은살이나 각질을 제거할 때 사용 • 일회용 면도날을 끼워서 사용
페디 파일	• 굳은살 제거를 위한 도구, 발바닥을 매끈하게 만듦

(3) 작업테이블 준비절차

① 화학성분이 함유된 준비물에 이름표 부착
② 모든 도구 소독(테이블 및 기구는 20분 이상 소독할 것)
③ 매니큐어 테이블에 타월과 고객용 팔 받침 쿠션 준비
④ 항균비누로 시술자의 손 소독
⑤ 핑거볼에 미온수를 채우고 살균비누를 풀어놓고 준비

② 습식매니큐어 (손톱, 발톱)

(1) 가장 기본이 되는 네일 관리법으로 손톱 모양 잡기, 큐티클 정리, 컬러링 등이 포함된다.

필요한 준비물

스킨 소독제(안티셉틱), 폴리시, 리무버, 탑코트, 베이스코트, 큐티클오일, 지혈제, 화장솜, 클리퍼, 파일, 오렌지 우드스틱, 핑거볼, 페이퍼 타올, 샌딩버퍼, 라운드패드, 더스트브러쉬, 알코올, 디스펜서, 퓨셔, 니퍼, 항균비누

시술절차

①시술자, 고객 손 소독	항균소독제나 알코올 사용 ⇨ 솜에 묻혀서 시술자의 양손을 소독 한 후 고객의 손을 소지부터 엄지순으로 손가락과 손바닥을 닦아낸다.
②폴리시 제거	리무버를 솜에 묻혀 네일 바디에 올려놓고 문질러 폴리시 제거해 준다. ⇨ 오렌지 우드스틱에 솜을 말아 리무버로 남아 있는 폴리시를 닦아준다.
③손톱 모양 잡기 (쉐입 잡기)	스퀘어에서 라운드 또는 오벌 형태로 쉐입을 잡아준다. ⇨ 반드시 중앙으로 향하게 한 방향으로 파일링해 준다.
④손톱 표면 정리	버퍼, 샌딩파일을 이용하여 네일 바디 표면을 정리해 준다.
⑤거스러미 제거	라운드패드를 이용하여 손톱 밑의 거스러미 제거 ⇨ 거스러미 제거후에도 더스트 브러쉬를 사용하여 한번 더 정리해준다.
⑥핑거볼에 손 불리기	항균 비눗물이 담긴 핑거볼에 손을 담근다. ⇨ 멸균거즈를 이용하여 물기제거
⑦큐티클 리무버, 큐티클오일 바르기	큐티클을 유연하게 하기 위해 리무버 및 오일을 바른다.

⑧큐티클 밀어올리기 (푸셔 사용)	푸셔를 45°각도로 큐티클을 밀어올림
⑨큐티클 정리 (니퍼 사용)	니퍼를 사용하여 큐티클을 제거한다.
⑩시술자, 고객 손 소독	예민해진 큐티클에 안티셉틱을 뿌려 소독하기 (직접소독 – 스프레이용)
⑪유분기 제거	오렌지 우드스틱에 솜을 말아서 리무버에 묻힘⇨ 큐티클 주위, 네일 및 네일 밑 부분까지 닦는다.
⑫베이스코트 바르기	손톱 보호, 색소침착 방지 ⇨ 베이스코트 1회 바른다(프리에지 포함).
⑬폴리시 바르기	폴리시 2회 바른다(프리에지 포함).
⑭탑코트 바르기	폴리시 위에 탑코트 1회 바른다.
⑮손톱주변정리	완성도를 위해 오렌지 우드스틱에 솜을 말아 네일 주변의 폴리시 를 깨끗이 닦아낸다.

Point

※ 살롱에서는 ⑩번 직접 소독후 마사지 → 핫타올을 사용후 → ⑪번 유분기 제거로 넘어온다. 그러나, 국가자격증 실기에서는 ⑩번 직접소독후 → ⑪번으로 바로 넘어간다.

※ 시험은 한손만 진행하나 살롱에서는 고객의 소지부터 시작하여 엄지에서 끝나고, 오른손도 왼손과 동일하게 진행한다.

(2) 프렌치 매니큐어

■ 시술 절차는 습식매니큐어와 동일하나 폴리시를 바르는 과정에서 차이가 있다.(국가시험용: 프렌치, 딥프렌치 중 1개)

시술절차

①~⑪	습식매니큐어와 동일
⑫베이스코트 바르기	왼손 소지부터 엄지순으로 프리에지까지 바른다. ⇨ 베이스코트 1회 바른다(프리에지 포함).
⑬폴리시 바르기	화이트 프렌치 1회, 2회를 바른다. ⇨ (프리에지 포함)
⑭탑코트 바르기	폴리시 위에 탑코트 1회 바른다.
⑮손톱주변정리	오렌지 우드스틱에 솜을 말아서 네일 주변의 폴리시를 깨끗이 닦는다.

기본 프렌치 모양

라운드형	일자형	V자형	사선형

출처: 안스아트(www.ansart.co.kr/다네일.com)

(3) 핫오일매니큐어

- 건성인 피부나 갈라지는 네일, 거스러미를 가진 고객에게 적당한 서비스
- 여름보다는 건조한 겨울에 효과적임

⚜ 재료 및 도구

습식매니큐어 준비물, 로션 워머, 냉타월, 플라스틱 로션 용기, 스파츌러 등

시술 절차

①시술자, 고객 손 소독	항균소독제나 알코올 사용 ⇨ 솜에 묻혀서 시술자의 양손을 소독 한 후 고객의 손을 소지부터 엄지순으로 손가락과 손바닥을 닦아낸다.
②폴리시 제거	리무버를 솜에 묻혀 네일 바디에 올려놓고 문질러 폴리시 제거해 준다. ⇨ 오렌지 우드스틱에 솜을 말아 리무버로 남아 있는 폴리시를 닦아준다.
③손톱 모양 잡기 (쉐입 잡기)	스퀘어에서 라운드 또는 오벌 형태로 쉐입을 잡아준다. ⇨ 반드시 중앙으로 향하게 한 방향으로 파일링해 준다.
④손톱 표면 정리	버퍼, 샌딩파일을 이용하여 네일 바디 표면을 정리해 준다.
⑤거스러미 제거	라운드패드를 이용하여 손톱 밑의 거스러미 제거 ⇨ 거스러미 제거후에도 더스트 브러쉬를 사용하여 한번 더 정리해준다.
⑥로션 워머에 손 담그기	손톱모양잡기가 끝난후 로션 워머에 담근다. ⇨ 모공이 열리면서 큐티클이 유연해진다.(3~5회 반복)
⑦큐티클 정리 및 손 소독(직접 소독)	푸셔와 니퍼를 사용하여 큐티클을 정리한 후 안티셉틱을 이용해 손 소독을 한다.
⑧마사지	적당량의 로션이나 오일을 도포한 후 마사지하고 유분기를 제거한다.
⑨따뜻한 타월로 닦기	따뜻한 타월로 마사지한 부분을 감싸준 뒤 손가락 사이와 네일을 닦는다.
⑩유분기 제거 및 컬러링	오렌지 우드스틱에 솜을 말아서 네일 주변을 깨끗이 닦는다. 컬러링을 시술한다.

(4) 파라핀 매니큐어

- 건조하고 거친 피부를 가진 고객에게 보습 및 영양공급을 해주는 관리 방법

⚘ 재료 및 도구

습식매니큐어 준비물, 파라핀, 파라핀 워머, 전기 장갑

MEMO

※ **예열하기(사전준비)**

① 전기 장갑에 코드 미리 연결해둘 것

② 파라핀이 녹기까지 3~4시간 걸리므로 시술 전에 미리 준비할 것

③ 파라핀이 녹은 후의 온도는 52~55°c로 유지

Point

※ 파라핀 자체에 유분기가 많기 때문에 시술전에 베이스코트를 바르고 완전 건조 후 파라핀을 입혀야 한다.

시술 절차

①시술자, 고객 손 소독	항균소독제나 알코올 사용 ⇨ 솜에 묻혀서 시술자의 양손을 소독 한 후 고객의 손을 소지부터 엄지순으로 손가락과 손바닥을 닦아낸다.
②폴리시 제거	리무버를 솜에 묻혀 네일 바디에 올려놓고 문질러 폴리시 제거해준다. ⇨ 오렌지 우드스틱에 솜을 말아 리무버로 남아 있는 폴리시를 닦아준다.
③손톱 모양 잡기 (쉐입 잡기)	스퀘어에서 라운드 또는 오벌 형태로 쉐입을 잡아준다. ⇨ 반드시 중앙으로 향하게 한 방향으로 파일링해 준다.
④손톱 표면 정리 (광택내기)	버퍼, 샌딩파일을 이용하여 네일 바디 표면을 정리해 준다. (표면이 거친 경우: 버퍼를 이용해 광택을 내줌)
⑤거스러미 제거	라운드패드를 이용하여 손톱 밑의 거스러미 제거 ⇨ 더스트브러쉬를 사용하여 정리
⑥핑거볼에 손 불리기	항균비눗물이 담긴 핑거볼에 손을 담근다. ⇨ 멸균거즈를 이용하여 물기제거
⑦큐티클 리무버, 큐티클오일 바르기	큐티클을 유연하게 하기 위해 리무버 및 오일을 바른다.
⑧큐티클 밀어올리기 (푸셔, 니퍼 사용)	푸셔를 45°각도로 큐티클을 밀어올림, 큐티클을 제거한다.
⑨시술자, 고객 손 소독	예민해진 큐티클에 안티셉틱을 뿌려 직접 소독하기 소독후 유분기를 제거을 해준다.
⑩베이스코트 바르기	베이스코트를 발라 네일 표면에 스며드는 것을 막아야 컬러링이 들뜨거나 벗겨지는 것을 예방할 수 있다.
⑪파라핀에 담그기	로션을 바르고 파라핀에 서서히 5초 담갔다가 다시 꺼내기를 3~5회 반복한다.
⑫전기 장갑 씌우기	보온효과를 통해 완벽한 파라핀 효과를 볼 수 있다.

⑬파라핀 제거 및 마사지	파라핀을 벗기고, 미리 발라 두었던 로션이나 오일이 피부에 흡수될 때까지 마사지한다.
⑭타월로 닦기	타월을 이용하여 손가락 사이와 네일을 닦아준다.
⑮유분기 제거 및 프리에지 닦기	남아있는 유분과 베이스코트를 완전히 제거하고 오렌지 우드스틱에 솜을 말아 리무버를 묻혀 네일과 프리에지 부분을 닦음
⑯베이스코트 바르기	소지부터 엄지 순으로(프리에지 포함) ⇨베이스코트 1회 바른다
⑰폴리시 바르기	폴리시 2회 바른다(프리에지 포함).
⑱탑코트 바르기	폴리시 위에 탑코트 1회 바른다.

3 매니큐어 컬러링

컬러링 바르는 6가지 방법

풀코트 (Full coat)	프리에지 (Free edge)	헤어라인 팁 (Hairline tip)	슬림라인 또는 프리월 (Slim line)	루눌라 또는 하프문 (Lunula)	프렌치 (French)
손톱 전체에 채워서 바르는 방법	프리에지 부분은 비워두고 컬러링 하는 방법	전체 바른 후 손톱 끝 1.5mm 정도를 지워주는 컬러링 방법	손톱의 양쪽 옆면을 1.5mm 남기고 컬러링 하는 방법	루눌라 부분만 남기고 컬러링 하는 방법	프리에지만 바르는 방법

그림출처: 안스아트

4 페디큐어

- 발과 발톱을 청결하고 아름답게 가꾸어 주는 발의 전반적인 관리
- 발톱 다듬기, 각질제거, 큐티클 정리, 마사지, 네일아트 등

재료 및 도구

습식매니큐어 준비물, 각탕기, 토우 세퍼레이터, 페디 파일, 페디큐어용 슬리퍼, 항균
비누 등

시술 절차

①시술자의 손과 　고객의 발 소독	항균소독제나 알코올 사용 ⇨ 솜에 묻혀서 시술자의 양손을 소독 한 후 고객의 발과 발가락 을 닦아낸다.
②폴리시 제거	리무버를 솜에 묻혀 네일 바디에 올려놓고 문질러 폴리시 제거해 준다. ⇨ 오렌지 우드스틱에 솜을 말아 리무버로 남아 있는 폴리시를 닦 아준다.
③발톱 모양 잡기 　(쉐입 잡기)	스퀘어에서 스퀘어 형태로 쉐입을 잡아준다.
④발톱자르기 및 　표면정리	버퍼, 샌딩파일을 이용하여 네일 바디 표면을 정리해 준다. 발톱은 반드시 일(─)자로 자른다
⑤거스러미 제거	라운드패드를 이용하여 손톱 밑의 거스러미 제거 ⇨ 거스러미 제거후에도 더스트 브러쉬를 사용하여 한번 더 정리 해준다.
⑥각탕기에 발 담그기 　(물 스프레이건 발분사)	항균비눗물이 담긴 각탕기에 발을 담근다. (시험에서는 스프레이로 대신 분사한다) ⇨ 멸균거즈를 이용하여 발과 발톱의 물기 제거
⑦큐티클 리무버, 　큐티클오일 바르기	큐티클을 유연하게 하기위하여 리무버 및 오일을 바른다.
⑧큐티클 밀어올리기 　(푸셔 사용)	푸셔를 45°각도로 큐티클을 밀어올림
⑨큐티클 정리 　(니퍼 사용)	니퍼를 사용하여 큐티클을 제거해준다.
⑩시술자의 손과 　고객의 발 소독	예민해진 큐티클에 안티셉틱을 뿌려 소독하기 (직접소독 – 스프레이용)
⑪유분기 제거	오렌지 우드스틱에 솜을 말아서 리무버에 묻힘 ⇨ 큐티클 주위, 네일 및 네일 밑 부분까지 닦는다.
⑫토우 세퍼레이터 　끼우기	폴리시를 바르기 전에 서로 부딪쳐 무너지지 않도록 발가락 사이 에 끼운다.
⑬베이스코트 바르기	베이스코트 1회 바른다. (프리에지 포함)
⑭폴리시 바르기	폴리시 2회 바른다. (프리에지 포함)
⑮탑코트 바르기	폴리시 위에 탑코트 1회 바른다.
⑯발톱주변정리	완성도를 위해 오렌지 우드스틱에 솜을 말아 네일 주변의 폴리시 를 깨끗이 닦아낸다.

5 네일 폴리시 바르기(컬러링 바르는 법)

(1) 풀코트 도포방법

①소독(솜 사용, 간접소독) → ②폴리시 제거 → ③파일링 → ④큐티클 연화(리무버, 오일) → ⑤푸셔 → ⑥니퍼(큐티클 제거) → ⑦소독(스프레이 사용, 직접소독) → ⑧컬러링(베이스코트1회 - 컬러 2회 - 탑코트 1회) → 손톱주변정리

※ 컬러링 작업 시 프리에지는 꼭 발라야 한다.

(2) 프렌치 도포방법

①소독(솜 사용, 간접소독) → ②폴리시 제거 → ③파일링 → ④큐티클 연화(리무버, 오일)→ ⑤푸셔→ ⑥니퍼(큐티클 제거) → ⑦소독(스프레이 사용, 직접소독) → ⑧컬러링(베이스코트 1회－프렌치 컬러링 2회－탑코트 1회) → 손톱주변정리

※ 프렌치컬러링 라인두께

3~5mm / 스마일라인

컬러링 작업 시 프리에지는 꼭 발라야 한다.

(3) 딥 프렌치 도포방법

①소독(솜 사용, 간접소독) → ②폴리시 제거 → ③파일링 → ④큐티클 연화(리무버, 오일) → ⑤푸셔 → ⑥니퍼(큐티클 제거) → ⑦소독(스프레이 사용, 직접소독) → ⑧컬러링(베이스코트 1회－딥 프렌치 컬러링 2회－탑코트 1회) → 손톱주변정리

※ 딥 프렌치 컬러링 라인두께

네일 바디의 1/2 이상을 넘지 말아야 한다.

라인을 잡을 때는 좌우대칭이 똑같아야 한다.

컬러링 작업 시 프리에지는 꼭 발라야 한다.

(4) 그라데이션 도포방법

①소독(솜 사용, 간접소독) → ②폴리시 제거 → ③파일링 → ④큐티클 연

화(리무버,오일) → ⑤푸셔 → ⑥니퍼(큐티클 제거) → ⑦소독(스프레이 사용, 직접소독) → ⑧컬러링(베이스코트 1회−그라데이션 컬러링 2회−탑코트 1회) → 손톱주변정리

※ **그라데이션 컬러링 도포방법**

네일 바디의 1/2 이상을 넘지 말아야 한다.

컬러링 작업 시 프리에지는 꼭 발라야 한다.

그라데이션 스폰지를 사용하여야 한다.

CHAPTER 02

인조네일

자연네일이 아닌 인공적으로 만들어지는 모든 손톱을 말하며 길이를 연장하거나 자연네일을 보호해 주는 인조손톱 또는 보강을 위해 길이 연장 없이 덮어씌울 수 있는 시술 형태를 총칭하는 네일을 말함.

■ 네일 팁 / 네일 팁 오버레이 / 실크 익스텐션 / 아크릴릭 네일 / 젤 네일

1 재료와 도구

제품명	쓰이는 용도
네일 팁 (Nail Tip)	손톱의 길이 연장 및 보호 • 레귤러팁, 스퀘어팁, 풀팁, 컬러팁, 롱팁, 프렌치팁 • 팁은 웰 부분에 따라 사용 용도가 다르게 쓰여짐(풀 웰, 하프 웰)
글루 (Glue)	• 랩이나 인조 팁의 접착, 네일 표면 보강을 위해 사용됨
젤 글루 (Gel Glue)	• 글루보다 접착성이 강함 • 네일 팁, 랩을 네일 표면에 붙이기 위해 사용
필러파우더 (Filler powder)	• 손톱과의 단차를 채우거나 두께를 조형할 때 • 네일 팁이나 랩 작업 시 사용
글루 드라이어 (Glue Dryer)	• 글루나 젤을 빠르게 건조시키기 위함
랩 (Wrap)	• 자연네일의 보수나 길이 연장이 필요할 때 • 자연네일의 보강과 튼튼함을 유지시키기 위함
프라이머 (Primer)	• 피부에 닿지 않도록 주의할 것 • 유, 수분을 제거하고 인조 팁의 접착력을 높임
아크릴 파우더	• 손톱연장과 보강을 위해 사용하는 분말형태 파우더
아크릴 리퀴드	• 손톱 연장과 보강을 위해 아크릴 파우더와 혼용하여 사용하는 리퀴드(액체 상태임)
브러쉬 클리너	• 아크릴릭 혹은 젤에 사용되는 브러쉬를 깨끗하게 씻어줄 때 사용
젤	• 젤 타입의 폴리머로 인조네일 연장과 오버레이로 사용
젤 클렌저	• 젤 큐어링 후 표면에 남아 있는 미경화 젤을 닦아내는 액체
베이스젤	• 젤 네일 시술 시 베이스용도의 젤로 사용
탑젤	• 젤 시술의 마지막 역할로 사용
폴리시젤	• 폴리시 타입 컬러 젤로 일반 컬러처럼 사용

(1) 네일 재료

※ 아크릴 기본 물질

모노머 (Monomer)	• 액체 상태로 아크릴릭 리퀴드라고도 하며 단분자, 단량체, 작은 구슬의 형태로 되어 있음 • 주성분은 에틸 메타크릴산으로 폴리머와 믹스해서 사용
폴리머 (Polyer)	• 가루 형태의 아크릴릭 파우더로 고분자, 중합체, 구슬체인 모양으로 연결된 형태 • 주성분은 폴리메틸 아크릴산
카탈리스트 (Catalyst)	• 아크릴을 빨리 굳게 해주는 촉매제

※ 랩의 종류

랩 종류		특 징
패브릭 랩	실크	• 명주 소재 천, 가볍고 투명하여 가장 많이 사용 • 접착성이 있는 실크를 거의 사용
	린넨	• 굵은 소재 천, 투박하고 불투명함
	파이버글래스	• 투명하고 가느다란 인조 섬유(광섬유, 유리섬유)
페이퍼 랩		• 얇은 종이 소재, 리무버의 종류에 의해 제거되는 게 단점

※ 젤의 종류

- 라이트 큐어드 젤: 특수 광선이나 자외선 램프의 빛을 사용하여 굳게 하는 방법(Light – Cured Gel)
- 노 라이트 큐어드 젤: 스프레이 형태의 응고제를 분사하여 굳게 하는 방법(No Light – Cured Gel)

(2) 네일 도구

제품명	쓰이는 용도
팁 커터	• 인조네일 부착 시 길이를 자를 때 사용
실크가위	• 실크 재단 시 작업하기에 용이함
디펜디쉬	• 아크릴 리퀴드와 브러쉬 클리너를 담아 사용하는 용기
아크릴릭 브러쉬	• 아크릴 파우더와 리퀴드를 사용하여 인조손톱을 만드는 데 사용
젤 브러쉬	• 올리고머 상태의 젤로 인조네일을 만드는 데 사용
폼(Form)	• 손톱 길이 연장을 위해 프리에지 부분에 연결하여 모양을 만들 때 사용
젤 램프기기	• 젤의 큐어링을 돕는 램프기기

MEMO

Point

※ 팁 부착방법과 부착시 주의 사항에
대해 숙지해야 한다.

② 네일 팁 오버레이

(1) 네일 팁(Nail Tip)

네일 팁을 이용하여 자연손톱의 길이를 연장시켜 주고 보호해주는 인조손톱을 말한다.

시술 순서

①시술자, 고객 손 소독	항균소독제나 알코올 사용 ⇨ 솜에 묻혀서 시술자의 양손을 소독 한 후 고객의 손을 소지부터 엄지순으로 손가락과 손바닥을 닦아낸다.
②폴리시 제거	리무버를 솜에 묻혀 네일 바디에 올려놓고 문질러 폴리시 제거해준다. ⇨ 오렌지 우드스틱에 솜을 말아 리무버로 남아 있는 폴리시를 닦아준다.
③손톱 모양 잡기 (쉐입 잡기)	스퀘어에서 라운드 또는 오벌 형태로 쉐입을 잡아준다. ⇨ 반드시 중앙으로 향하게 한 방향으로 파일링해 준다.
④손톱 표면 정리	버퍼, 샌딩파일을 이용하여 네일 바디 표면을 정리해 준다.
⑤거스러미 제거	라운드패드를 이용하여 손톱 밑의 거스러미 제거 ⇨ 거스러미 제거후에도 더스트 브러쉬를 사용하여 한번 더 정리해준다.
⑥큐티클정리 및 유분정리	항균비눗물이 담긴 핑거볼에 손을 담근다. ⇨ 퓨셔와 니퍼를 사용 큐티클을 잘라낸 후 유분기를 제거
⑦팁 선택하기	• 알맞은 사이즈의 팁을 선택한다. • 자연네일의 절반 이상을 덮어서는 안 된다.
⑧팁 부착하기 (레귤러팁)	• 손톱의 양 측면을 덮을 수 있는 크기로 선택 • 팁 뒷면의 웰 부분에 글루 또는 젤 글루를 발라서 부착 • 팁 부착 시 손톱 끝에 팁을 45° 각도로 밀착한 후 공기가 생기지 않도록 서서히 올리면서 접착한다.
⑨글루 드라이어 뿌리기	글루 드라이어를 15㎝ 정도 거리를 두고 뿌린다.
⑩팁 길이 자르기	팁 커터기로 길이를 자른 후 파일로 손톱 모양을 잡는다.
⑪팁턱 제거하기	인조와 자연네일의 팁턱 부분을 파일링 해 팁턱을 매끄럽게 연결시킨다(150~180 Grit). 자연손톱의 손상이 없어야 한다.
⑫손톱 형태 만들기	글루, 필러파우더, 글루, 글루드라이어를 사용하며 2~3회 반복하며 손톱의 꺼진 부분이나 위로 솟은 부분을 채워주어 손톱의 능선을 만들어준다.
⑬표면 파일 및 정리	파일을 사용해 표면을 갈고, 화이트 버퍼로 샌딩한다.
⑭글루 및 젤 글루 바르기	글루와 젤 글루로 한 번 더 채워 마무리한다.
⑮손톱 표면 정리하기	버퍼로 매끈하게 마무리 파일링한다.
⑯광택내기	손톱 표면에 광택을 낸다.(3-way를 사용함)
⑰오일 바르기	큐티클 주변 피부에 소량의 오일을 발라 마무리한다.

MEMO

※ 팁 부착 순서

글루(젤 글루)로 팁의 웰 부분을 바른다. → 팁을 45° 방향으로 누르면서 부착 → 글루 드라이어를 뿌린다. → 손톱으로 살짝 누른다. → 팁 커터기로 자른다.

※ 손톱 형태 만들기

글루 → 필러파우더 → 글루 → 글루 드라이어(2~3회 반복)

※ 팁 크기 선택

- 손톱 크기에 알맞은 사이즈의 팁을 선택
- 맞는 팁이 없는 경우: 자연네일보다 약간 큰 팁을 골라 양쪽 사이드를 파일로 갈아서 부착

(2) 팁 위드 랩(Tip With Wrap):

1차 네일 팁 연장 후, 그 위에 2차 연장 기술인 랩 익스텐션을 통해 길이를 연장하는 방법. 실크 기술의 가장 고난이도 기술이다.

Point

※ 네일팁을 접착할 때 자연 손톱의 절반 이상을 덮지 않아야 한다.

시술 순서

①시술자, 고객 　손 소독	항균소독제나 알코올 사용 ⇨ 솜에 묻혀서 시술자의 양손을 소독 한 후 고객의 손을 소지부터 엄지순으로 손가락과 손바닥을 닦아낸다.
②폴리시 제거	리무버를 솜에 묻혀 네일 바디에 올려놓고 문질러 폴리시 제거해 준다. ⇨ 오렌지 우드스틱에 솜을 말아 리무버로 남아 있는 폴리시를 닦아준다.
③손톱 모양 잡기 　(쉐입 잡기)	스퀘어에서 라운드 또는 오벌 형태로 쉐입을 잡아준다. ⇨ 반드시 중앙으로 향하게 한 방향으로 파일링해 준다.
④손톱 표면 정리	버퍼, 샌딩파일을 이용하여 네일 바디 표면을 정리해 준다.
⑤거스러미 제거	라운드패드를 이용하여 손톱 밑의 거스러미 제거 ⇨ 거스러미 제거후에도 더스트 브러쉬를 사용하여 한번 더 정리해준다.
⑥큐티클정리 및 　유분정리	항균비눗물이 담긴 핑거볼에 손을 담근다. ⇨ 퓨셔와 니퍼를 사용 큐티클을 잘라낸 후 유분기를 제거

⑦팁 선택하기	• 알맞은 사이즈의 팁을 선택한다. • 자연네일의 절반 이상을 덮어서는 안 된다.
⑧팁 부착하기 (레귤러팁)	• 손톱의 양측면을 덮을 수 있는 크기로 선택 • 팁 뒷면의 웰 부분에 글루 또는 젤글루를 발라서 부착 • 팁 부착 시 손톱 끝에 팁을 45° 각도로 밀착한 후 공기가 생기지 않도록 서서히 올리며 접착한다.
⑨글루 드라이어 뿌리기	글루 드라이어를 15㎝정도 거리를 두고 뿌린다.
⑩팁 길이 자르기	팁 커터기로 길이를 자른 후 파일로 손톱모양을 잡는다.
⑪팁턱 제거하기	인조와 자연네일의 팁턱 부분을 파일링해 팁턱을 매끄럽게 연결시 킨다(150~180 Grit). (자연손톱의 손상이 없어야 한다)
⑫손톱 형태 만들기 (파일작업 하기)	글루, 필러파우더, 글루, 글루드라이어를 사용하며 2~3회 반복하 며 손톱의 꺼진 부분이나 위로 솟은 부분을 채워주어 손톱의 능선 을 만든후 파일링 한다.
⑬ 실크 재단하기	실크는 손톱모양에 따라 둥글게 자른 후 큐티클 아래 1.5mm남기 고 바디중앙에서 사이드까지 밀착하여 붙인다.
⑭글루 바르기 및 글루 드라이어	글루는 바디중앙에서 시작하여 바른다. 글루+필러파우더+글루+글 루드라이어를 2~3회 반복 작업하며 손톱의 능선을 만든다.
⑮랩턱 갈기 (파일링)	앞선, 사이드부분의 랩턱을 떨어트린다. 큐티클 라인을 가볍게 파 일링한다. 손톱표면은 버퍼로 가볍게 샌딩한다.
⑯젤 글루 표면 바르기	젤 글루로 한 번 더 네일 표면을 바른 후, 드라이어를 뿌린다.
⑰손톱 표면 정리하기	버퍼로 매끈하게 마무리 파일링한다.
⑱광택내기	손톱 표면에 광택을 낸다(3way를 사용).
⑲오일 바르기	큐티클 주변 피부에 소량의 오일로 마무리한다.

(3) 팁 위드 아크릴릭

네일 팁에 아크릴을 씌워서 보강해주는 작업을 말한다. 아크릴릭 팁, 아크릴
릭 오버레이라고도 함.

시술 순서

①시술자, 고객 손 소독	항균소독제나 알코올 사용 ⇨ 솜에 묻혀서 시술자의 양손을 소독 한 후 고객의 손을 소지부 터 엄지순으로 손가락과 손바닥을 닦아낸다.
②폴리시 제거	리무버를 솜에 묻혀 네일 바디에 올려놓고 문질러 폴리시 제거해 준다. ⇨ 오렌지 우드스틱에 솜을 말아 리무버로 남아 있는 폴리시를 닦 아준다.

③손톱 모양 잡기 (쉐입 잡기)	스퀘어에서 라운드 또는 오벌 형태로 쉐입을 잡아준다. ⇨ 반드시 중앙으로 향하게 한 방향으로 파일링해 준다.
④손톱 표면 정리	버퍼, 샌딩파일을 이용하여 네일 바디 표면을 정리해 준다.
⑤거스러미 제거	라운드패드를 이용하여 손톱 밑의 거스러미 제거 ⇨ 거스러미 제거후에도 더스트 브러쉬를 사용하여 한번 더 정리해준다.
⑥큐티클정리 및 유분정리	항균비눗물이 담긴 핑거볼에 손을 담근다. ⇨ 퓨셔와 니퍼를 사용 큐티클을 잘라낸 후 유분기를 제거
⑦팁 선택하기	고객의 손톱보다 한 사이즈 정도 큰 팁을 고른다.
⑧팁 부착하기	손톱과 팁 사이에 공기가 생기지 않도록 45° 각도로 부착. 스마일 라인 부분은 인더파일로 깊게 만들어 놓아, 팁을 부착한다.
⑨팁 길이 자르기	팁 커터기로 길이를 자른 후 파일로 손톱모양을 잡는다.
⑩팁턱 제거하기	• 인조와 자연네일의 팁턱 부분을 파일링해 팁턱을 매끄럽게 연결 시킨다(150~180 Grit). • 매끄러운 팁턱을 제거할수 있어야 함
⑪프라이머 바르기	자연네일 위에 프라이머를 바른다.
⑫아크릴볼 올리기	아크릴릭 브러쉬에 적당량의 아크릴볼을 만들어 연장할 만큼 손톱 위에 오버레이한다.
⑬파일링하기	아크릴이 완전히 건조된 것을 확인한 후 앞선, 옆선, 사이드, 큐티클, 표면상태 순으로 파일링한다.
⑭샌딩하기	네일 표면을 샌딩한 뒤 더스트 브러쉬로 털어준다.
⑮손 세척하기	핑거볼에 손을 담가 먼지를 세척하거나 멸균거즈를 사용하여 닦는다.
⑯오일 바르기	큐티클 주변 피부에 소량의 오일로 마무리한다.

(4) 팁 위드 젤

내추럴 팁과 라이트 큐어드 젤을 이용하여 길이를 연장한다.

시술 순서

①시술자, 고객 손 소독	항균소독제나 알코올 사용 ⇨ 솜에 묻혀서 시술자의 양손을 소독 한 후 고객의 손을 소지부터 엄지순으로 손가락과 손바닥을 닦아낸다.
②폴리시 제거	리무버를 솜에 묻혀 네일 바디에 올려놓고 문질러 폴리시 제거해 준다. ⇨ 오렌지 우드스틱에 솜을 말아 리무버로 남아 있는 폴리시를 닦아준다.

③손톱 모양 잡기 (쉐입 잡기)	스퀘어에서 라운드 또는 오벌 형태로 쉐입을 잡아준다.
	⇨ 반드시 중앙으로 향하게 한 방향으로 파일링해 준다.
④손톱 표면 정리	버퍼, 샌딩파일을 이용하여 네일 바디 표면을 정리해 준다.
⑤거스러미 제거	라운드패드를 이용하여 손톱 밑의 거스러미 제거
	⇨ 거스러미 제거후에도 더스트 브러쉬를 사용하여 한번 더 정리해준다.
⑥큐티클정리 및 유분정리	항균비눗물이 담긴 핑거볼에 손을 담근다.
	⇨ 퓨셔와 니퍼를 사용 큐티클을 잘라낸 후 유분기를 제거
⑦팁 선택하기	알맞은 사이즈의 팁을 선택하고 자연손톱의 절반 이상을 덮어서는 안 된다.
⑧팁 부착하기	• 손톱의 양 측면을 덮을 수 있는 크기로 선택
	• 팁 뒷면의 웰 부분에 글루 또는 젤 글루를 발라서 부착
	• 팁 부착시 팁을 프리에지 부분에서 45° 방향으로 팁을 밀어 올리듯이 누르면서 부착(공기가 들어가지 않도록 한다.)
⑨팁 길이 자르기	팁 커터기로 길이를 자른 후 파일로 손톱 모양을 잡는다.
⑩팁턱 제거하기	인조와 자연네일의 팁턱 부분을 파일링해 팁턱을 매끄럽게 연결시킨다(150~180 Grit). 매끄러운 팁턱을 제거할수 있어야 한다.
⑪프라이머 바르기	자연네일 위에 프라이머를 바른다.
⑫베이스젤 바르기	베이스젤을 얇게 바른다.(1회 도포)
⑬젤 올리기	손톱 전체에 클리어 젤을 올려 손톱의 형태를 만든다.
⑭큐어링하기	1~2분간 큐어링한다(led30초간 큐어링, C 커브 잡기)
⑮손톱 표면 닦기	젤은 큐어링 후에도 미경화젤이 남아있으므로 클렌저로 닦아낸다.
⑯파일링하기	파일로 손톱의 형태를 만들면서 갈아준다.(스퀘어 모양)
⑰탑젤 바르기	손톱 표면에 탑젤을 바른다.
⑱큐어링하기	• 마지막 3분간 큐어링한다. (UV~3분/LED~30초)
	• 클렌저로 닦아낸다.

❸ 실크익스텐션

자연네일 위에 실크로 길이 연장하는 방법

시술 순서

①시술자, 고객 손 소독	항균소독제나 알코올 사용
	⇨ 솜에 묻혀서 시술자의 양손을 소독 한 후 고객의 손을 소지부터 엄지순으로 손가락과 손바닥을 닦아낸다.
②폴리시 제거	리무버를 솜에 묻혀 네일 바디에 올려놓고 문질러 폴리시 제거해

	준다. ⇨ 오렌지 우드스틱에 솜을 말아 리무버로 남아 있는 폴리시를 닦아준다.
③손톱 모양 잡기 　(쉐입 잡기)	스퀘어에서 라운드 또는 오벌 형태로 쉐입을 잡아준다. ⇨ 반드시 중앙으로 향하게 한 방향으로 파일링해 준다.
④손톱 표면 정리	버퍼, 샌딩파일을 이용하여 네일 바디 표면을 정리해 준다.
⑤거스러미 제거	라운드패드를 이용하여 손톱 밑의 거스러미 제거 ⇨ 거스러미 제거후에도 더스트 브러쉬를 사용하여 한번 더 정리해준다.
⑥큐티클정리 및 　유분정리	항균비눗물이 담긴 핑거볼에 손을 담근다. ⇨ 퓨셔와 니퍼를 사용 큐티클을 잘라낸 후 유분기를 제거
⑦실크오리기(1차)	실크를 손톱 모양에 따라 둥글게 자른 후 밀착하여 붙인다.
⑧1차 글루 바르기	큐티클 아래 1.5mm 남기고 바디 중앙에서 사이드 부분까지 밀착시키면서 글루를 바른다. 빠른 작업을 위해 글루 드라이어를 뿌린다.
⑨C커브 잡기	프리에지 부분에서부터 연장선까지 글루를 발라 완만한 곡선의 C커브를 만들어놓는다.
⑩실크오리기(1차)	불필요한 실크는 1차글루 도포후 실크가위로 앞선, 사이드부분 짤라낸다
⑪손톱 형태 만들기 및 C커브 잡기	글루, 필러파우더, 글루, 글루 드라이어를 이용하여 2~3회 반복하며 손톱의 꺼진 부분이나 위로 솟은 부분을 채워주어 손톱의 형태 및 C커브를 완성시킨다.
⑫실크 길이 파일링 하기	앞선, 옆선, 사이드, 큐티클 순으로 파일링한다.
⑬표면 정리	버퍼로 샌딩하며 파일링한다.
⑭젤 글루 　표면 바르기	젤 글루로 한 번 더 네일 표면을 바른 후, 드라이어를 뿌린다.
⑮손톱 표면 정리하기	버퍼로 매끈하게 마무리 파일링한다.
⑯광택내기	손톱 표면에 광택을 낸다(3-way를 사용함).
⑰오일 바르기	큐티클 주변 피부에 소량의 오일로 마무리한다.

Point

※ **실크익스텐션**: 팁을 사용하지 않고 실크천위에 글루_젤을이용하여 팁보다 훨씬 자연스럽고 튼튼하게 길이를 연장하는 네일 테크닉을 말함.

※ 실크재단 - 글루 - 필러파우더 - 글루 - 글루드라이어 - C커브(1차)
글루 - 필러파우더 - 글루 - 글루드라이어 - C커브(2차) (2~3회)회 반복해야 함

❹ 아크릴 스컬프처

(1) 원톤 스컬프처

인조팁을 사용하지 않고, 네일 등을 사용해서 폼위에 클리어 파우더나 핑크 파우더를 사용하여 네추럴한 단일색 만을 사용하여 길이를 연장하는 방법.

시술 순서

①시술자, 고객 손 소독	항균소독제나 알코올 사용 ⇨ 솜에 묻혀서 시술자의 양손을 소독 한 후 고객의 손을 소지부터 엄지순으로 손가락과 손바닥을 닦아낸다.
②폴리시 제거	리무버를 솜에 묻혀 네일 바디에 올려놓고 문질러 폴리시 제거해준다. ⇨ 오렌지 우드스틱에 솜을 말아 리무버로 남아 있는 폴리시를 닦아준다.
③손톱 모양 잡기 (쉐입 잡기)	스퀘어에서 라운드 또는 오벌 형태로 쉐입을 잡아준다. ⇨ 반드시 중앙으로 향하게 한 방향으로 파일링해 준다.
④손톱 표면 정리	버퍼, 샌딩파일을 이용하여 네일 바디 표면을 정리해 준다.
⑤거스러미 제거	라운드패드를 이용하여 손톱 밑의 거스러미 제거 ⇨ 거스러미 제거후에도 더스트 브러쉬를 사용하여 한번 더 정리해준다.
⑥큐티클 정리 및 유·수분 제거	항균비눗물이 담긴 핑거볼에 손을 담근다. ⇨ 퓨셔와 니퍼를 사용 큐티클을 잘라낸 후 유·수분기를 제거
⑦프라이머 바르기	자연네일 위에 프라이머를 바른다.
⑧아크릴 폼	고객의 손톱에 맞게 아크릴폼을 재단
⑨아크릴 볼	파우더를 이용하여 연장할 길이만큼 모형을 만든다.
⑩전체모형 만들기	연장한 길이 위에 파우더를 이용하여 전체모형을 만든다. 큐티클 라인은 얇게 도포, 하이포인트는 살려서 전체적으로 눌러주기와 쓸어내리기를 반복. 손톱모양의 길이를 만든다.
⑪핀칭 주기	굳기 전에 스트레스 포인트의 손상이 생기지 않게 사이드를 눌러 아크릴이 잘 말랐는지 확인후 폼지를 제거한 후 양쪽 엄지를 이용해 사이드 스트레스 포인트 부분에 핀칭을 준다.
⑫파일링하기	파일로 길이를 조절하고 아크릴 파일순서에 맞춰 스퀘어 모양의 손톱을 만든다.
⑬표면 정리하기	손톱표면을 매끈하게 정리한다. 샌딩 블록, 버퍼 사용
⑭광택내기	손톱표면에 광택을 내며 마무리한다(3-way 사용함).

(2) 프렌치 스컬프처

두 가지 색상으로 하는 아크릴릭 네일은 프리에지에는 화이트 파우더, 네일 바디에는 투명파우더 또는 핑크색 파우더를 사용하여 스마일라인을 만들면서 길이연장을 하는 방법.

모든 인조네일의 대명사로 기술종목 중 최고의 기술이다.

시술 순서

①시술자, 고객 　손 소독	항균소독제나 알코올 사용 ➪ 솜에 묻혀서 시술자의 양손을 소독 한 후 고객의 손을 소지부터 엄지순으로 손가락과 손바닥을 닦아낸다.
②폴리시 제거	리무버를 솜에 묻혀 네일 바디에 올려놓고 문질러 폴리시 제거해준다. ➪ 오렌지 우드스틱에 솜을 말아 리무버로 남아 있는 폴리시를 닦아준다.
③손톱 모양 잡기 　(쉐입 잡기)	스퀘어에서 라운드 또는 오벌 형태로 쉐입을 잡아준다. ➪ 반드시 중앙으로 향하게 한 방향으로 파일링해 준다.
④손톱 표면 정리	버퍼, 샌딩파일을 이용하여 네일 바디 표면을 정리해 준다.
⑤거스러미 제거	라운드패드를 이용하여 손톱 밑의 거스러미 제거 ➪ 거스러미 제거후에도 더스트 브러쉬를 사용하여 한번 더 정리해준다.
⑥큐티클정리 및 　유·수분제거	항균비눗물이 담긴 핑거볼에 손을 담근다. ➪ 퓨셔와 니퍼를 사용 큐티클을 잘라낸 후 유·수분기를 제거
⑦프라이머 바르기	자연네일 위에 프라이머를 바른다.
⑧아크릴폼 끼우기	고객의 손톱에 맞게 아크릴폼을 재단
⑨길이 연장하기	① 화이트 파우더를 이용하여 프리에지에 끝부분에서부터 손톱끝 라인을 보면서 스마일라인 형태로 모형을 만든다. 브러쉬 맨끝 (앞쪽) 부분을 이용하여 중앙에서 사이드쪽으로 밀어 올려줌. ② 작은 볼을 떠서 사이드부분에 올려 다시 쓸어내리면서 스마일 라인을 만듬. ③ 적은 양의 볼을 떠서 중앙에 놓고 다시 한번 ①번 작업을 스마일 라인을 정리한다. ④ 길이 연장할 부분을 화이트로 만든후 네일바디에는 핑크파우더를 올려 준다.
⑩전체모형 만들기	• 화이트 파우더와 클리어파우더(투명, 핑크)를 이용하여 전체모형을 만든다. • 큐티클 라인은 얇게 도포, 하이포인트는 살려서 전체적으로 오버레이한다.
⑪핀칭 주기	굳기 전에 스트레스 포인트의 손상이 생기지 않게 사이드를 눌러 C커브는 양쪽 검지 손가락을 이용하여 원 30~45%로 만든다.
⑫파일링하기	파일로 길이를 조절하고 전체형태를 만든다.
⑬표면 정리하기	손톱 표면을 매끈하게 정리한다.
⑭광택내기	손톱 표면에 광택을 내며 마무리한다.

5 젤네일 스컬프처: 젤을 이용하여 길이를 연장하는 방법

(1) 원톤 젤 스컬프처

인조 팁을 사용하지 않고, 투명하고 가벼운 긴 손톱을 원할 때 폼위에 라이트 큐어드젤을 할 수 있다.

시술 순서

①시술자, 고객 　손 소독	항균소독제나 알코올 사용 ⇨ 솜에 묻혀서 시술자의 양손을 소독 한 후 고객의 손을 소지부터 엄지순으로 손가락과 손바닥을 닦아낸다.
②폴리시 제거	리무버를 솜에 묻혀 네일 바디에 올려놓고 문질러 폴리시 제거해준다. ⇨ 오렌지 우드스틱에 솜을 말아 리무버로 남아 있는 폴리시를 닦아준다.
③손톱 모양 잡기 　(쉐입 잡기)	스퀘어에서 라운드 또는 오벌 형태로 쉐입을 잡아준다. ⇨ 반드시 중앙으로 향하게 한 방향으로 파일링해 준다.
④손톱 표면 정리	버퍼, 샌딩파일을 이용하여 네일 바디 표면을 정리해 준다.
⑤거스러미 제거	라운드패드를 이용하여 손톱 밑의 거스러미 제거 ⇨ 거스러미 제거후에도 더스트 브러쉬를 사용하여 한번 더 정리해준다.
⑥큐티클정리 및 　유·수분 제거	항균비눗물이 담긴 핑거볼에 손을 담근다. ⇨ 퓨셔와 니퍼를 사용 큐티클을 잘라낸 후 유·수분기를 제거
⑦폼 끼우기	고객의 손톱에 맞게 폼을 재단
⑧젤 본더 바르기	자연네일 위에 젤 본더를 바른다(1회).
⑨베이스젤 바르기	자연네일에 베이스젤을 얇게 바르고 30초간 큐어링(Led)
⑩클리어젤 바르기	프리에지 부분에 클리어젤을 올려주어 두께를 조형하고 길이를 연장한다. 30초간 큐어링 – 핀칭(1회)
⑪C커브 만들기	굳기 전에 스트레스 포인트의 손상이 생기지 않게 사이드를 눌러 C커브를 만든다.
⑫전체모형 만들기	연장한 길이 위에 클리어젤을 사용하여 전체모형을 만든다. 큐티클 라인은 얇게 도포, 하이포인트 살려서 오버레이한다. 30초간 큐어링 – 핀칭(2회)
⑬젤 클렌저로 　표면 닦기	젤 클렌저로 표면의 끈적임을 닦아내면서 폼지를 제거한다. – 핀칭(3회)
⑭파일링하기	파일로 길이를 조절하고 전체표면을 매끈하게 파일링한다.
⑮표면 정리하기	손톱 표면을 매끈하게 정리한다.
⑯탑젤 바르기	탑젤을 바르고 30초간 큐어링
⑰젤 클렌저로 　표면 닦기	젤 클렌저로 미경화젤을 닦아준다.

* LED기준시: 30초 큐어링 / UV 기준시: 1~2분 큐어링

(2) 프렌치 젤 스컬프처

화이트젤과 핑크젤을 이용하여 프렌치형태의 스마일라인을 만들면서 길이를 연장하는 방법

시술 순서

①시술자, 고객 손 소독	항균소독제나 알코올 사용 ⇨ 솜에 묻혀서 시술자의 양손을 소독 한 후 고객의 손을 소지부터 엄지순으로 손가락과 손바닥을 닦아낸다.	
②폴리시 제거	리무버를 솜에 묻혀 네일 바디에 올려놓고 문질러 폴리시 제거해준다. ⇨ 오렌지 우드스틱에 솜을 말아 리무버로 남아 있는 폴리시를 닦아준다.	
③손톱 모양 잡기 (쉐입 잡기)	스퀘어에서 라운드 또는 오벌 형태로 쉐입을 잡아준다. ⇨ 반드시 중앙으로 향하게 한 방향으로 파일링해 준다.	
④손톱 표면 정리	버퍼, 샌딩파일을 이용하여 네일 바디 표면을 정리해 준다.	
⑤거스러미 제거	라운드패드를 이용하여 손톱 밑의 거스러미 제거 ⇨ 거스러미 제거후에도 더스트 브러쉬를 사용하여 한번 더 정리해준다.	
⑥큐티클정리 및 유·수분 제거	항균비눗물이 담긴 핑거볼에 손을 담근다. ⇨ 퓨셔와 니퍼를 사용 큐티클을 잘라낸 후 유·수분기를 제거	
⑦폼 끼우기	고객의 손톱에 맞게 폼을 재단	
⑧젤 본더 바르기	자연네일 위에 젤 본더를 바른다.	
⑨베이스젤 바르기	자연네일에 베이스젤을 얇게 바르고 30초간 큐어링	
⑩핑크젤 1차 올리기	커버 핑크젤을 사용해서 큐티클에서 스마일 라인 부분까지 두께를 만들어 준다. 30초간 큐어링(LED 사용시)	
⑪핑크젤 2차 올리기	핑크젤 1차 부분 반복한다(두께감). 30초간 큐어링	
⑫화이트젤 1차 올리기	화이트젤을 이용하여 프리에지 부분에 길이를 연장하고 스마일라인을 만든다. 30초간 큐어링 – 핀칭(1회)	
⑬화이트젤 2차 올리기	1차 부분 반복한다(스마일 라인 작업). 30초간 큐어링 – 핀칭(2회)	
⑭클리어젤 올리기	클리어젤로 손톱 전체를 오버레이한다. 30초간 큐어링 – 핀칭(3회)	
⑮젤 클렌저로 닦기	젤 클렌저로 표면의 끈적임을 닦아내면서 폼지를 제거한다.	
⑯파일링하기	파일로 길이를 조절하고 전체 표면을 매끈하게 파일링한다.	
⑰표면 정리하기	손톱 표면을 매끈하게 정리한다.	
⑱탑젤 바르기	탑젤을 바르고 30초 큐어링	
⑲젤 클렌저로 표면 닦기	젤 클렌저로 미경화젤을 닦아준다.	

* LED기준시: 30초 큐어링 / UV 기준시: 1~2분 큐어링

6 인조네일의 보수와 제거

(1) 인조네일의 보수

- 인조네일과 자연네일 사이에 균이 번식하거나 습기로 인한 병이 생길 수 있다.
- 인조네일의 보수 기간은 재료에 따라 차이가 있지만 대략 10일~14일 정도가 지나면 보수를 받는 것이 좋다.
- 인조네일 보수 순서
  ① 손 소독하기 → 시술자와 고객의 손을 소독한다.
  ② 들뜬 부분 제거하기 → 파일이나 막니퍼로 들뜬 부분을 제거
  ③ 파일링하기 → 큐티클 부분에 들뜬 부분의 경계를 최대한 없애줌
  ④ 전체 표면 버핑하기 → 네일 바디의 표면을 전체적으로 버핑
  ⑤ 프라이머 바르기 → 큐티클 부분에서부터 새로 자라난 자연네일에 프라이머를 바른다.
  ⑥ 사용재료 올리기 → 사용한 재료를 이용하여 자연스럽게 연결하여 채운다.
  ⑦ 파일링하기 → 손톱 표면을 매끈하게 파일링한 후 버핑한다.
  ⑧ 광택내기 → 샌딩버퍼로 표면을 광택낸 후 마무리한다.
  ※ 버핑: 표면을 최대한 깨끗하게 연마해서 거울처럼 광택나게 만드는 작업

(2) 인조네일의 제거

- 인조네일의 제거에서는 안전한 완성물의 제거를 위하여 용매제인 아세톤, 전용리무버, 네일파일, 네일드릴 등을 사용할 수 있다.
- 인조네일 제거 시술순서
  ① 손 소독하기 → 시술자와 고객의 손을 소독한다.
  ② 인조네일 자르기 → 자연손톱을 제외한 프리에지 이후의 인조네일을 클리퍼로 자른다.
  ③ 큐티클오일 바르기 → 큐티클 주변에 오일을 발라 피부가 건조해 짐을 방지한다.

④ 솜 및 호일 얹기 → 퓨어아세톤을 묻힌 솜을 손톱에 얹고 호일로 감싼다.

⑤ 호일 벗기기 → 호일을 벗겨 인조네일이 녹았는지 확인한다. 다 벗겨
　　지지 않았다면 가볍게 재파일링 후 우드스틱으로 제거한다.

⑥ 파일링하기 → 240파일로 남아있는 잔재를 없애주며 손톱을 정리한다.

⑦ 표면 정리하기 → 손톱표면을 매끈하게 정리한다.

⑧ 테이블 정돈하기 → 위생관리를 위해 도구 및 테이블을 정리한다.

MEMO

출제
예상
문제 ▶▶▶

PART

I

네일 개론

01 네일미용의 역사

★
01 매니큐어는 라틴어의 마누스와 큐라의 합성어다. 이때 손을 지칭하는 라틴어는?

① 큐라　　　　② 마누스큐라
③ 매니큐어　　④ 마누스

> 라틴어의 마누스(Manus, 손)와 큐라(Cura, 관리)의 합성어

★
02 17세기 상류층 남녀들이 손톱을 길게 기르고 금, 대나무 부목 등으로 손톱을 보호한 나라는?

① 인도　　　　② 중국
③ 이집트　　　④ 로마

★
03 BC3000년경 상류층에서 헤나라는 붉은 오렌지색 염료로 손톱을 염색하기 시작한 나라는?

① 중국　　　　② 로마
③ 인도　　　　④ 이집트

★
04 17세기 상류층 여성들이 문신바늘을 이용해 조모(Nail Matrix)에 색소를 넣어 신분을 과시한 나라는?

① 로마　　　　② 이집트
③ 중국　　　　④ 인도

★
05 다음 중 고대이집트에서 네일의 색상을 표현하기 위해 사용된 추출물은?

① 고무나무 추출액
② 계란흰자위
③ 관목에서 추출한 헤나
④ 황토 빛의 흙

> 관목에서 추출한 헤나(Henna)로 손톱을 붉은 오렌지색으로 염색하였다.

06 군 지휘관이 전쟁터에 나가기 전에 주술적인 의미로 네일을 발랐던 시대는?

① 고대　　　　② 근세
③ 근대　　　　④ 중세

★
07 네일아트가 대중화되기 시작했으며, 아몬드 모양의 네일이 유행하던 시기는?

① 1600년대　　② 1800년대

● Answer ●
01.④　**02.**②　**03.**④　**04.**④　**05.**③　**06.**④　**07.**②

③ 1700년대   ④ 1900년대

> 1800년대 네일의 특징 :
> • 네일아트 대중화 / 아몬드형 네일이 유행
> • 붉은색 오일을 바른 후 샤미스를 이용해 색깔이나 광을 냄

★
08 조선시대 학자 홍석모가 저술한 내용에 젊은 각시와 어린들이 손톱에 봉선화 물을 들였다는 기록이 있는 문헌은?

① 동국세시기   ② 동유집
③ 부인필지   ④ 사씨남정기

★
09 근대 페디큐어가 최초로 등장한 해는?

① 1950년대   ② 1940년대
③ 1930년대   ④ 1960년대

> 1950년대에 네일 팁 사용자가 증가했으며, 페디큐어가 최초로 등장하였다.

★
10 근대적 페디큐어가 등장한 시기는?

① 1963년   ② 1957년
③ 1958년   ④ 1961년

> • ~년대 : 단위에서 단위로 넘어가기 전까지의 기간
> • ~~년 : 정확하게 몇 년도라고 단언적인 그 해를 지칭하는 단어

★
11 다음 중 미국식품의약국(FDA)이 메틸메타크릴릭레이트 등의 아크릴릭 화학제품 사용을 금지한 시기는?

① 1980년   ② 1975년
③ 1985년   ④ 1990년

★
12 다음 중 라이트 큐어드 젤 시스템이 도입된 시기는?

① 1999년   ② 2000년
③ 1994년   ④ 2002년

> 1994년 : 라이트 큐어드 젤 시스템이 등장
> 뉴욕주에 네일 테크니션 면허제도가 도입
> ※라이트 큐어드 젤 시스템 : 자외선이나 할로겐라이트 같은 특수한 빛에 의해 젤을 응고시킬 수 있는 시스템

★
13 다음 중 고려시대의 네일미용의 특징에 대한 설명으로 옳은 것은?

① 여성들이 봉선화과의 한해살이풀인 지갑화를 물들이기 시작했다.
② 남성들이 손톱에 지갑화를 물들이기 시작했다.
③ 상류층 여성들이 문신바늘을 이용해 조모에 색소를 넣어 신분을 표시했다.
④ 상류층 남녀들은 손톱을 길게 길렀다.

> ② 고려시대에는 남성이 아니고 여성임
> ③ 17세기 인도 ④ 17세기 중국

● Answer ●
08.①   09.①   10.②   11.②   12.③   13.①

★
14 다음 중 인조네일이 개발된 시기는?

① 1945년　　　② 1940년

③ 1938년　　　④ 1935년

> 1935년 : 인조네일이 개발

★
15 다음 중 실크와 린넨을 이용하여 약한 손톱을 보강하기 시작한 시기는?

① 1957년　　　② 1958년

③ 1959년　　　④ 1960년

> 1960년에는 실크와 린넨을 이용하여 약한 손톱을 강하게 보강하기 시작하였다.

16 다음 중 네일미용에서 실크와 린넨을 이용한 래핑을 사용한 시기는?

① 1930년　　　② 1950년

③ 1960년　　　④ 1940년

17 다음 중 네일미용에 네일 팁과 아크릴릭 네일이 본격적으로 사용된 시기는?

① 1960년　　　② 1980년

③ 1990년　　　④ 1970년

> 1970년 : 네일 팁과 아크릴릭 네일이 본격적으로 사용되었다.

★
18 1950년대 미용학교에서 네일 케어를 처음으로 가르치기 시작한 인물은?

① 닥터 코르니　　② 타미 테일러

③ 노린 레호　　　④ 헬렌 걸리

★
19 다음 중 미국식품의약국(FDA)이 사용금지한 아크릴릭의 화학제품의 이름은?

① 이소프로필 알코올(Isopropyl alcohol)

② 에틸메타크릴레이트(Ethyl Methacrylate)

③ 메틸메타크릴레이트(Methyl Methacrylate)

④ 메타크릴아미드(Methacrylamide)

> 아크릴릭 리퀴드의 모노머로 알려진 MMA(메틸 메타크릴레이트)이다.

★
20 발 전문의사인 시트에 의해 착안되고, 사용된 네일 도구는 무엇인가?

① 오렌지 우드스틱

② 푸셔

③ 금속 파일

④ 에나멜

> 시트가 치과에서 사용하던 기구와 도구에서 착안한 것은 오렌지 우드스틱이다.

● Answer ●
14.④　15.④　16.③　17.④　18.④　19.③　20.①

02 네일미용 개론

★
01 다음 중 네일미용 작업시의 안전관리에 대한 설명으로 잘못된 것은?

① 시술 전후 항상 알코올로 손을 소독하여 청결을 유지할 것
② 시술 도중 화학물질이 피부에 노출되지 않도록 주의할 것
③ 작업중에는 절대 마스크를 착용하지 말 것
④ 접촉성 감염질환 및 호흡기 감염질환에 유의할 것

> 호흡기 감염질환이 유행할 경우 마스크를 착용하고 작업하도록 하고, 일상 작업시에도 마스크 착용을 생활화한다.

★
02 다음 중 화학물질 취급시의 안전관리에 대한 설명으로 잘못된 것은?

① 샵 내의 공기를 자주 환기시켜 냄새가 잘 빠질 수 있도록 한다.
② 재료의 마개는 반드시 닫아 두어야 한다.
③ 네일 미용에 사용하는 화학물질은 피부에 묻어도 상관없다.
④ 솔벤트, 프라이머 등에서 나오는 기체를 흡입하지 않도록 주의한다.

★
03 다음 중 화학물질에 과다노출시 나타나는 증상이 아닌 것은?

① 가벼운 두통 증상이 나타난다.
② 배가 자주 아프다.
③ 눈이 충혈되고 눈물이 난다.
④ 목이 마르고 아프다.

> 배가 자주 아픈 증상은 내장질환이나 과민성대장 증후군 증상에서 자주 볼 수 있다.

04 다음 중 일반안전관리 사항으로 틀린 것은?

① 제품에 대한 소독과 안전관리를 철저히 한다.
② 소화기 배치, 소방서, 경찰서 등의 비상 연락망을 붙여 놓는다.
③ 고객의 소지품 관리를 안전하게 한다.
④ 자주 사용하지 않는 제품은 보관만 한다.

★
05 다음 중 MSDS의 제품안전정보 지침서 내용이 아닌 것은?

① 제품이 인체에 어떤 경로로 침투하는지에 대해 표시
② 물리적 또는 화학적 위험물질의 표시는 예외 없이 표시

● Answer ●
01.③ **02.**③ **03.**② **04.**④ **05.**②

③ 과다노출의 방지를 위해 허용치에 대해 표시

④ 제품으로 인한 건강 악화의 가능성에 대해 표시

★
06 다음 중 재료의 위험성과 취급방법 및 응급처치에 관한 제품안전정보 지침서는?

① HCS   ② MSDS

③ EPA   ④ OOSS

MSDS(Material Safety Data Sheet) : 제품안전정보 지침서

07 다음 중 네일 살롱 내의 전기안전관리 설명으로 틀린 것은?

① 전기 기기에 대한 주의사항을 정확히 숙지해야 한다.

② 감전의 우려가 있으므로 물 묻은 손으로 전기 기구를 잡지 말아야 한다.

③ 전기 합선에 의한 사고가 발생하지 않도록 틈만 나면 바꿔준다.

④ 정기점검 및 안전수칙을 반드시 이행한다.

전기합선에 의한 사고가 발생하지 않도록 잘 관리하도록 한다. 틈만 나면 바꿔주는 것은 옳지 않다.

08 다음 중 위생안전관리 설명으로 틀린 것은?

① 고객으로부터 전염되는 질환에 유의한

다(작업자도 동일).

② 고객이 사용한 타월을 통한 안구감염에 주의한다.

③ 페디케어시 소독을 대충해도 괜찮다.

④ 네일 시술시 기구, 도구, 샵 내부의 위생관리를 철저히 한다.

09 다음 중 네일미용인의 자세로 올바르지 않은 것은?

① 고객의 손과 발을 아름답게 가꾸기 위해 최상의 서비스를 제공한다.

② 최신 트렌드나 재료에 대한 정보를 항상 습득하도록 한다.

③ 고객의 요구사항이 많을 때는 대충 알아서 서비스를 해준다.

④ 항상 새로운 트렌드를 연구하고 고객이 싫증내지 않도록 한다.

10 다음 중 올바른 미용인으로서 전문가적인 태도를 바르게 설명한 것이 아닌 것은?

① 모든 고객에게 친절한 서비스를 제공한다.

② 손님과 대화를 할 때는 고객의 의견을 존중한다.

③ 고객과의 시간 약속을 정확히 지켜 신뢰감을 주도록 한다.

④ 고객과 대화중 다른 고객과 개인적인 이야기를 나누어도 괜찮다.

Answer
06.②   07.③   08.③   09.③   10.④

★
11 다음 중 새로운 세포가 만들어져 손톱의 성장이 시작되는 곳은?

① 조체(Nail Body)

② 조근(Nail Root)

③ 자유연(Free Edge)

④ 조상(Nail Bed)

> 손톱 자체 : 조근, 조체, 자유연

★
12 다음 중 세포분열을 통해 새롭게 손톱, 발톱을 생산해 내는 곳으로 각질세포의 생산과 성장을 조절하기도 하는 곳은?

① 조체   ② 조모

③ 조소피   ④ 조하막

> 조모는 네일 루트(조근) 밑에 위치하여 각질세포의 생산과 성장을 조절한다.

★
13 손톱 자체로만 연결되어 있는 것은?

① 조체 - 조근 - 자유연

② 조상 - 조모 - 반월

③ 조체 - 조상 - 자유연

④ 조체 - 자유연 - 프리에지

> • 손톱 자체 : 조근, 조체, 자유연
> • 손톱 밑 : 조상, 조모, 반월

★
14 손톱 밑의 구조로만 연결되어 있는 것은?

① 조상 - 반월 - 조구 ② 조근 - 조상 - 조모

③ 조상 - 조모 - 반월 ④ 조체 - 자유연 - 조근

> • 손톱 밑 : 조상, 조모, 반월
> • 조상 : 네일 밑에 위치하여 네일 바디를 받치고 있다.
> • 조모 : 네일 루트 밑에 위치
> • 반월 : 완전히 케라틴화되지 않은 네일. 반달모양

★
15 네일 바디를 받치고 있는 밑부분으로 네일의 신진대사와 수분을 공급하는 부위는?

① 조상(Nail Bed)

② 조체(Nail Body)

③ 자유연(Free Edge)

④ 조근(Nail Root)

16 다음 중 손톱 주위를 덮고 있는 부분으로 각질 세포의 생산 및 성장 조절에 관여하는 곳은?

① 큐티클   ② 네일 폴드

③ 네일 그루브   ④ 네일 웰

17 다음 중 조소피의 다른 명칭은?

① 큐티클   ② 네일 폴드

③ 네일 웰   ④ 에포니키움

18 네일의 베이스에 있는 피부의 가는 선으로 루눌라의 일부를 덮고 있는 부분의 명칭은?

● Answer ●
11.②   **12.**②   **13.**①   **14.**③   **15.**①   **16.**①   **17.**①   **18.**③

① 하이포니키움　② 페리오니키움

③ 에포니키움　④ 네일 그루브

19 다음 중 네일 그루브의 다른 명칭은?

① 조소피　② 조구

③ 조벽　④ 조주름

> 조구(네일 그루브) : 네일 베드(조상)의 양쪽 측면 패인 곳을 말한다.

20 다음 중 명칭이 다르게 짝지어진 것은?

① 조주름 : 네일 플레이트

② 조구 : 네일 그루브

③ 상조피 : 에포니키움

④ 하조피 : 하이포니키움

21 다음 중 손톱의 특성으로 옳지 않는 것은?

① 피부의 부속기관이며 케라틴이라는 단백질로 구성되어 있다.

② 손톱은 아미노산과 시스테인이 많이 포함되어 있다.

③ 손톱은 수분을 30% 함유하고 있다.

④ 네일 베드는 혈관으로부터 산소를 공급받는다.

> 손톱의 수분함량은 12~18%이다.

★
22 손톱은 하루에 평균 몇 mm 자라는가?

① 약 0.1mm　② 약 0.2mm

③ 약 0.3mm　④ 약 0.01mm

> 손톱은 하루에 0.1mm 정도 자란다.

23 다음 중 손톱의 주요 구성성분에 해당되는 것은?

① 콜라겐　② 시스틴

③ 케라틴　④ 멜라닌

> 손톱은 케라틴이라는 섬유단백질로 구성되어 있다.

★
24 손톱은 하루에 0.1mm씩 성장하는데, 완전히 자라서 대체되는 기간은 얼마인가?

① 3~4개월　② 9~10개월

③ 7~8개월　④ 5~6개월

> 손톱은 하루에 0.1~0.15mm씩 성장하며, 5~6개월이 지나면 완전히 대체된다.

★
25 다음 중 건강한 손톱 상태의 조건으로 적합하지 않은 것은?

① 네일 베드에 강하게 부착되어 있어야 한다.

② 단단하고 탄력이 있어야 한다.

③ 매끄럽게 윤기가 흐르고 푸른빛을 띠어야 한다.

④ 수분과 유분이 이상적으로 유지되어야 한다.

> 분홍빛을 띤 손톱이 건강한 손톱이라 할 수 있다.

● Answer ●

19.②　20.①　21.③　22.①　23.③　24.④　25.③

26 네일 형태 중 대회용으로도 많이 쓰이며 손을 많이 쓰는 사람들이 선호하는 형태로 네일의 양 측면이 직각인 형태는?

① 스퀘어형　　　② 라운드스퀘어형
③ 라운드형　　　④ 오벌형

27 손톱 상태에 따른 의심질환이 맞게 짝지어진 것은?

① 노란색 손톱 : 황달, 만성 폐질환
② 푸른색 손톱 : 혈액순환이상, 스트레스
③ 녹색 손톱 : 균에 의한 감염
④ 가로줄무늬 : 영양실조, 상처난 손톱

> 가로줄무늬 : 과로, 영양실조, 급성 감염병 등

28 다음 중 손톱과 발톱의 설명으로 틀린 것은?

① 정상적인 손톱, 발톱의 교체는 대략 6개월 가량 걸린다.
② 개인에 따라 성장속도의 차이가 있지만 매일 2mm가량 성장한다.
③ 손끝과 발끝을 보호한다.
④ 물건을 잡을 때 받침대 역할을 한다.

> 손톱은 매일 0.1~0.15mm 정도씩 성장하며, 손톱이 완전히 자라서 대체되는 기간은 5~6개월이다.

★
29 다음 중 손톱의 성장 속도가 가장 빠른 손가락은 어느 것인가?

① 엄지손가락　　　② 중지손가락
③ 검지손가락　　　④ 소지손가락

★
30 손톱의 넓이가 좁은 사람에게 어울리는 형태로 끝이 뾰족하여 잘 부러지고 프리에지가 길어야 만들 수 있는 형태는?

① 스퀘어형　　　② 라운드스퀘어형
③ 포인트형　　　④ 라운드형

> 포인트형 : 10° 각도로 파일링하고 양측면의 사선이 대칭되게 해서 모양을 만든다.

31 다음 중 네일숍에서 시술이 불가능한 질환을 모두 고르시오.

㉠조갑위축증	㉡조갑탈락증
㉢교조증	㉣조연화증
㉤조갑박리증	

① ㉠,㉡　　　② ㉠,㉣
③ ㉡,㉤　　　④ ㉢,㉤

> • 조갑탈락증 : 네일 일부 또는 전체가 손가락에서 주기적으로 떨어져 나가는 증상
> • 조갑박리증 : 손톱과 네일 베드 사이에 틈이 생겨 점점 벌어지는 증상(병원에서 치료를 받아야 함)

32 다음 중 인그로운(Ingrown) 네일로 잘 알려져 있으며 네일이 양쪽 살을 파고드는 현상은?

① 오니코마이시스　② 오니코렉시스
③ 오니코톱시스　　④ 오니코크립토시스

● **Answer** ●
26.① 27.④ 28.② 29.② 30.③ 31.③ 32.④

★
33 다음 중 손톱의 과잉성장으로 두껍게 비정상적으로 자라는 증상은?

① 오니코렉시스　② 오니코파지
③ 오니콕시스　④ 오니코아트로피아

★
34 다음 중 큐티클의 과잉성장으로 네일판을 덮는 증상은?

① 표피조막증　② 조내성증
③ 조갑비대증　④ 조갑종렬증

- 조내성증 : 네일이 조구로 파고 들어가는 것
- 조갑비대증 : 네일의 과다성장으로 인해 지나치게 두꺼워지는 것
- 조갑종렬증 : 손톱이 세로로 갈라지고 찢어지는 것

★
35 다음 중 네일숍에서 시술이 불가능한 질환을 모두 고르시오.

㉠조갑구만증	㉡거스러미 네일
㉢조갑청맥증	㉣주름 잡힌 네일
㉤조갑진균증	㉥조갑박리증

① ㉠, ㉡, ㉥　② ㉠, ㉤, ㉥
③ ㉢, ㉤, ㉥　④ ㉠, ㉡, ㉤

★
36 다음 중 에그셸 네일의 설명으로 틀린 것은?

① 다이어트로 인해 생길 수 있다.
② 부드럽고 가늘고 하얗게 되어 있다.
③ 네일 끝이 계란처럼 둥글게 되어 있다.
④ 신경계통 이상으로 생길 수 있다.

★
37 다음 중 심한 염증 상태로 손톱 주위에 붉은 살이 자라나는 현상은?

① 오니키아
② 오니코그리포시스
③ 파로니키아
④ 파이로제닉 그래뉴로마

① 오니키아(조갑염) : 손톱에 염증. 기저 부분이 붓고 고름이 생김
② 오니코그리포시스(조갑구만증)
③ 파로니키아(조갑주위증)
④ 파아로제닉 그래뉴로마(화농성 육아종)

★
38 손톱 표면에 밤색, 검은색으로 멜라닌색소의 침착현상이 생기는 현상은?

① 테리지움　② 오니코파지
③ 오니콕시스　④ 니버스

니버스(모반점) : 손톱 표면에 밤색 또는 검은색으로 멜라닌 색소의 침착현상이 생긴다.

★
39 다음 중 문제성 네일로 네일서비스가 가능한 손톱 상태는?

① 오니키아　② 오니코리시스
③ 오니코포시스　④ 오니코파지

오니코파지는 손톱을 습관적으로 물어뜯어서 생기는 이상증세이며 시술로 개선될 수 있다.

● Answer ●
33.③ **34.**① **35.**② **36.**③ **37.**④ **38.**④ **39.**④

★
40 다음 중 자연네일 자체에 생기는 진균염 현상은?

① 펑거스   ② 조갑주위증
③ 조갑구만증   ④ 조갑진균증

> 펑거스(진균) : 큐티클 쪽으로 퍼져나가며 검은색 또는 어두운 색으로 변한다.
> 자연네일 자체에 생기는 진균염이다.

★
41 다음 중 네일 기구에 대한 설명으로 옳지 않은 것은?

① 테이블은 화학성분이 있는 제품에도 부식이 없는 재질을 선택한다.
② 오렌지 우드스틱은 일회용으로 사용한다.
③ 솜 용기는 반드시 뚜껑이 있는 것으로 선택한다.
④ 큐티클 푸셔는 날카로워야 한다.

42 다음 중 작업 테이블과 기구들을 소독하는 주재료는?

① 에탄올   ② 메탄올
③ 페놀   ④ 벤젠

> 기구 소독제는 알코올 70%가 사용된다.

★
43 큐티클을 밀어주는 매니큐어 기구는?

① 큐티클 시저스   ② 큐티클 푸셔
③ 큐티클 리무버   ④ 큐티클 니퍼

44 다음 중 네일 기기류에 해당하지 않는 것은?

① 네일 드라이기   ② 글루 드라이어
③ 습식 소독기   ④ 재료 받침대

> 글루 드라이어는 인조네일 시술시 사용되는 글루를 빠르게 건조시키는 제품이다.

★
45 아세톤이나 알코올 등을 담아 펌프식으로 사용할 수 있는 기구의 명칭은?

① 디펜디쉬   ② 디스펜서
③ 컨디셔너   ④ 프라이머

> 디스펜서 : 아세톤, 폴리시 리무버, 알코올을 담는 용기
> 디펜디쉬 : 아크릴릭 용액(리퀴드)을 담는 용기
> 프라이머 : 인조네일 연장시, 자연네일 바디에 사용

★
46 베이스코트의 주성분으로 알맞은 것은?

① 산화연
② 쿼츠
③ 이소프로필알코올
④ 아세톤

> 베이스코트 성분 : 에틸아세테이트, 이소프로필알코올, 부틸아세테이트, 니트로셀룰로오스, 송진, 포름알데히드 등

★
47 다음 중 베이스코트를 바르는 목적에 대한 설명으로 바르지 못한 것은?

① 자연네일의 변색을 방지하기 위해

② 자연네일의 오염 및 착색 방지

③ 유색컬러를 밀착시키기 위해

④ 에나멜의 지속성을 위해

★

48 다음 중 탑코트에 대한 설명으로 맞지 않는 것은?

① 에나멜의 광택을 높여준다.

② 손톱의 변색을 막아준다.

③ 에나멜의 지속성을 유지시켜준다.

④ 니트로셀룰로오스의 함유량이 가장 많은 제품이다.

49 다음 중 큐티클오일의 설명으로 옳은 것은?

① 큐티클을 튼튼하게 해준다.

② 큐티클 전용으로 나온 것이므로 다른 목적으로 사용하면 안 된다.

③ 호호바오일, 베아오일, 비타민 E 성분이 들어 있다.

④ 손톱의 변색과 오염을 막아준다.

50 다음 중 피부의 진정, 살균, 보습, 모공수축을 도와주는 네일 재료의 명칭은?

① 베이스코트   ② 안티셉틱

③ 오일   ④ 시너(띠너)

> 안티셉틱은 피부소독제로 시술 전 시술자와 고객의 손을 소독하는 데 사용하며, 기구소독제로는 사용하지 않음(알코올 70%를 사용)

51 에나멜이 굳었을 때 희석해서 사용하는 네일 제품은?

① 퓨어아세톤   ② 시너(띠너)

③ 폴리시 리무버   ④ 큐티클오일

52 철제도구를 소독하데 필요한 최소 시간은?

① 5분   ② 10분

③ 20분   ④ 25분

53 다음 네일 제품 중 일회용 도구로 사용되지 않는 것은?

① 오렌지 우드스틱   ② 면도날

③ 니퍼   ④ 에머리보드

54 다음은 파일(File)에 대한 설명이다. 잘못 설명한 것은?

① 소독이 가능한 파일도 있다.

② 손톱의 길이와 모양을 조절한다.

③ 그릿 수가 높을수록 거칠고, 낮을수록 부드럽다.

④ 파일의 단위는 그릿이다.

55 과산화수소와 레몬산이 주성분이며, 자연손톱이 누렇게 변하였을 경우 사용되는 제품은 어느 것인가?

① 프라이머   ② 시너

③ 네일 보강제   ④ 네일 표백제

● Answer ●

48.② 49.③ 50.② 51.② 52.③ 53.③ 54.③ 55.④

네일 표백제 : 손톱이 누렇게 변했을 경우 희게 표백시키는 용도(이때 오렌지 우드스틱에 솜을 말아 네일 주변 피부에 닿지 않게 손톱 표면에만 바른다)

56 고객서비스 기록 카드에 기재하지 않아도 되는 사항은?

① 손톱의 상태와 좋아하는 색상
② 은행계좌와 고객의 월수입
③ 예약하기 좋은 날짜와 피부타입
④ 기본 인적사항

57 다음 중 고객카드 작성을 위한 검토사항으로 적합하지 않은 것은?

① 고객의 피부와 손톱의 건강여부를 확인한다.
② 고객의 알레르기 여부를 확인한다.
③ 고객이 원하는 서비스를 확인한다.
④ 고객의 생활습관은 확인하지 않는다.

생활습관에서 오는 질병과 문제점을 알아야 건강한 손톱, 발톱 관리를 할 수 있다.

★
58 다음 중 고객서비스 시술후 처리사항으로 틀린 것은?

① 다음 방문에 따른 예약
② 시술 후 테이블은 즉시 소독
③ 사용기구 즉시 소독해서 보관
④ 소모품은 재사용하도록 소독해서 보관

소모품은 재사용이 불가하므로 밀봉해서 버려야 한다.

03 해부생리학

01 인체의 구성요소 중 기능적, 구조적 최소단위는?

① 조직　　　　② 세포
③ 기관　　　　④ 계통

02 다음 중 세포의 조직을 형성하며 수분, 영양, 산소를 흡수하여 에너지를 생산하는 과정을 무엇이라 하는가?

① 분열작용　　② 이화작용
③ 화학작용　　④ 동화작용

> 동화작용 : 세포조직을 형성하며 수분, 영양, 산소를 흡수하여 에너지를 생산하는 과정
> 이화작용 : 세포조직을 분해하며 근육 수축이나 분비 또는 열을 발생하여 에너지를 소모하는 과정

03 다음 중 세포를 재생하는 데 가장 중요한 역할을 하는 것은?

① 핵　　　　　② 세포질
③ 세포막　　　④ 리소좀

> 핵 : DNA를 포함하고 있으며, 세포의 신진대사 조절, 성장과 분열에 중요한 역할을 한다.

04 세포막의 기능을 설명한 것 중 틀린 것은?

① 세포의 경계를 형성한다.
② 물질의 확산에 의해 통과시킬 수 있다.
③ 물질의 이동방법으로 수동적 이동과 능동적 이동 방법이 있다.
④ 단백질을 합성하는 장소다.

05 다음 중 세포막을 통한 물질의 이동방법이 아닌 것은?

① 삼투　　　　② 수축
③ 여과　　　　④ 확산

> 물질 이동 방법
> 수동적 이동 : 여과, 확산, 삼투
> 능동적 이동 : 능동적 운반, 음세포작용, 식세포작용, 토세포작용

06 섭취된 음식물 중 영양물질을 산화시켜 인체에 필요한 에너지를 생성해내는 세포 소기관은?

① 리보솜　　　② 미토콘드리아
③ 리소좀　　　④ 골지체

● Answer ●
01.② 02.④ 03.① 04.④ 05.② 06.②

07 세포의 기본구조가 아닌 것은?

① 핵 　　　　　② 세포질
③ 세포막 　　　④ 중심체

08 아래 내용에 해당하는 세포질 내부의 구조물은?

- 세포 내의 호흡생리에 관여
- 이화작용과 동화작용에 의한 에너지 생산
- 이중막에 싸인 계란형(타원형)의 모양

① 미토콘드리아 　② 리보솜
③ 리소좀 　　　　④ 중심체

09 먼저 핵이 분열하고 세포질이 갈라지는 현상을 무엇이라 하는가?

① 세포분열 　　② 감수분열
③ 무사분열 　　④ 유사분열

유사분열 : 먼저 핵이 분열하고 세포질이 갈라지는 현상
무사분열 : 핵과 세포질이 구별 없이 한 덩이로 갈라지는 현상
세포분열 : 세포가 일정한 크기에 도달하면 분열하여 그 수가 증가하는 현상

10 다음 중 세포 내 소화기관으로 노폐물과 이물질을 처리하는 역할을 하는 기관은?

① 리보솜 　　　② 리소좀
③ 미토콘드리아 　④ 골지체

11 다음 중 인체의 기본 4대 조직이 아닌 것은?

① 상피조직 　　② 신경조직
③ 결합조직 　　④ 피부조직

인체의 기본 4대 조직 : 상피조직, 결합조직, 근육조직, 신경조직

12 다음 중 신경조직에 해당되지 않는 것은?

① 핵 　　　　　② 세포체
③ 축삭돌기 　　④ 피부

신경조직은 신경원이라는 구성단위를 갖는데 신경원은 핵, 세포체, 수상돌기, 축삭돌기로 구성된다.

13 다음 중 연골에 해당하는 기본조직은 무엇인가?

① 결합조직 　　② 신경조직
③ 상피조직 　　④ 근육조직

14 다음 중 근육조직에 해당되지 않는 것은?

① 골격근 　　　② 내장근
③ 심장근 　　　④ 수근골

15 다음 중 상피조직에 대한 설명으로 옳지 않은 것은?

① 신체의 외부표면에 있다.
② 내부의 표면을 감싸고 있는 형태의 조직이다.

③ 보호기능, 흡수기능, 분비기능이 있다.

④ 통합과 조절기능을 한다.

★
16 다음 중 형태에 따른 뼈의 분류에서 편평골에 해당하지 않는 것은?

① 견갑골   ② 두개골

③ 전두골   ④ 늑골

전두골은 함기골에 해당한다.

★
17 다음 중 뼈의 기본구조가 아닌 것은?

① 골막   ② 골외막

③ 골내막   ④ 심막

뼈는 골막, 골, 조직, 골수강, 골단으로 구성되어 있다.

18 다음 중 골격계에 대한 설명으로 옳지 않은 것은?

① 인체의 골격은 약 206개의 뼈로 구성된다.

② 체중의 약 20%를 차지하며 골, 연골, 관절 및 인대를 총칭한다.

③ 기관을 둘러싸고 내부 장기를 외부의 충격으로부터 보호한다.

④ 골격에서는 혈액세포를 생성하지 않는다.

골격은 조혈기능이 있어 골수에서 혈액을 생성한다.

★
19 인체의 골격은 약 몇 개의 뼈(골)로 이루어지는가?

① 약 206개   ② 약 216개

③ 약 265개   ④ 약 365개

20 다음은 뼈의 형태에 따른 분류와 그 예를 연결한 것이다. 바르게 연결된 것은?

① 장골 – 수근골   ② 불규칙골 – 상악골

③ 편평골 – 견갑골   ④ 단골 – 대퇴골

요골은 장골, 척추골은 불규칙골, 족근골은 단골에 해당된다.

21 다음 중 골격계의 기능이 아닌 것은?

① 보호기능   ② 열생산기능

③ 지지기능   ④ 저장기능

22 다음 중 형태에 따른 뼈의 분류에서 단골에 해당하는 것은?

① 늑골   ② 상완골

③ 수근골   ④ 견갑골

늑골, 견갑골 : 편평골에 속함
상완골 : 장골에 해당

23 치밀골 내부의 골수로 차 있는 공간을 무엇이라 하는가?

① 골막   ② 골수

③ 골수강   ④ 치밀

Answer
16.③   17.④   18.④   19.①   20.③   21.②   22.③   23.③

★
24 다음 중 골과 골 사이의 충격을 흡수하는 결합 조직을 무엇이라 하는가?

① 연골　　　　② 골단
③ 해면골　　　④ 골막

> 연골은 연골세포와 연골기질로 구성된 조직으로 골과 골 사이에서 완충작용을 하며 에너지를 흡수한다.

25 다음 중 척추에 대한 설명으로 틀린 것은?

① 머리와 몸통을 움직일 수 있게 한다.
② 성인 척추를 옆에서 보면 4개의 만곡이 존재한다.
③ 척수를 뼈로 감싸면서 보호한다.
④ 경추 5개, 흉추 11개, 요추 13개, 천추 2개, 미추 3개로 구성되어 있다.

> 경추 7개 / 흉추 12개 / 요추 5개 / 천추 1개 / 미추 1개

26 다음 중 손뼈에 대한 설명으로 틀린 것은?

① 손목을 구성하는 8개의 짧은 뼈가 있다.
② 수근골의 근위부에는 주상골, 월상골, 삼각골, 두상골이 있다.
③ 총 54개의 뼈로 구성되어 있다.
④ 손목을 구성하는 5개의 뼈가 있다.

★
27 다음 중 발바닥 안쪽의 아치모양의 뼈를 무엇이라 하는가?

① 족궁　　　　② 족근골

③ 중족골　　　④ 족지골

28 다음 손의 뼈 중에서 수근골에 해당하지 않는 것은?

① 주상골　　　② 중수골
③ 월상골　　　④ 두상골

> 수근골(손목뼈)
> .근위부 : 주상골(손배뼈), 월상골(반달뼈), 삼각골(세모뼈), 두상골(콩알뼈)
> .원위부 : 대능형골(큰마름뼈), 소능형골(작은마름뼈), 유두골(알머리뼈), 유구골(갈고리뼈)

★
29 족지골은 총 몇 개의 뼈로 구성되어 있는가?

① 8개　　　　② 10개
③ 14개　　　④ 12개

> 엄지는 2개, 나머지 발가락은 3개씩 총 14개로 구성되어 있다.

30 제1~제5 중족골 중 가장 긴 것은?

① 제1중족골　　② 제3중족골
③ 제4중족골　　④ 제2중족골

31 다음 중 근위족근골에 해당하는 것은?

① 입방골　　　② 족지골
③ 설상골　　　④ 주상골

> 근위족근골 : 거골, 종골, 주상골

● Answer ●
24.① 25.④ 26.④ 27.① 28.② 29.③ 30.④ 31.④

32 다음 중 족근골에 대한 설명으로 틀린 것은?

① 몸의 무게를 지탱한다.

② 발뒤꿈치 뼈는 발목뼈의 일부다.

③ 일곱 개로 되어 있다.

④ 종아리에 있는 2개의 뼈 중 안쪽의 큰 뼈다.

> ④는 경골에 대한 설명이다.

33 다음 중 상완골에 대한 설명으로 틀린 것은?

① 위로는 견갑골이 있다.

② 팔의 윗부분에 있다.

③ 팔의 뼈 중에서 가장 작은 뼈다.

④ 척골과 요골에 연결되어 있다.

★
34 인대에 대한 설명으로 틀린 것?

① 인대는 힘줄을 연결해준다.

② 골막에 부착되어 있다.

③ 골막과 건은 따로 활동한다.

④ 뼈를 지탱하는 역할을 한다.

35 다음 중 근위족근골로 맞게 짝지어진 것은?

㉠거골	㉡입방골
㉢설상골	㉣주상골

① ㉠, ㉡   ② ㉡, ㉣

③ ㉢, ㉣   ④ ㉠, ㉣

> **족근골**
> • 근위족근골 : 거골, 중골, 주상골
> • 원위족근골 : 제1, 제2, 제3설상골, 입방골

36 다음 중 엄지손가락을 굴곡시키는 긴 근육은?

① 장무지굴근   ② 심지굴근

③ 단무지굴근   ④ 천지굴근

> • 단무지굴근 : 엄지를 굴곡시키는 짧은 근육
> • 심지굴근 : 손가락 2~5를 굴곡시키는 심층 근육
> • 천지굴근 : 손가락 2~5를 굴곡시키는 표층 근육

37 다음 손의 근육 중 중수근에 해당하지 않는 것은?

① 배측골간근   ② 충양근

③ 장측골간근   ④ 시지신근

> 중수근의 종류 및 작용 :
> • 배측골간근(손가락의 외전 및 굴곡)
> • 장측골간근(손가락의 내전 및 굴곡)
> • 충양근 (손가락의 굴곡)

38 다음 중 손목을 굽히고 내외향에 작용하며 손가락을 구부리게 하는 근육은?

① 회내근   ② 굴근

③ 회의근   ④ 신근

- 회내근 : 손을 안쪽으로 돌려 손등이 위로 향하게 하는 근육
- 회외근 : 손을 바깥쪽으로 돌려 손바닥이 위로 향하게 하는 근육
- 굴근 : 손목을 굽히고 내외향에 작용하며 손가락을 구부리게 하는 근육
- 신근 : 손목과 손가락을 벌리거나 펴게 하여 내외측 회전과 내외향에 작용하는 근육

39 다음 중 손가락을 나란히 붙이거나 모을 수 있게 하는 근육은?

① 외전근　　② 대립근
③ 내전근　　④ 굴근

- 외전근 : 손가락 사이를 벌어지게 하는 근육
- 대립근 : 물건을 잡을 때 사용하는 근육

40 단무지외전근과 첫번째 중수골 사이 부분으로 물건을 집어올릴 때 사용하는 근육은?

① 단무지굴근　　② 천지굴근
③ 무지대립근　　④ 무지내전근

41 새끼발가락의 굴곡에 관여하는 근육은?

① 단무지굴근　　② 장소지굴근
③ 장무지굴근　　④ 무지외전근

새끼발가락의 굴곡에 관여하는 근육으로는 장소지굴근과 단소지굴근이 있다.

42 다음 중 무지굴근에 속하지 않는 근육은?

① 단무지외전근　　② 단소지굴근
③ 무지내전근　　④ 장무지굴근

- 무지굴근 : 단무지외전근, 장무지굴근, 무지대립근, 무지내전근

43 다음 중 기능에 따라 발의 근육을 분류했을 때 중수근에 해당하지 않는 것은?

① 배측골간근　　② 장지굴근
③ 충양근　　④ 척측골간근

44 다음 중 신경계의 기본 단위는?

① 혈액　　② 미토콘드리아
③ 뉴런　　④ DNA

신경계의 기본 단위인 신경세포는 뉴런이다.

45 다음 중 혈액의 성분이 아닌 것은?

① 혈장　　② 혈류
③ 혈소판　　④ 백혈구

46 다음 중 혈액의 성분에 대한 설명으로 틀린 것은?

① 혈장은 혈액의 45%를 차지한다.
② 성분의 90%가 수분이다.
③ 10%의 단백질을 함유하고 있다.

Answer
39.③　40.③　41.②　42.②　43.②　44.③　45.②　46.①

④ 백혈구는 혈색소가 없는 박테리아를 파괴한다.

> 혈장은 혈액의 55%를 차지한다.

47 뇌신경과 척수신경은 각각 몇 쌍 인가?

① 뇌신경 – 12쌍, 척수신경 – 30쌍
② 뇌신경 – 12쌍, 척수신경 – 31쌍
③ 뇌신경 – 11쌍, 척수신경 – 31쌍
④ 뇌신경 – 11쌍, 척수신경 – 30쌍

> 뇌신경은 후신경, 시신경 등 12쌍, 척수신경은 경신경, 흉신경, 요신경 등 31쌍으로 구성되어 있다.

48 다음 중 척수신경으로 짝지어진 것이 아닌 것은?

① 경신경, 흉신경 ② 요신경, 천골신경
③ 요신경, 미골신경 ④ 천골신경, 부신경

> • 척수신경 : 경신경(목8쌍), 흉신경(가슴12쌍), 요신경(허리5쌍), 천골신경(5쌍), 미골신경(1쌍)

49 다음 중 척수신경이 아닌 것은?

① 경신경 ② 흉신경
③ 천골신경 ④ 미주신경

> 미주신경은 뇌신경에 해당된다.

50 다음 중 중추신경계가 아닌 것은?

① 대뇌 ② 뇌신경
③ 척수 ④ 소뇌

> 뇌신경은 말초 신경계에 해당된다.

51 음식물이나 배설물, 호르몬 같은 것을 혈액이나 임파를 통하여 운반하는 계통은?

① 골격계 ② 순환계
③ 근육계 ④ 신경계

> • 순환계 : 체내에 영양분을 공급해 세포와 신진대사를 활성화시키고 노폐물을 배출한다.

52 뉴런과 뉴런의 접속 부위를 무엇이라고 하는가?

① 신경원 ② 축삭종말
③ 수상돌기 ④ 시냅스

53 앞팔의 척측굴근, 소지굴근, 골간근 및 내측 충양근의 운동을 지배하는 신경은?

① 척골신경 ② 액와신경
③ 근피신경 ④ 정중신경

Answer
47.② 48.④ 49.④ 50.② 51.② 52.④ 53.①

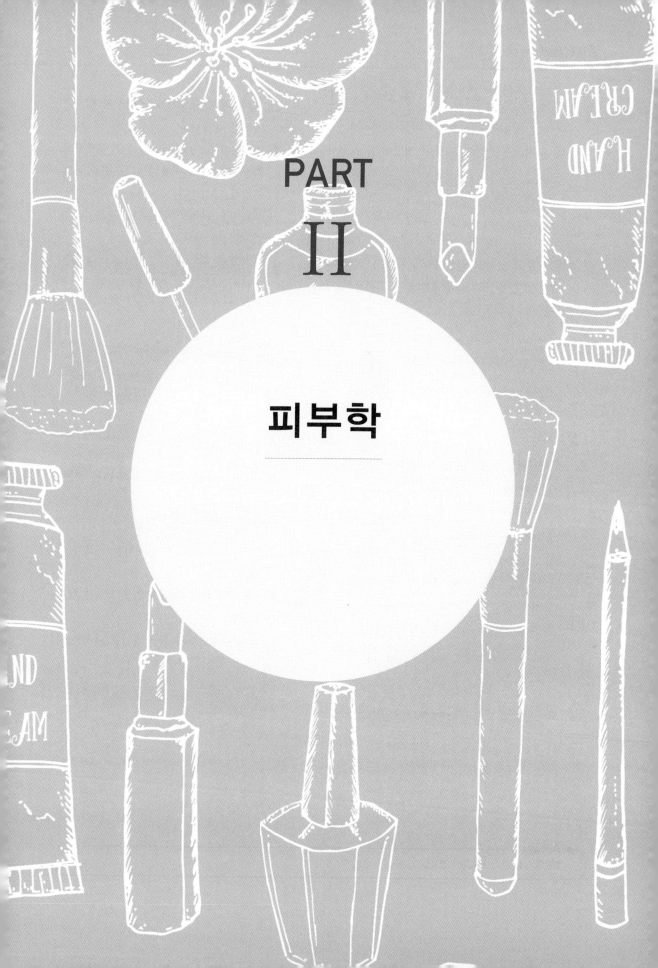

PART

II

피부학

01 멜라닌 세포인 멜라노사이트가 분포되어 있는 곳은?

① 과립층　　　② 표피의 기저층

③ 각질층　　　④ 진피의 유두층

> 멜라닌 생성세포는 표피의 기저층에 문어모양으로 자리 잡고 있다.

★
02 다음 중 피부의 기능이 아닌 것은?

① 체온조절작용　　② 배설작용

③ 피부보호작용　　④ 비타민 K 생성

> 피부의 기능은 보호작용, 체온조절작용, 감각작용, 저장작용, 각화작용, 흡수작용, 호흡작용, 분비작용, 배설작용, 비타민 D형성 작용 등이 있다.

★
03 각화과정의 주기로 알맞은 것은?

① 10일　　　② 22일

③ 28일　　　④ 32일

> 28일 주기로 각화과정이 이루어진다.

04 피부의 구조 3단계에 해당되지 않는 것은?

① 표피층　　　② 진피층

③ 피하조직층　　④ 점막층

> 점막층은 대개 장기 안쪽에 위치한다.

05 빛을 차단하는 역할을 하는 층은?

① 각질층　　　② 투명층

③ 과립층　　　④ 유극층

> 투명층은 빛을 차단하는 역할을 하고 수분침투를 방지하며, 엘라이딘이라는 반유동적 단백질 때문에 투명하게 보인다.

06 표피 중 가장 두꺼운 층은?

① 각질층　　　② 과립층

③ 유극층　　　④ 기저층

> 유극층(가시층)은 표피 중 가장 두꺼운 층으로 가시모양의 돌기들이 연결되어 있다.

07 피부의 구성 성분 중 가장 많은 양을 차지하는 것은?

① 수분　　　② 단백질

③ 지방　　　④ 무기질

> 피부의 구성성분은 대략 수분 70%, 단백질 20%, 피하지방 5%, 무기질과 효소 5%로 이루어져 있다.

● Answer ●
01.② 02.④ 03.③ 04.④ 05.② 06.③ 07.①

08 망상층에 대한 설명으로 틀린 것은?

① 표피층에 있다.

② 혈관이 있다.

③ 그물모양으로 생겼다.

④ 섬유아세포로 이루어져 있다.

망상층은 표피층이 아니라 진피층이다.

09 피부 탄력을 결정짓는 피부층으로 맞는 것은?

① 각질층   ② 망상층

③ 유극층   ④ 피하지방층

망상층은 교원섬유와 탄력섬유로 이루어진 그물모양 조직으로 조직모양에 의해 탄력적인 성질을 가져 피부의 탄력을 결정짓는다.

10 티로시나아제의 작용이 일어나지 않는 곳은?

① 얼굴   ② 손등

③ 다리   ④ 발바닥

손바닥, 발바닥은 과립층이 두꺼워서 자외선의 투과가 용이하지 않다.

11 에너지의 저장, 충격흡수, 수분조절, 보온 기능, 몸의 곡선을 나타내는 층은?

① 각질층   ② 망상층

③ 피하지방층   ④ 투명층

피하지방층은 체온조절기능, 수분조절기능, 외부로부터 충격완화작용 및 자극에 대한 피부 탄력성 유지, 인체의 소모되고 남은 영양소 저장기능 등을 한다.

12 다음 중 진피층에 해당되는 것은?

① 기저층   ② 유극층

③ 망상층   ④ 투명층

진피층은 유두층과 망상층이 있다.

★
13 표피의 각질화 순서로 맞는 것은?

① 기저층→유극층→과립층→각질층

② 유두층→과립층→투명층→각질층

③ 각질층→유극층→기저층→망상층

④ 각질층→과립층→유두층→기저층

14 표피의 구성세포가 아닌 것은?

① 멜라닌 생성세포   ② 섬유아세포

③ 랑게르한스세포   ④ 머켈세포

표피의 구성세포는 각질형성세포, 멜라닌 생성세포, 랑게르한스세포, 머켈세포이며 섬유아세포는 진피층의 구성세포다.

15 다음 표피층 중 유핵층으로 맞는 것은?

① 투명층   ② 각질층

③ 유극층   ④ 과립층

표피층 중 유핵층은 유극층(가시층)과 기저층이다.

● Answer ●
08.① 09.② 10.④ 11.③ 12.③ 13.① 14.② 15.③

16 다음 중 핵이 존재하지 않으며 수분침투와 소실을 방지하며 외부로부터 이물질 침입을 막는 층은?

① 각질층　　　② 과립층
③ 유극층　　　④ 기저층

17 표피에 있는 세포 중 면역과 관계가 있는 세포는?

① 멜라닌 생성세포　② 머켈세포
③ 랑게르한스세포　④ 각질형성세포

랑게르한스세포는 강력한 항원전달 세포로 피부면역 관련 세포다.

18 다음 중 표피에서 촉각을 감지하는 세포는?

① 각질형성세포　　② 머켈세포
③ 멜라닌 생성세포　④ 랑게르한스세포

머켈세포는 기저층에 위치한 피부의 가장 기본적인 촉각 수용체다.

★
19 피부의 기능에 대한 설명 중 맞지 않는 것은?

① 36.5℃의 체온을 유지한다.
② pH 4.5~6.5의 약산성으로 세균의 번식을 억제한다.

③ 림프구와 머켈세포에서 면역물질을 생산한다.
④ 자외선 자극에 의해 비타민 D를 생성한다.

랑게르한스세포에서 면역물질을 생산한다.

20 진피의 구성세포로 맞는 것은?

① 케라노사이트　② 멜라노사이트
③ 머켈세포　　　④ 섬유아세포

진피의 구성세포는 섬유아세포, 비만세포, 대식세포가 있다.

21 셀룰라이트(cellulite)의 설명으로 맞는 것은?

① 영양섭취의 불균형 현상
② 피하지방이 축적되어 뭉친 현상
③ 수분이 정체된 부종 현상
④ 화학물질에 대한 저항력 현상

셀룰라이트는 혈액순환 또는 림프순환 장애로 피하지방이 축적되어 뭉친 현상이다.

★
22 다음 중 피부의 진피층을 구성하는 주요 단백질은 무엇인가?

① 콜라겐　　　② 알부민
③ 글로불린　　④ 시스틴

진피는 콜라겐, 엘라스틴, 뮤코다당류로 구성되어 있다.

● Answer ●
16.② 17.③ 18.② 19.③ 20.④ 21.② 22.①

★
23 다음 중 피부 색상을 결정짓는 주요한 요인이 되는 멜라닌 색소를 만들어내는 피부층은?

① 기저층　　　② 유두층
③ 유극층　　　④ 과립층

> 기저층은 각질을 만드는 각질형성세포와 자외선에 대해 보호작용을 해줄 수 있는 색소형성세포로 구성된다.

24 몸의 대사과정 중 배출되는 노폐물, 독소 등이 배출되지 못하고 피부조직에 남아 뭉쳐 울퉁불퉁한 형태를 띄는 피부현상은?

① 알레르기　　　② 켈로이드
③ 셀룰라이트　　④ 피부경화

> 셀룰라이트는 사춘기가 지난 여성의 허벅지, 엉덩이, 복부에 발생하는 오렌지 껍질 모양의 울퉁불퉁한 피부 변화를 말한다.

25 외부의 충격으로부터 피부를 보호하는 완충작용을 하는 것은?

① 각질층　　　　② 피하지방과 모발
③ 한선과 피지선　④ 모공과 모낭

> 피하지방과 모발은 외부 충격으로부터 피부를 보호하는 완충작용을 한다.

★
26 다음 중 색소세포가 가장 많이 존재하고 있는 피부층은?

① 각질층　　　② 과립층
③ 기저층　　　④ 유두층

> 기저층은 각질형성세포와 색소형성세포가 존재한다.

27 비늘모양의 죽은 세포가 회백색 조각으로 떨어져 나가는 박리현상을 일으키는 피부층은 무엇인가?

① 각질층　　　② 투명층
③ 과립층　　　④ 기저층

> 피부의 가장 외부층으로 각화가 된 죽은 세포들로 구성된다.

★
28 다음 중 머켈세포에 대한 설명으로 옳지 않은 것은?

① 기저세포층에 위치한다.
② 피부면역관련 세포다.
③ 피부의 촉각수용체다.
④ 신경의 자극을 뇌에 전달한다.

> 신경의 자극을 뇌에 전달하는 역할을 하는 촉각수용체로서 촉각세포 혹은 지각세포라고 부른다. 주로 손바닥, 발바닥의 두꺼운 피부에 존재하며 각질세포간의 운동을 탐지한다.

29 투명층은 인체의 어느 부위에 가장 많이 존재하는가?

① 얼굴, 목　　　② 팔, 다리
③ 가슴, 등　　　④ 손바닥, 발바닥

● Answer ●
23.① 24.③ 25.② 26.③ 27.① 28.② 29.④

> 투명층은 손바닥, 발바닥 같은 피부층이 두꺼운 부위에 주로 분포한다.

30 피부의 새로운 세포 형성은 어디에서 이루어지는가?

① 기저층   ② 과립층

③ 유두층   ④ 가시층

> 새로운 세포가 형성되는 층은 기저층이다.

31 피부 표피층 중 가장 두꺼운 층으로 세포 표면이 가시모양의 돌기를 가지는 층은?

① 과립층   ② 투명층

③ 유두층   ④ 유극층

> 유극층은 가시층이라고도 하며 가시모양의 돌기들이 연결되어있다.

32 피부구조에서 물이나 일부 물질을 통과시키지 못하게 하는 흡수방어벽층이 있는 곳은?

① 각질층과 투명층 사이

② 유극층과 기저층 사이

③ 투명층과 과립층 사이

④ 과립층과 유극층 사이

> 수분저지막은 투명층과 과립층 사이에 있다.

33 레인방어막의 역할이 아닌 것은?

① 이물질의 침입을 막는다.

② 피부염 유발을 억제해준다.

③ 피부의 색을 결정짓는다.

④ 물리적 압력이나 화학적 물질 흡수를 저지한다.

> 피부색을 결정짓는 것은 멜라닌 생성세포다.

★
34 다음 피부세포층 중 손바닥과 발바닥에서만 볼 수 있는 것은?

① 각질층   ② 투명층

③ 과립층   ④ 유두층

> 투명층은 손바닥, 발바닥과 같은 비교적 두꺼운 피부층에 존재한다.

★
35 피부의 색상을 결정짓는 주요한 요인인 멜라닌 색소를 만들어내는 피부층은?

① 과립층   ② 기저층

③ 유극층   ④ 망상층

> 기저층에는 각질형성세포와 색소형성세포가 존재한다.

36 진피층을 이루는 성분 중 우수한 보습능력을 지녀 피부관리제품에도 많이 들어 있는 것은?

① 콜라겐   ② 글리세린

③ 수분   ④ 비타민 C

> 콜라겐은 진피의 70% 이상을 차지하며 피부의 탄력과 수분을 유지하게 해준다.

● Answer ●
30.①   **31.**④   **32.**③   **33.**③   **34.**②   **35.**②   **36.**①

37 다음 중 바르게 연결된 것은?

① 표피-각질층, 유두층

② 표피-과립층, 망상층

③ 진피-투명층, 유극층

④ 진피-유두층, 망상층

> 표피는 각질층, 투명층, 과립층, 유극층(가시층), 기저층으로 나뉘며 진피층은 유두층과 망상층으로 구성된다.

38 피부구조에서 진피 중 피하조직과 연결되어 있는 층은?

① 유극층   ② 유두층

③ 망상층   ④ 기저층

> 망상층은 유두층 아래에 위치하며 피하조직과 연결되어 있다.

39 진피의 4/5를 차지할 정도로 두꺼운 부분으로 옆으로 길게 섬세한 섬유가 그물모양으로 구성되어 있는 층은?

① 기저층   ② 유두층

③ 망상층   ④ 유두하층

> 망상층은 유두층 아래에 위치하며 피하조직과 연결되어 있다.

40 피부구조 중 유두층에 대한 설명으로 옳지 않은 것은?

① 모세혈관과 신경이 있다.

② 유두모양의 돌기를 형성하고 있다.

③ 혈관을 통하여 기저층에 영양분을 공급한다.

④ 표피층에 위치하고 있다.

> 유두층은 진피층에 위치하고 있다.

41 진피의 특성으로 옳지 않은 것은?

① 수분저장, 체온조절, 상호작용에 의해 피부의 재생을 돕는다.

② 표피의 바로 밑으로 유두진피와 그물진피가 있다.

③ 두께는 0.2mm로 신경과 혈관이 없다.

④ 교원섬유와 탄력섬유 및 기질로 구성된다.

> 진피는 혈관과 신경세포가 있다.

42 피하조직의 특징으로 옳지 않은 것은?

① 피하조직에 의해 피부결과 보습력, 피부색상이 결정된다.

② 피부의 가장 아래층에 위치한다.

③ 지방층의 과도한 축적과 림프의 순환저해로 셀룰라이트가 생길 수 있다.

④ 진피와 근육, 뼈 사이에 위치한다.

> 피부결과 보습력, 피부색상이 결정되는 것은 표피의 특징이다.

★
43 피부의 기능에 대한 설명으로 바르게 연결되지 않은 것은?

● Answer ●
37.④ 38.③ 39.③ 40.④ 41.③ 42.① 43.②

① 보호기능 : 외부로부터의 자극, 세균번식을 차단하고 자외선차단 기능을 한다.

② 체온조절작용 : 추울 때 혈관이 확장되고 모공이 넓어져 땀의 분비를 촉진시켜 36.5℃ 체온을 유지시킨다.

③ 감각작용 : 통각, 압각, 온각, 냉각 등을 느끼게 한다.

④ 각화작용 : 표피의 신진대사로 세포가 생성, 성장, 탈락을 반복하여 세포재생을 한다.

추울 때는 피부혈관이 수축하며 열의 발산을 억제, 땀의 분비가 줄어든다.
더울 때는 혈관이 확장하여 열의 발산을 증가시키고, 모공이 넓어지며 땀의 분비가 늘어나면서 체온을 유지시킨다.

44 교원섬유와 탄력섬유로 구성되어 있어 강한 탄력성을 지니고 있는 곳은?

① 표피　　② 진피
③ 피하조직　　④ 근육

진피는 교원섬유인 콜라겐과 탄력섬유인 엘라스틴 및 기질로 구성되어 있다.

★
45 피부 감각기관 중 피부에 가장 많이 분포되어 있는 것은?

① 통각점　　② 온각점
③ 냉각점　　④ 촉각점

1㎠당 온각점은 0~3개, 냉각점은 6~23개, 촉각점은 25개, 압각점은 100개, 통각점은 100~200개 정도 분포되어 있다. 통각점〉압각점〉촉각점〉냉각점〉온각점 순으로 많이 분포되어 있다.

46 피부가 느끼는 오감 중에서 가장 감각이 예민한 것은?

① 냉각　　② 온각
③ 통각　　④ 압각

가장 예민한 감각은 통각이고 가장 둔한 감각은 온각이다.

★
47 일반적으로 건강한 성인 피부 표면의 pH는?

① pH 3.5~4.0　　② pH 4.5~6.5
③ pH 5.5~7.0　　④ pH 6.5~7.5

건강한 피부의 pH는 4.5 ~ 6.5다.

48 피부표면의 pH에 가장 큰 영향을 주는 것은?

① 각질 생성　　② 땀의 분비
③ 호르몬 분비　　④ 혈관 확장

피부 표면의 pH는 신체 부위나 온도, 습도, 계절에 따라 달라지지만 땀의 분비가 가장 크게 영향을 끼친다.

49 다음 중 피부의 감각기관인 촉각점이 가장 적게 분포되어 있는 곳은?

● Answer ●
44.② **45.**① **46.**③ **47.**② **48.**② **49.**④

① 손끝   ② 혀끝

③ 입술   ④ 발바닥

★
50 표피와 진피의 경계선의 형태는?

① 직선   ② 사선

③ 물결모양   ④ 점선

> 표피와 진피의 경계선은 유두 모양의 돌기를 형성하고 있다.

★
51 피부의 기능으로 옳지 않은 것은?

① 체온조절작용, 순환작용, 감각작용

② 저장작용, 각화작용, 면역작용

③ 분비작용, 흡수작용, 감각작용

④ 호흡작용, 면역작용, 보호작용

> 피부의 기능은 보호작용, 체온조절작용, 저장작용, 각화작용, 면역작용, 분비작용, 흡수작용, 비타민 D생성작용 등이 있다.

52 알레르기를 유발하는 히스타민을 생성하는 세포는?

① 케라티노사이트   ② 머켈세포

③ 비만세포   ④ 랑게르한스세포

> 비만세포는 알레르기를 유발하는 히스타민을 생성한다.

53 피부 표피층 중에서 가장 두꺼운 층이며 림프관이 분포하고 표피의 영양을 관장하는 곳

은 어디인가?

① 과립층   ② 유극층

③ 투명층   ④ 기저층

> 유극층은 표피층 중 가장 두꺼운 층으로 세포 사이로 림프액이 흐르고 있어 혈액순환이나 노폐물 배출, 영양공급에 관여하는 물질대사가 이루어진다.

54 피부의 각질층에 존재하는 라멜라구조를 형성하는 것이 아닌 것은?

① 지방산   ② 콜레스테롤

③ 콜라겐   ④ 세라마이드

> 라멜라 구조를 형성하는 것은 콜레스테롤, 지방산, 세라마이드이다.

55 피부의 구조에서 탄력감소로 노화를 쉽게 알 수 있는 교원섬유와 탄력섬유로 이루어진 층은?

① 과립층   ② 유극층

③ 기저층   ④ 망상층

> 망상층은 교원섬유와 탄력섬유가 그물처럼 얽혀있는 층으로 결합조직세포가 무너지면 노화피부가 된다.

56 피부는 성인 체중의 몇 %를 차지하는가?

① 약 10%   ② 약 16%

③ 약 25%   ④ 약 36%

> 피부의 비율은 성인 체중의 약 16%정도를 차지한다.

● Answer ●
50.③   **51.**①   **52.**③   **53.**②   **54.**③   **55.**④   **56.**②

57 다음 중 콜라겐에 대한 설명으로 옳은 것은?

① 노화된 피부에는 콜라겐 함량이 높다.
② 콜라겐이 생성되는 세포는 섬유아세포다.
③ 콜라겐은 피부의 기저층에 발생한다.
④ 콜라겐이 적어지면 탄력이 좋아진다.

> 콜라겐은 진피의 망상층에 위치하며 콜라겐이 적어지면 주름이 쉽게 생기고 탄력이 떨어지게 된다.

58 피부구조에 대한 설명으로 옳지 않은 것은?

① 표피, 진피, 피하지방층으로 구성된다.
② 멜라닌 세포는 표피의 기저층에 위치한다.
③ 표피는 피부 안쪽부터 기저층, 투명층, 유극층, 과립층 및 각질층의 순이다.
④ 멜라닌 세포수는 피부색이나 민족에 관계없이 일정하다.

> 표피는 피부 안쪽부터 기저층, 유극층, 과립층, 투명층, 각질층의 순서다. 인종에 따른 멜라닌 색소의 강약은 멜라노사이트의 수의 차이가 아니라 기능의 차이에 따른다.

59 다음 중 피부의 상피조직에 포함되지 않는 것은?

① 결합상피　　② 원주상피
③ 편평상피　　④ 이행상피

> 상피조직은 편평상피, 원주상피, 중층상피, 이행상피가 있으며 이들은 단층, 중층으로 나누어진다.

★
60 피부의 기능이 아닌 것은?

① 체온조절　　② 배설작용
③ 호흡작용　　④ 지지역할

> 지지역할은 뼈의 역할이다.

61 사춘기 이후 성호르몬의 영향을 받아 분비되기 시작하는 땀샘으로 체취선이라고도 하는 것은?

① 소한선　　② 피지선
③ 갑상선　　④ 대한선

> 대한선(아포크린선)은 체취선이라고도 한다.

62 피부에 분포되어 있는 땀샘 중 아포크린선이 많이 분포되어 있는 곳은?

① 손바닥, 발바닥
② 겨드랑이, 배꼽 주변
③ 배, 가슴
④ 이마, 등

> 아포크린선(대한선)은 겨드랑이, 눈꺼풀, 유두, 항문 주위, 외음부, 배꼽 주변 등 한정된 부위에 존재한다.

★
63 땀샘에 대한 설명으로 틀린 것은?

① 에크린선에서 분비되는 땀은 냄새가 거의 없다.
② 아포크린선에서 분비되는 땀은 농도가 짙고 독특한 향을 지닌다.

● Answer ●
57.② 58.③ 59.① 60.④ 61.④ 62.② 63.③

③ 에크린선은 눈꺼풀, 유두, 외음부 등 한 정된 부위에 존재한다.

④ 아포크린선은 성호르몬의 영향을 강하 게 받는다.

> 에크린선(소한선)은 입술과 음부를 제외한 전신에 분 포한다.

64 성인이 하루에 분비하는 피지의 양은?

① 약 1~2g   ② 약 0.1~0.2g

③ 약 3~5g   ④ 약 5~6g

> 성인의 하루 피지 분비량은 약 1~2g이다.

65 인체 중 피지선이 전혀 없는 곳은?

① 이마   ② 볼

③ 귀   ④ 손바닥

> 피지선은 손바닥과 발바닥에는 전혀 없다.

66 피부의 한선 중 대한선은 어느 부위에 분포 되어 있는가?

① 얼굴과 입술

② 손과 발

③ 겨드랑이, 유두 주변

④ 팔과 다리

> 아포크린선(대한선)은 겨드랑이, 눈꺼풀, 유두, 항문 주위, 외음부, 배꼽 주변 등 한정된 부위에 존재한다.

★
67 한선에 대한 설명 중 틀린 것은?

① 체온 조절기능이 있다.

② 입술을 포함한 전신에 분포되어 있다.

③ 에크린선과 아포크린선이 있다.

④ 진피와 피하지방 조직의 경계부위에 있다.

> 입술과 음부를 제외한 전신에 걸쳐 분포되어 있다.

68 피부의 부속기관인 피지선의 특징으로 옳지 않은 것은?

① 손바닥, 발바닥에 다량 분포되어 있다.

② 관련된 호르몬으로는 테스토스테론이 있다.

③ 피지선은 진피의 망상층에 위치한다.

④ 모낭을 따라 피지가 피부 밖으로 배출된다.

> 피지선은 손바닥, 발바닥을 제외한 거의 모든 전신의 피부에 분포한다.

69 피부가 추위를 감지하면 근육을 수축시켜 털 을 세우게 하는데 이때 사용되는 근육은 무 엇인가?

① 입모근   ② 전두근

③ 승모근   ④ 후두근

70 일반적으로 대한선의 분포가 없는 곳은?

① 겨드랑이   ② 유두

③ 배꼽 주변   ④ 입술

● Answer ●
64.①   65.④   66.③   67.②   68.①   69.①   70.④

입술에는 땀샘이나 모공이 없다.

71 다음 중 피지선의 노화현상을 나타내는 것은?

① 피지의 분비가 많아진다.
② pH의 산성도가 약해진다.
③ 피부중화 능력이 상승된다.
④ 피부유연성이 좋아진다.

피지선이 노화되면 피지의 분비가 줄어들고 피부의 중화능력이 떨어지며 산성도도 약해진다.

72 다음 중 피지선의 역할이 아닌 것은?

① 각질층의 수분증발 억제
② 피부표면의 일정한 약산성 유지
③ 유해물질이나 세균의 침입을 막음
④ 피부의 온도 조절

피지선의 역할로는 수분증발 억제, 살균작용, 유화작용, 흡수조절작용, 산성막(보호막)형성 등이 있다.

73 ★ 땀샘의 역할로 맞지 않는 것은?

① 체온조절   ② 분비물 배출
③ 땀분비   ④ 피지분비

피지는 땀샘이 아니라 피지선에서 분비된다.

74 피지선의 활성을 높여주는 호르몬은?

① 에스트로겐   ② 안드로겐

③ 아드레날린   ④ 도파민

안드로겐은 남성의 2차 성징에 작용하는 호르몬으로 생식기관 발육, 뼈조직에서 단백질의 증가, 신장의 무게와 크기 증가, 땀과 피지샘의 활동 증가, 적혈구세포의 재생 등에 관여한다.

75 피지선에 대한 설명으로 틀린 것은?

① 피지선은 손바닥에는 없다.
② 피지선이 많은 부위는 코 주변이다.
③ 피지의 1일 분비량은 0.1~0.2g이다.
④ 피지를 분비하는 선으로 진피층에 위치한다.

피지의 1일 분비량은 약 1~2g이다.

76 한선에 대한 설명으로 알맞지 않는 것은?

① 신체의 온도를 조절한다.
② 한선은 손바닥·발바닥에는 없다.
③ 피부의 피지막과 산성막을 형성한다.
④ 눈꺼풀, 유두, 배꼽 주변 등에 존재한다.

한선 중 에크린선(소한선)은 손바닥, 발바닥, 겨드랑이 등에 많이 분포되며 아포크린선(대한선)은 눈꺼풀, 겨드랑이, 바깥귀길, 배꼽 주변 등에 분포한다.

77 ★ 모발의 성장 단계를 바르게 나타낸 것은?

① 성장기 → 휴지기 → 퇴화기
② 휴지기 → 퇴화기 → 성장기
③ 성장기 → 퇴화기 → 휴지기
④ 퇴화기 → 휴지기 → 성장기

● Answer ●
71.②   72.④   73.④   74.②   75.③   76.②   77.③

> 모발의 성장 단계는 성장가→퇴화가→휴지기다.

★

78 모발의 성장단계 중 성장이 멈추고 가벼운 물리적 자극에 의해 쉽게 탈모가 되는 단계는?

① 성장기　　　　② 퇴화기
③ 휴지기　　　　④ 활동기

> 모발은 휴지기에 들어서면 성장을 멈추고 탈모가 일어나게 된다.

★

79 모발의 케라틴 단백질은 pH에 따라 물에 대한 팽윤성이 변하는데, 가장 낮은 팽윤성을 나타내는 pH는 무엇인가?

① pH 1~3　　　　② pH 4~5
③ pH 7~9　　　　④ pH 9~11

> pH 4~5에서 가장 낮은 팽윤성을 나타내고 pH 8~9에서 증대한다.

80 모발의 색깔을 좌우하는 멜라닌은 어느 곳에 가장 많이 함유되어 있는가?

① 모표피　　　　② 모수질
③ 모피질　　　　④ 모유두

> 모피질은 모표피의 안쪽 부분으로 멜라닌 색소를 가장 많이 함유하고 있다.

81 모발의 색을 나타내는 색소로 입자형 색소는?

① 멜라노사이트　　② 티로신
③ 유멜라닌　　　　④ 페오멜라닌

> 유멜라닌은 갈색과 검정색 중합체인 입자형 색소다.

82 다음 중 일반적으로 건강한 모발의 상태는?

① 단백질 10~20%, 수분 10~15%, pH 2.5~4.5
② 단백질 20~30%, 수분 60~70%, pH 4.5~5.5
③ 단백질 50~60%, 수분 30~40%, pH 2.5~4.5
④ 단백질 70~80%, 수분 10~15%, pH 4.5~5.5

83 모발의 결합 중 수분에 의해 일시적으로 변형되며, 드라이어의 열을 가하면 다시 재결합되어 형태가 만들어지는 결합은?

① 염 결합　　　　② 수소 결합
③ 펩타이드 결합　　④ 시스틴 결합

> 모발의 결합구조에서 물에 의한 힘은 적고, 건조에 의한 모발 힘은 강하다.

84 모발의 영양공급에서 가장 중요한 영양소로 가장 많이 공급되어야 하는 것은?

① 비타민 A　　　　② 콜라겐
③ 단백질　　　　　④ 칼슘

● Answer ●
78.③　79.②　80.③　81.③　82.④　83.②　84.③

> 모발의 주성분은 케라틴이라는 단백질이다.

85 모발의 하루 성장 속도는?

① 0.2~0.5mm   ② 0.6~1.0mm

③ 1.0~1.6mm   ④ 1.2~1.8mm

> 모발은 보통 하루에 0.2~0.5mm 자란다.

★
86 건강한 모발의 pH는?

① pH 3.5~4   ② pH 4.5~5.5

③ pH 6.5~7.5   ④ pH 7~8.5

87 한선 중 대한선에 대한 설명으로 옳지 않은 것은?

① 독특한 체취를 발생시킨다.

② 모공을 통하여 분비된다.

③ 사춘기 이후에 분비가 활성화된다.

④ 선체가 작고 털과 관계없이 존재한다.

> 대한선은 선체가 크고 털과 함께 존재한다.

88 다음 중 피지선에 대한 설명으로 알맞지 않은 것은?

① 피지선은 진피의 망상층에 위치한다.

② 피지선은 나이에 관계없이 계속 활성화 된다.

③ 피지선에서 하루에 1~2g의 피지가 배출 된다.

④ 모낭을 중심으로 3~5개의 피지 주머니 가 모낭으로 연결되어 있다.

> 피지선은 청년기에 완숙되어 나이가 들면서 점차 퇴화 된다.

Answer
85.① 86.② 87.④ 88.②

01 다음 중 정상피부의 특징이 아닌 것은?

① 유·수분 균형이 잘 잡혀 있다.
② 세안 후 잠시 지나면 번들거린다.
③ 모공이 작고 주름이 없다.
④ 피부결이 부드럽고 탄력이 좋다.

> 정상피부는 세안 후 당기거나 번들거리지 않는다.

02 다음 설명과 가장 가까운 피부 타입은?

> 모공이 작고 잔주름이 많으며 탄력이 좋지 못하다. 세안 후 이마, 볼 부위가 당긴다.

① 정상피부　　② 복합성피부
③ 민감성피부　④ 건성피부

> 건성피부는 피지분비량이 적고 수분이 부족하며 모공이 촘촘하고 잔주름이 많다.

03 다음 중 지성피부에 대한 설명으로 가장 알맞은 것은?

① 유·수분 균형이 잘 이루어져 있다.
② 모공이 크고 여드름이 잘 생긴다.
③ 피부가 얇고 피부결이 섬세하다.
④ 화장이 잘 들뜬다.

> 지성피부는 피지분비량이 많아 모공이 크고 여드름, 뾰루지가 잘 생긴다.

04 피부결이 거칠고 모공이 크며 화장이 쉽게 지워지는 피부타입은?

① 지성피부　　② 건성피부
③ 민감성피부　④ 중성피부

> 지성피부는 피부결이 거칠고 모공이 크고 여드름과 뾰루지가 잘 생기며 화장이 쉽게 지워진다.

05 다음과 가장 가까운 피부 타입은 무엇인가?

> 피부가 얇고 모공이 거의 없으며 피부 저항력이 약해 붉고 예민하고 트러블이 자주 발생한다.

① 건성피부　　② 노화피부
③ 복합성피부　④ 민감성피부

> 민감성 피부는 어떤 물질에 의해 큰 반응을 일으키며 트러블이 자주 발생하고 바람이나 날씨에도 쉽게 얼굴이 빨개진다.

06 색소 침착 불균형이 나타나는 피부 타입은?

① 복합성피부　② 지성피부
③ 노화피부　　④ 민감성피부

> 노화피부는 색소침착 불균형이 나타나 검버섯과 같은 노인성 반점 등이 나타난다.

Answer
01.② **02.**④ **03.**② **04.**① **05.**④ **06.**③

07 민감성피부에 대한 설명으로 옳지 않은 것은?

① 바람이나 날씨에 얼굴이 빨개진다.

② 유분이 많지만 세안 후 눈가, 볼 부분이 당긴다.

③ 붉고 예민하며 홍반, 수포, 알레르기 등의 반응이 나타나기 쉽다.

④ 얼굴이 빨개지는 원인으로는 계절의 변화, 화장품, 약품, 음식, 기호식품, 자외선, 스트레스, 내장기관 이상, 질병 등이 있다.

> 유분이 많지만 세안 후 눈가, 볼 부분이 당기는 것은 복합성피부다.

★
08 피부가 두껍고 표면이 귤껍질처럼 보이기도 하며 블랙헤드와 화이트헤드가 생기기 쉬운 피부타입은?

① 민감성피부　　② 지성피부
③ 건성피부　　④ 정상피부

> 지성피부는 모공이 크게 눈에 띄며 블랙헤드와 화이트헤드가 생기기 쉽고 피부가 거칠고 두꺼워 귤껍질처럼 보이기도 한다.

09 복합성피부에 대한 설명으로 옳지 않은 것은?

① T존 부위에 피지분비가 많다.

② U존 부위에 피지분비가 많다.

③ 눈가에 잔주름이 많고 화장이 잘 받지 않는다.

④ 피부트러블이 가끔 생긴다.

> T존 부위를 제외한 부분은 건성화로 인해 눈 주위나 볼이 건조하다.

★
10 노화피부의 특징이 아닌 것은?

① 피부 탄력이 떨어진다.

② 색소 침착 불균형이 생긴다.

③ 피부가 얇아지고 주름이 생긴다.

④ 유분은 많은데 세안 후 눈가, 볼 부분이 당긴다.

> 노화피부는 피지분비량과 수분량이 전체적으로 감소하고 탄력이 떨어져 피부가 얇아지고 주름과 검버섯이 생기기 시작한다.

11 건성피부의 특징이 아닌 것은?

① 각질층의 수분이 50% 이하로 부족하다.

② 쉽게 각질이 생기며 노화가 빨리 온다.

③ 피부가 푸석거리고 얇은 편이다.

④ 모공이 촘촘하고 잔주름이 많으며 피부결이 섬세하다.

> 건성피부는 각질층의 수분함유량이 10% 미만이다.

12 다음 피부타입과 특징이 알맞게 짝지어지지 않은 것은?

① 정상피부 : 수분이 적당하고 촉촉하며 피부색이 맑다.

● Answer ●
07.② **08.**② **09.**② **10.**④ **11.**① **12.**③

② 건성피부 : 쉽게 각질이 생기며 노화가 빨리 온다.

③ 지성피부 : 탄력이 떨어져 볼 주위가 늘어지기 시작한다.

④ 민감성피부 : 바람이나 날씨에 얼굴이 빨개진다.

> 탄력이 떨어져 볼 주위가 늘어지기 시작하는 것은 노화피부의 특징이다.

13 세안 후 이마, 볼 부위가 당기며, 잔주름이 많고 화장이 잘 뜨는 피부유형은?

① 민감성피부　　② 건성피부

③ 노화피부　　④ 복합성피부

> 건성피부는 피지분비량이 적고 수분도 부족하여 세안 후 이마, 볼 부위가 당기며 잔주름이 많고 화장이 잘 뜬다.

14 민감성피부의 관리 방법으로 옳지 않은 것은?

① 악화요인인 피로나 스트레스, 수면 부족, 자외선 등을 피하도록 한다.

② 화장품 선택시 패치테스트를 한 후 사용한다.

③ 스크럽 세안제로 꼼꼼히 세안하고 트러블 방지를 위해 보습제는 바르지 않는다.

④ 무향, 무취, 무색의 저자극 화장품을 사용한다.

> pH 5.5의 약산성인 순한 세안제로 세안을 하고, 지속력을 가진 보습제로 피부 방어력을 높여주는 것이 좋다

15 피부타입과 특징이 바르게 짝지어진 것은?

① 정상피부 : 피부가 얇고 수분이 적다.

② 노화피부 : 검버섯이 생기기 시작한다.

③ 복합성피부 : 안드로겐과 프로게스테론 기능이 활발하다

④ 민감성피부 : 피지분비량이 많고 여드름 발생과 염증유발이 많다.

> 노화피부는 색소침착 불균형으로 검버섯이 생기기 시작한다.

16 건성피부의 관리 방법으로 틀린 것은?

① 충분한 수면과 물을 자주 마셔준다.

② 건조한 각질층 제거를 위해 매일 아침, 저녁으로 스크럽 필링제를 사용해준다.

③ 보습효과가 우수한 에센스를 수시로 덧발라 준다.

④ 수분과 유분을 공급하는 크림을 적절히 사용한다.

> 과도한 스크럽은 건조한 피부를 더욱 건조하게 한다. 자극 없고 가벼운 젤 타입의 필링 제품을 사용하는 것이 좋다.

17 중성 피부에 대한 내용이 아닌 것은?

① 색소침착, 여드름, 뾰루지 등이 없다.

② 피부표면에 윤기가 있어 따로 관리가 필

요하지 않다.

③ 에스테틱에서 추구하는 피부 유형이다.

④ 피지선과 한선의 기능이 정상이다.

> 중성피부라도 관리 소홀로 피부타입이 달라질 수 있으므로 관리가 필요하다.

★
18 유·수분의 균형이 정상적이지 못하고 피부결이 얇고 주름이 쉽게 형성되는 피부유형은?

① 지성피부　　② 복합성피부

③ 민감성피부　　④ 건성피부

> 건성피부는 수분과 유분함량이 부족하고 피부결이 얇아 주름이 쉽게 생성된다.

19 피부유형별 화장품 사용이 적절하지 않은 것은?

① 지성피부 : 유분이 많은 화장품 사용

② 복합성피부 : 부위별로 다른 화장품 사용

③ 건성피부 : 보습화장품 사용

④ 민감성피부 : 무색, 무취, 무알코올 화장품 사용

> 지성피부는 유분이 많은 화장품 사용시 트러블을 일으킬 수 있으므로 피한다.

20 피부 유형별 관리 방법으로 가장 적합한 것은?

① 노화피부 : 피부가 건조해지지 않도록 유분만 공급한다.

② 복합성피부 : 이중세안을 하고 부위별로 화장품을 달리 사용해서 유·수분의 밸런스를 맞춰준다.

③ 색소침착 피부 : 자외선 차단제는 색소가 침착된 부위에만 발라준다.

④ 모세혈관 확장피부 : 세안시 세안제는 거품이 나지 않는 것으로 사용한 후 냉수로 헹구고 미용기기를 이용해서 영양분을 침투시킨다.

> 복합성피부는 T존 부위는 번들거리고 U존 부위는 수분과 유분이 부족해 당길 수 있으므로 복합성 화장품을 사용하거나 부위별 화장품을 따로 사용해주는 것이 좋다.

★
21 지성피부에 대한 설명으로 옳지 않은 것은?

① 수분 부족형 지성피부의 경우 피부가 두껍게 보인다.

② 피지과다의 근본적인 원인은 유전적 요소에 있다.

③ 지성피부의 관리는 잦은 세안으로 청결에 중점을 둔다.

④ 유성 지성피부의 경우 과잉된 피지로 피부의 표면이 항상 번들거린다.

> 지성피부는 청결과 클렌징에 중점을 두고 관리해야 하지만, 잦은 세안은 피부의 알칼리화로 박테리아의 번식을 유도할 수 있으므로 좋지 않다.

Answer
18.④　19.①　20.②　21.③

22 건성피부의 관리 방법으로 가장 옳은 것은?

① 알칼리성 비누를 이용하여 찬물로 자주 세안한다.

② 화장수는 알코올 함량이 많고 보습기능이 강화된 제품을 사용한다.

③ 호호바 오일, 아보카도 오일, 히알루론산 등의 성분이 함유되어 있는 화장품은 피한다.

④ 클렌징 제품은 부드러운 밀크 타입이나 유분기가 있는 크림 타입을 선택하여 사용한다.

> 알코올이 적은 화장수를 사용하고 비누 세안, 잦은 세안을 피하고 미온수로 세안한다.

01 신체의 중요한 에너지원으로서 장에서 포도당, 과당 및 갈락토오스로 흡수되는 물질은 무엇인가?

① 탄수화물　　② 단백질
③ 지방　　　　④ 칼슘

> 탄수화물은 신체의 중요한 에너지원으로 단당류인 포도당, 과당, 갈락토오스로 장에서 흡수된다.

02 영양소에 대한 설명으로 옳지 않은 것은?

① 영양소 중 에너지원은 활동에 필요한 에너지를 공급하는 것이다.
② 에너지원은 각종 비타민, 물, 무기질을 포함한다.
③ 조절소는 생리기능과 대사를 조절해주는 역할을 하는 것으로 단백질, 탄수화물, 물 등이 있다.
④ 구성소는 신체조직을 만들고 새롭게 회복시키는 역할을 한다.

> 조절소는 생리기능과 대사를 조절해주는 역할을 한다 (각종 비타민, 무기질, 물, 단백질, 지방).

★
03 다음 중 탄수화물에 대한 설명으로 알맞지 않은 것은?

① 탄수화물의 소화흡수율은 약 70%이며 혈당을 유지한다.
② 장에서 포도당, 과당, 갈락토오스로 흡수된다.
③ 과잉일 경우 글리코겐 형태로 간과 근육에 저장된다.
④ 신체의 중요한 에너지원으로 1g당 4Kcal의 열량을 발생시킨다.

> 탄수화물의 소화흡수율은 99%이다.

04 다음 중 단당류에 해당되는 것은?

① 자당　　　　② 맥아당
③ 과당　　　　④ 유당

> 단당류 : 포도당, 과당, 갈락토오스
> 이당류 : 자당, 맥아당, 유당
> 다당류 : 전분, 글리코겐, 섬유소

★
05 단백질의 최종 가수분해 물질은?

① 지방산　　　② 아미노산
③ 콜레스테롤　④ 카로틴

단백질의 기본 구성단위, 최종 가수분해 물질은 아미노산이다.

06 다음은 어떤 영양소에 대한 설명인가?

75%가 에너지원으로 쓰이고 남은 것은 지방으로 전환되는데 주로 글리코겐 형태로 저장된다. 과잉섭취시 혈액의 산도를 높이고 피부의 저항력을 악화시켜 세균감염을 초래한다. 결핍시에는 체중 감소, 기억력 부족현상이 나타난다.

① 탄수화물　　② 단백질
③ 무기질　　　④ 비타민

07 다음 중 필수 지방산이 아닌 것은?

① 리놀렌산　　② 리놀레산
③ 아라키돈산　④ 아스파르트산

필수 지방산은 리놀렌산, 리놀레산, 아라키돈산이다.

★ 08 다음 중 필수 아미노산이 아닌 것은?

① 이소루신　　② 트레오닌
③ 티로신　　　④ 아르기닌

필수 아미노산은 이소루신, 루신, 발린, 리신, 메티오닌, 페닐알라닌, 트레오닌, 트리토판, 히스티딘, 아르기닌이 있다.

09 다음 중 필수 아미노산인 것은?

① 알라닌　　　② 프롤린
③ 아스파라긴　④ 이소루신

필수 아미노산은 이소루신, 루신, 발린, 리신, 메티오닌, 페닐알라닌, 트레오닌, 트리토판, 히스티딘, 아르기닌이 있다.

10 다음 중 바르게 연결된 것은?

① 필수 아미노산 : 메티오닌, 아르기닌
② 필수 아미노산 : 글루탐산, 이소루신
③ 비필수 아미노산 : 티로신, 아르기닌
④ 비필수 아미노산 : 시스테인, 발린

필수 아미노산 : 이소루신, 루신, 발린, 리신, 메티오닌, 페닐알라닌, 트레오닌, 트리토판, 히스티딘, 아르기닌
비필수 아미노산 : 알라닌, 프롤린, 아스파라긴, 아스파르트산, 시스테인, 글루탐산, 글루타민

11 다음 중 바르게 연결되지 않은 것은?

① 단당류 : 포도당, 과당
② 단당류 : 과당, 갈락토오스
③ 다당류 : 전분, 섬유소
④ 다당류 : 글리코겐, 갈락토오스

단당류 : 포도당, 과당, 갈락토오스
다당류 : 전분, 글리코겐, 섬유소

12 다음 중 단백질에 대한 설명으로 옳지 않은 것은?

① 조직의 성장과 유지에 관여한다.
② 체온유지, 장기보호 기능을 한다.
③ 단백질의 최소단위는 아미노산이다.
④ 피부, 손톱, 모발, 근육 등 신체조직을

생성한다.

지방은 세포막을 구성하고 피부보호, 체온유지, 장기
보호 기능을 한다.

★

13 미백작용과 가장 관계가 깊은 비타민은?

① 비타민 B ② 비타민 C
③ 비타민 D ④ 비타민 K

비타민 C는 미백, 항산화작용 등의 효과가 있다.

14 다음 중 지용성 비타민이 아닌 것은?

① 비타민 A ② 비타민 C
③ 비타민 D ④ 비타민 E

비타민 C는 수용성 비타민이다.

15 다음 중 비타민의 종류와 기능이 바르게 설명되지 않은 것은?

① 비타민 A : 시력보호, 피부건강
② 비타민 E : 세포형성, 항산화제
③ 비타민 C : 내열성 성장촉진인자
④ 비타민 K : 혈액 응고

비타민 C는 항산화, 미백, 피부탄력 등의 기능을 한다.

16 다음 비타민 중 결핍시 나타나는 증상이 맞지 않는 것은?

① 비타민 A : 야맹증, 거친 피부
② 비타민 C : 만성피로, 괴혈병

③ 비타민 E : 조산, 유산, 불임
④ 비타민 K : 식욕부진, 각기병

비타민 K 부족시 혈액응고 장애가 생기며 비타민 B1
부족시 피로, 식욕부진, 각기병이 생긴다.

17 비타민의 설명으로 옳지 않은 것은?

① 비타민은 인체에서 조절소 역할을 한다.
② 비타민 C, 비타민 K는 수용성 비타민이다.
③ 비타민은 수용성 비타민과 지용성 비타민으로 나누어진다.
④ 비타민은 반드시 식품으로 섭취한다.

비타민 K는 지용성 비타민이다.

18 피부 색소를 퇴색시키기 위해 기미, 주근깨 등의 치료에 주로 쓰이는 비타민은?

① 비타민 A ② 비타민 C
③ 비타민 D ④ 비타민 E

비타민 C는 항산화 작용으로 기미, 주근깨 등의 치료에 효과가 있다.

19 부족시 야맹증과 안구건조증이 발생하고 지나칠 때는 두통과 피부건조 및 가려움증이 나타나며 전구체인 베타카로틴이 장에서 레티놀로 전환되어 흡수되는 비타민은 무엇인가?

① 비타민 A ② 비타민 C
③ 비타민 E ④ 비타민 P

Answer
13.② 14.② 15.③ 16.④ 17.② 18.② 19.①

비타민 A의 전구체인 베타카로틴은 장과 간에서 레티놀로 전환되어 각 조직으로 운반, 흡수된다.

비타민 D는 칼시페롤이라고도 부르며 구루병을 예방한다. 비타민 K는 혈액응고에 필수적인 비타민이다.

20 체내에서 부족하면 괴혈병을 유발시키며, 피부와 잇몸에서 피가 나오고 빈혈을 일으켜 피부를 창백하게 하는 비타민은?

① 비타민 C   ② 비타민 D

③ 비타민 E   ④ 비타민 K

비타민 C가 부족시 괴혈병, 만성피로, 상처회복지연이 발생한다.

21 다음 중 수용성 비타민이 아닌 것은?

① 리보플라빈   ② 아스코르빈산

③ 레티놀   ④ 티아민

수용성 비타민은 B1(티아민), B2(리보플라빈), B6(피리독신), B12(시아노코발라민), 나이아신, 판토텐산, 비타민 C 등이 있고 레티놀은 비타민 A의 한 종류로 지용성 비타민이다.

22 비타민의 효능이 잘못 설명된 것은?

① 비타민 A : 피부탄력유지, 건성피부에 효과적이다.

② 비타민 C : 아스코르빈산의 유도체로 사용하며 미백제로 이용된다.

③ 비타민 E : 혈액순환 촉진과 피부청정효과가 있다.

④ 비타민 K : 칼시페롤이라고도 부르며 구루병을 예방한다.

23 체내에 많이 흡수되면 콜레스테롤이 침착하여 모세혈관의 노화현상이 일어나게 되는 영양성분은 무엇인가?

① 동물성 지방   ② 식물성 지방

③ 동물성 단백질   ④ 식물성 단백질

동물성 지방은 많이 흡수되면 콜레스테롤로 쌓이게 된다.

24 손톱, 발톱에 영양을 주는 무기질에 대한 설명으로 알맞은 것은?

① 칼슘이 부족하면 손톱의 발육이 느리다.

② 마그네슘의 부족으로 피부병, 조갑박리증이 발생한다.

③ 유황은 케라틴의 합성조력을 하며 손톱의 건강에 관여한다.

④ 철분은 적혈구의 헤모글로빈 구성성분으로 손톱의 건강에 관여한다.

유황은 아미노산 중 시스테인, 시스틴 등에 함유 된 물질로 케라틴의 합성을 도와 머리카락, 피부, 손톱 등의 건강에 관여한다.

25 다음 중 5대 영양소에 속하지 않는 것은?

① 물   ② 무기질

③ 비타민   ④ 탄수화물

● Answer ●
20.①   **21.**③   **22.**④   **23.**①   **24.**③   **25.**①

3대 영양소 : 탄수화물, 단백질, 지방
5대 영양소 : 탄수화물, 단백질, 지방, 무기질, 비타민
6대 영양소 : 탄수화물, 단백질 지방, 무기질 비타민, 물

26 효소의 구성요소로 핵산합성에 관여하고, 성장, 면역유지기능이 있고, 결핍시 상처회복 지연, 성장저하를 일으킬 수 있는 무기질은?

① 칼슘　　　　② 아연

③ 요오드　　　④ 나트륨

아연은 효소의 구성요소로 핵산합성에 관여, 상처치유 촉진, 식욕촉진, 성장촉진을 하고, 결핍시 상처회복지연, 성장저하를 일으킬 수도 있다.

27 피부의 각질, 털, 손톱, 발톱의 구성성분인 케라틴을 가장 많이 함유하고 있는 것은?

① 탄수화물　　② 동물성 단백질

③ 동물성 지방　④ 식물성 지방

케라틴은 동물성 단백질이다.

★
28 햇빛에 노출되었을 때 피부에서 생성되는 영양성분은?

① 비타민 B　　② 천연보습인자

③ 콜라겐　　　④ 비타민 D

비타민 D는 햇빛에 의해 피부에서 생성된다.

29 영양소 중 지방에 대한 설명으로 틀린 것은?

① 불포화지방산은 상온에서 액체 상태를 유지한다.

② 필수지방산은 식물성 지방보다 동물성 지방을 먹는 것이 좋다.

③ 지방은 체지방의 형태로 에너지를 저장하며 생체막 성분으로 체구성 역할과 피부보호 역할을 한다.

④ 지방이 분해되면 지방산이 되는데 이중 불포화 지방산은 인체 구성성분으로 중요한 역할을 하여 필수지방산이라고도 부른다.

필수지방산은 동물성보다 식물성 지방에 많이 함유되어 있다.

30 성장촉진, 생리대사의 보조역할, 면역기능 강화등의 역할을 하는 영양소는?

① 탄수화물　　② 무기질

③ 단백질　　　④ 비타민

비타민은 주 영양소는 아니지만 생명체의 정상적인 발육과 영양을 위해 외부에서 섭취해야 하는 꼭 필요한 영양소다.

★
31 혈액 속에서 헤모글로빈의 주성분으로서 산소와 결합하는 무기질은?

① 칼슘　　　　② 아연

③ 철　　　　　④ 셀레늄

● Answer ●
26.② 27.② 28.④ 29.② 30.④ 31.③

철은 혈액 속에서 헤모글로빈을 생성하고 산소를 운반하며 감염증에 대한 저항력을 증가시키고 빈혈을 예방한다.

★
32 태양의 자외선에 의해 피부에서 만들어지며 칼슘과 인의 흡수를 촉진하는 기능이 있어 골다공증의 예방에 효과적인 것은?

① 비타민 A　　　② 비타민 C
③ 비타민 D　　　④ 비타민 E

비타민 D는 자외선에 의해 피부에서 생성되는 영양소다.

33 체내에서 근육 및 신경의 자극 전도, 삼투압 조절 작용을 하며 식욕에 관계가 깊고 부족하면 피로감, 노동력 저하를 일으키는 무기질은?

① 나트륨　　　② 칼륨
③ 마그네슘　　　④ 아연

나트륨은 삼투압조절과 수분균형, 근육 및 신경자극 전도 역할을 한다.

34 뼈, 치아를 형성하는 성분으로 비타민 및 효소 활성에 관여하는 무기질은?

① 마그네슘　　　② 인
③ 구리　　　④ 셀레늄

인은 뼈와 치아를 유지하며 비타민 및 효소의 활성에 관여한다.

35 갑상선과 부신의 기능을 활발히 하여 피부를 건강하게 해주고 모세혈관의 기능을 정상화시켜주는 것은?

① 칼륨　　　② 아연
③ 구리　　　④ 요오드

요오드는 갑상선 및 부신의 기능을 촉진한다.

36 무기질에 대한 설명으로 옳지 않은 것은?

① 칼슘은 뼈와 치아를 단단하게 한다.
② 셀레늄은 신체에서 삼투압조절, 수분균형의 역할을 한다.
③ 요오드 부족시 갑상선 기능 저하증이 생길 수 있다.
④ 칼륨은 체내 노폐물 배설을 촉진해준다.

셀레늄은 항산화작용으로 노화를 억제해준다.

37 신체에 작용하는 물의 기능과 역할이 아닌 것은?

① 체온조절
② 호르몬 대사 조절
③ 세포 대사활동에 도움
④ 독소제거, 노폐물 운반

물은 체온조절, 수분공급, 세포 대사활동 도움, 장기 조직 보호, 각종 영양소의 용해·운반·배출, 독소제거, 노폐물 운반, 발암물질 희석, 피로감소, 숙취감소, 장 기능 활성화 등의 역할을 한다.

● Answer ●
32.③ **33.**① **34.**② **35.**④ **36.**② **37.**②

38 피부와 물에 대한 설명으로 옳지 않은 것은?

① 물이 부족하면 피부가 건조하고 주름이 생길 수도 있다.

② 피부의 약 60~70%가 수분으로 이루어져 있다.

③ 물의 충분한 공급으로 건강한 피부를 유지할 수 있다.

④ 건강한 피부유지를 위한 수분 섭취 권장량은 800ml이다.

건강한 피부를 위한 수분 섭취 권장량은 2000ml이다.

39 피부의 영양관리에 대한 설명으로 알맞은 것은?

① 마사지와 화장품만으로도 충분한 영양분이 공급된다.

② 외용약을 통해야만 부족한 영양분을 채울 수 있다.

③ 식품을 통해 대부분의 영양분이 공급된다.

④ 피부의 기능은 영양분과는 크게 상관이 없다.

피부의 영양분은 대부분 식품을 통해 공급된다.

40 건강한 체형을 위한 영양 섭취에 대한 설명으로 옳지 않은 것은?

① 과식과 편식을 줄인다.

② 인스턴트 식품의 섭취를 줄인다.

③ 비타민은 반드시 식품으로 섭취하지 않아도 된다.

④ 식사시 탄수화물, 단백질, 지방, 무기질 등을 골고루 섭취하도록 한다.

비타민은 식품으로 섭취하는 영양소다.

Answer
38.④ **39.**③ **40.**③

04 피부 장애와 질환

01 다음 중 속발진에 속하는 것은?

① 결절   ② 수포

③ 태선화   ④ 홍반

> 결절, 수포, 홍반은 원발진이고 태선화는 속발진이다.

02 진피에서 피하조직에 이르는 피부조직결손으로 흉터를 남기는 것은?

① 궤양   ② 켈로이드

③ 반점   ④ 팽진

> • 켈로이드 : 흉터가 표면 위로 올라온 흔적
> • 반점 : 융기나 함몰 없이 주변피부와 색이 다른 상태
> • 팽진 : 두드러기같이 일시적으로 부풀어오르는 상태

03 다음 중 원발진이 아닌 것은?

① 팽진   ② 구진

③ 궤양   ④ 농포

> 궤양은 속발진이고 팽진, 구진, 농포는 원발진이다.

04 아토피성 피부의 설명으로 옳지 않은 것은?

① 소아습진 질환이다.

② 유전적 소인이 있다.

③ 면직물을 착용하는 것이 좋다.

④ 더운 여름에 더 심해진다.

> 아토피는 가을과 겨울철에 더 심해진다.

05 속발진의 한 종류로 죽은 표피세포가 각질층에서 떨어지며 작은 얇은 각질 조각이 나타나는 증상은?

① 균열   ② 가피

③ 인설   ④ 위축

> 인설은 피부표면에서 벗겨져 떨어진 각질 조각이다.

06 원발진 종류에서 표재성의 일시적 부종으로 가려움증을 동반하고 부풀어 오르는 현상은?

① 팽진   ② 구진

③ 결절   ④ 반흔

> 팽진은 편평한 융기로 부풀어 오르는 부종성 발진으로 두드러기 같은 것이다.

07 속발진에 대한 연결이 바르게 된 것은?

① 균열 : 진피에서 피하조직에 이르는 피부조직 결손이다.

② 반흔 : 상처가 재생된 흔적으로 흉터다.

③ 위축 : 표피가 가죽처럼 두꺼워지며 딱

Answer

01.③   **02.**①   **03.**③   **04.**④   **05.**③   **06.**①   **07.**②

딱해진 상태다.

④ 변지 : 염증 때문에 표피가 연해져 피부가 짓무른 상태다.

> 균열 : 표피에서 진피까지 가늘고 깊게 찢어진 상처.
> 위축 : 피부의 퇴화변성으로 피부가 얇고 표면이 매끄러워 잔주름이 생기거나 둔한 광택이 난다.
> 변지 : 굳은살로 피부에 각질이 증식하여 두껍고 딱딱해진 상태.

08 피부병변의 형태를 설명한 것으로 알맞은 것은?

① 가피는 각질 조각으로 비듬도 이에 속한다.
② 균열은 표피가 가죽처럼 두꺼워져 딱딱해진 상태다.
③ 인설은 염증으로 표피가 떨어져나가 생살이 드러난 상태다.
④ 반흔은 진피가 손상된 것으로 모공이나 땀구멍이 없어진 것도 있다.

> 반흔은 진피가 손상되어 흉터로 자리 잡은 것으로 모공이나 땀구멍이 없어지기도 한다.

09 원발진에 대한 설명으로 옳지 않은 것은?

① 구진에는 습진, 피부염이 있다.
② 반점에는 노화반점, 백반, 몽고반점 등이 있다.
③ 낭종은 여드름피부의 1단계 형태.
④ 소수포는 직경 1cm 미만으로 투명한 액

체를 가진다.

> 낭종은 여드름피부의 4단계에 속하는 형태다.

10 피부병변 중 굳은살은 무엇이라 하는가?

① 반흔　　　　② 변지
③ 위축　　　　④ 미란

> 변지는 굳은살로 피부의 한부분이 반복적인 자극으로 각질이 증식하여 두껍고 딱딱해진 상태다.

11 피부병변 중 습진, 피부염으로 나타나는 것은 무엇인가?

① 수포　　　　② 결절
③ 구진　　　　④ 위축

> 구진은 1cm 미만의 융기된 병변 부위로 주위 피부보다 붉다.

★
12 피부질환의 초기 병변으로 건강한 피부에서 발생하지만 질병으로 간주되지 않는 피부의 변화는?

① 알레르기　　② 원발진
③ 속발진　　　④ 발진열

> 원발진은 건강한 피부에 처음으로 나타나는 변화를 말하며 원발진에 이어 나타나는 병적 변화를 속발진이라 한다.

13 ★ 다음 중 원발진으로만 짝지어진 것은?

① 홍반, 구진 ② 인설, 결절
③ 팽진, 변지 ④ 위축, 태선화

> 홍반, 구진, 결절, 팽진은 원발진이고 인설, 변지, 위축, 태선화는 속발진이다.

14 색소에 따른 피부의 이상증상 중에서 멜라닌 결핍으로 나타나는 질환은 무엇인가?

① 기미 ② 반점
③ 주근깨 ④ 백반증

> 백반증은 멜라닌결핍현상으로 피부색이 하얗게 나타나는 질환이다.

15 ★ 잠복했던 수두 바이러스에 의해 발생되며 신경을 따라 군집수포성 발진이 생기며 심한 통증을 동반하는 피부질환은?

① 단순포진 ② 대상포진
③ 홍역 ④ 풍진

> 대상포진은 잠복했던 수두 바이러스에 의해 면역력이 떨어질 때 잘 발생된다.

16 파포바 바이러스의 감염으로 생기는 딱딱한 구진형태의 피부질환은 무엇인가?

① 수두 ② 한관종
③ 대상포진 ④ 사마귀

> 사마귀는 파포바 바이러스에 의해 감염되는 감염성이 강한 질환이다.

17 ★ 헤르페스 바이러스 감염에 의해 점막이나 피부에 나타나는 질환은 무엇인가?

① 단순포진 ② 대상포진
③ 풍진 ④ 농가진

> 단순포진은 헤르페스 바이러스 감염에 의해 점막이나 피부에 나타나는 급성 수포성 질환으로 입, 입 주변, 성기, 항문 주변에 주로 발생하며 감염성이 있다.

18 주로 5세 이하의 어린아이들에게 발생해 소아습진이라고도 하며 심한 가려움과 이로 인한 찰과상이 있는 습진성 피부 질환은 무엇인가?

① 아토피 피부염 ② 지루성 피부염
③ 한진선 습진 ④ 변지형 습진

> 아토피 피부염에 대한 설명이다.

19 여드름 피부의 4단계에서 생성되며 완치후에도 반흔(흉터)이 남는 것은?

① 면포 ② 낭종
③ 가피 ④ 농포

> 낭종은 피부의 진피 안에 공동이 생긴 상태로 치료후에도 흉터가 생긴다.

Answer
13.① 14.④ 15.② 16.④ 17.① 18.① 19.②

20 안검 주위의 피부질환으로 모래알 크기의 작은 황백색 낭포가 나타나는 피부질환은?

① 비립종 　　　 ② 대상포진
③ 궤양 　　　　 ④ 켈로이드

안검 주위의 피부질환으로는 비립종과 한관종이 있다. 대상포진은 신경분포를 따라 전신에 걸쳐 나타나며 수포성 발진이다. 궤양은 염증성 과시에 의한 피부결손이다. 켈로이드는 흉터가 표면 위로 올라온 흔적이다.

★
21 화상의 분류 중 홍반, 부종, 통증과 함께 수포를 형성하는 화상의 단계는?

① 1도 화상 　　 ② 2도 화상
③ 3도 화상 　　 ④ 4도 화상

2도 화상은 수포성 화상으로 홍반, 부종, 통증과 함께 수포를 수반하며 흉터를 남긴다.

★
22 다음 중 바이러스에 의한 피부질환은?

① 칸디다증 　　 ② 비립종
③ 농가진 　　　 ④ 대상포진

대상포진은 수두를 앓고 난 뒤 잠복된 바이러스가 감염을 일으킨 것이다.

23 진균에 의한 피부질환이 아닌 것은?

① 무좀 　　　　 ② 두부백선
③ 아토피 피부염 ④ 칸디다증

아토피 피부염은 습진에 의한 피부질환이다.

24 다음 내용과 관련이 있는 피부질환은 무엇인가?

곰팡이균에 의해 발생하며 가려움증을 동반하며 피부 껍질이 벗겨지는 병변으로 주로 손과 발에서 번식한다.

① 풍진 　　　　 ② 사마귀
③ 백선 　　　　 ④ 농가진

백선은 일명 무좀으로 주로 발가락 사이의 곰팡이균에 의해 많이 발생된다.

25 티눈에 대한 설명으로 옳은 것은?

① 주로 발뒤꿈치에 생긴다.
② 각질층의 한 부위가 두꺼워져 생기는 각질층의 증식현상이다.
③ 발바닥과 발가락 사이에 발생하며 통증은 없다.
④ 각질핵은 병변의 윗부분에 위치하여 자연스럽게 제거된다.

티눈은 발바닥이나 발가락 사이에 주로 생기며 통증을 동반한다. 각질핵은 병변의 중심에 자리 잡고 있다.

26 모래알 크기의 각질세포로서 눈 아래 모공과 땀구멍에 주로 생기는 백색 구진 형태의 피부질환은?

① 비립종 　　　 ② 봉소염
③ 칸디다증 　　 ④ 화염성모반

● **Answer** ●
20.① 　21.② 　22.④ 　23.③ 　24.③ 　25.② 　26.①

27 다음 중 세균성 피부질환이 아닌 것은?

① 농가진　　　② 모낭염
③ 백선　　　　④ 옹종

> 백선은 무좀으로 진균에 의한 피부질환이다.

★
28 바이러스성 질환으로 수포가 입술 주위에 잘 생기고 흉터 없이 치유되나 재발이 잘되는 것은?

① 단순포진　　② 홍역
③ 한관종　　　④ 백선

> 단순포진은 헤르페스 바이러스 감염에 의해 생기는 급성 수포성 질환이다.

★
29 다음 중 2도 화상에 속하는 것은?

① 피하지방층 아래 근육까지 손상된 피부
② 피하지방층까지 손상된 피부
③ 햇볕에 그을린 피부
④ 진피층까지 손상되어 수포가 생긴 피부

> 2도 화상은 진피층까지 손상되어 수포가 발생한 피부로 홍반, 부종, 통증을 동반한다.

30 습진에 대한 설명으로 옳지 않은 것은?

① 접촉성 피부염은 외부 물질과 접촉에 의해 발생하는 피부염이다.
② 지루성 피부염은 피지선이 발달된 부위에 나타나는 염증성 질환이다.
③ 화폐상 습진은 동전에 의한 타원형 만성 피부질환이다.
④ 건성습진은 피부건조증이 심해지는 겨울철에 잘 나타난다.

> 화폐상 습진은 자극성 물질과 접촉, 유전적 요인, 알레르기, 스트레스 등 복합적 요인으로 나타나는 타원형 또는 동전 모양의 만성 피부질환이다.

31 다리의 혈액순환 이상으로 피부 밑에 검푸른 상태로 형성되는 피부질환은 무엇인가?

① 혈관 축소　　② 하지정맥류
③ 모세혈관 확장증　④ 동정맥류

> 하지정맥류는 주로 하지(다리)와 발의 정맥에 발생하며, 혈액순환 이상으로 정맥이 늘어나서 피부 밖으로 돌출되어 보이는 것이다.

32 다음 중 여드름의 발생 원인이 아닌 것은?

① 모낭 내 이상 각화
② 세균의 군락 형성
③ 피지 분비 증가
④ 아포크린선의 분비 증가

> 아포크린선은 겨드랑이, 유두, 배꼽 주위에 분포하는 땀샘이다.

33 피부의 과색소 침착 현상이 아닌 것은?

① 백반증　　　② 주근깨
③ 기미　　　　④ 검버섯

> 백반증은 색소 부족으로 일어나는 현상이다.

● Answer ●
27.③　28.①　29.④　30.③　31.②　32.④　33.①

★

34 화상의 구분 중 다음 설명에 해당하는 단계는?

> 피부 전층 및 신경이 손상된 상태로 피부색이 흰색 또는 검은색으로 변한 상태다.

① 1도 화상　　② 2도 화상

③ 3도 화상　　④ 4도 화상

> 1도 화상 : 국소 열감과 동통 수반
> 2도 화상 : 진피층까지 손상되어 수포 발생
> 3도 화상 : 피부 전층, 신경 손상
> 4도 화상 : 피부 전층, 근육, 신경, 뼈조직 손상

35 주로 40~50대에 나타나며 코와 뺨 등 얼굴의 중간 부위가 나비 형태로 붉어지고 혈관 확장이 주증상인 피부 병변은 무엇인가?

① 한관종　　② 주사

③ 소양감　　④ 대상포진

> 주사는 주로 코와 뺨 등 얼굴의 중간 부위에 발생하는데 붉어진 얼굴과 혈관 확장이 주증상이며 간혹 구진(1cm 미만 크기로 솟아오른 피부 병변), 농포(고름), 부종 등이 관찰되는 만성질환이다.

● **Answer** ●
34.③　**35.**②

CHAPTER

05 피부와 광선

01 자외선 B는 자외선 A에 비해 홍반 발생 능력이 몇 배 정도 되는가?

① 100배 ② 500배
③ 1000배 ④ 5000배

UV-B는 여름에 증가하며, UV-A보다 파장이 짧아 피부 깊숙이 침투하지는 못하지만 과다하게 쪼이면 일광화상을 일으키거나 홍반, 물집, 화상, 염증을 일으키며 피부노화의 원인이 된다.

02 멜라닌 과다에 의한 과색소 침착의 요인이 아닌 것은?

① 자외선이 피부내에 침투
② 자외선 차단제에 의한 과다 색소 발생
③ 스트레스에 의한 멜라닌 세포 자극
④ 내분비장애로 인한 에스트로겐 분비 증가

자외선 차단제는 멜라닌 발생 저해제다.

03 자외선이 미치는 영향으로 성향이 다른 하나는 무엇인가?

① 색소침착 ② 주름생성
③ 비타민 D 생성 ④ 탄력감소

색소침착, 주름생성, 탄력감소, 홍반반응 등은 자외선의 단점이고, 비타민 D 생성과 살균 및 소독, 혈액순환 촉진은 자외선의 장점이다.

04 다음 중 자외선의 영향이 아닌 것은?

① 홍반반응 ② 주름감소
③ 탄력감소 ④ 색소침착

자외선은 주름을 형성시킨다.

05 생활자외선이라고 불리며 실내 유리창을 통과하여 피부 진피층까지 침투되어 콜라겐 및 엘라스틴의 변성, 피부탄력저하, 주름생성 등 피부노화를 야기 시키는 자외선은?

① UV-A ② UV-B
③ UV-C ④ X선

UV-A에 대한 설명으로 320~400nm의 장파장으로 유리창도 투과해 생활자외선이라고도 한다.

06 다음 중 자외선의 영향이 아닌 것은?

① 살균, 소독력이 있다.
② 피부노화와 색소침착 등을 발생시킨다.
③ 통증완화 및 진정효과가 있다.
④ 콜라겐 및 엘라스틴의 변성을 가져온다.

통증완화와 진정효과가 있는 것은 적외선이다.

07 다음 중 적외선에 대한 설명으로 옳지 않은 것은?

① 살균력이 강한 화학선이다.

② 조사시에는 80cm 이상 간격을 둔다.

③ 신체 흡수된 부위에서 열이 난다.

④ 안면 조사시에는 눈을 아이패드로 보호한다.

살균력이 강한 것은 자외선이다.

★
08 다음 중 UV-A의 파장 범위는?

① 200~290nm   ② 290~320nm

③ 320~400nm   ④ 400~700nm

UV-A의 파장범위는 320~400nm이다.

★
09 피부에 자외선을 많이 조사했을 경우 발생되는 현상은?

① 세포의 탈피현상이 감소한다.

② 피부가 윤기가 나고 부드러워진다.

③ 피부에 탄력이 생기고 각질이 얇아진다.

④ 멜라닌 색소가 증가해 색소침착이 일어난다.

자외선에 의해 멜라닌 색소가 자극받아 주근깨, 기미와 같은 색소침착이 일어난다.

★
10 자외선 파장 중 홍반을 유발시키는 것은?

① UV-A   ② UV-B

③ UV-C   ④ R선

UV-B는 중파장으로 홍반을 유발한다.

★
11 다음 중 가장 강한 살균작용을 하는 광선은?

① 자외선   ② 근적외선

③ 가시광선   ④ 원적외선

자외선은 태양광선 중 가장 강한 살균작용을 한다.

★
12 다음 중 적외선에 대한 설명으로 옳지 않은 것은?

① 피부의 영양분 흡수를 돕는다.

② 혈류증가를 촉진시킨다.

③ 피부노화를 촉진시킨다.

④ 근육의 이완작용을 한다.

피부노화를 촉진하는 것은 자외선이다.

13 적외선을 피부에 조사시킬 때 나타나는 현상이 아닌 것은?

① 신진대사를 촉진시킨다.

② 근육을 이완시킨다.

③ 비타민 D를 합성한다.

④ 혈관을 확장시켜 혈액순환을 원활히 한다.

비타민 D를 생성시키는 것은 자외선이다.

14 단파장의 자외선으로 오존층에 완전 흡수되어 지표면에 도달되지 않지만 최근 오존층파괴로 인해 인체와 생태계에 영향을 미치는 자외선은?

① UV-A   ② UV-B

Answer
08.③ 09.④ 10.② 11.① 12.③ 13.③ 14.③

PART Ⅱ · 피부학

③ UV－C   ④ R선

UV-C는 단파장으로 강도가 강하지만 오존층에 의해 차단된다. 최근 오존층의 파괴로 인해 피부의 각질층에 도달된 파장은 피부암을 유발시키는 원인이 되고 있다.

15 다음 중 UV－B의 파장 범위는?

① 200~290nm   ② 290~320nm
③ 320~400nm   ④ 400~650nm

UV-B는 290~320nm의 중파장이다.

● Answer ●
15.②

01 혈액 내 림프구의 약 90%를 차지하며 정상 피부에 존재하는 림프구는?

① B림프구　　② NK림프구

③ T림프구　　④ NKT림프구

T림프구는 정상피부 대부분을 차지하는 림프구로 혈액 내 90%를 차지한다.

02 다음 중 능동면역이 아닌 것은?

① 홍역　　② 감마글로불린

③ 장티푸스　　④ 수두

감마글로불린은 수동면역이다.

★
03 특정한 병원체에 대해서 생명체가 강한 저항성을 나타내는 것으로 어떤 질병을 앓고 난 후 그 질병에 대한 저항성이 생기는 현상을 무엇이라 하는가?

① 항원　　② 항체

③ 면역　　④ 방어

질병에 대한 저항성이 생기는 현상을 면역이라고 한다.

04 면역혈청 주사(백신)를 통해 얻는 면역을 무엇이라고 하는가?

① 자연능동면역　　② 인공능동면역

③ 자연수동면역　　④ 인공수동면역

백신을 통해 면역을 얻는 것은 인공능동면역이다.

★
05 인체에서 면역반응을 일으키는 원인 물질을 무엇이라고 하는가?

① 항원　　② 항체

③ 면역　　④ 보체

항원은 인체의 면역체계에서 반응을 일으키는 원인 물질이다.

06 다음 중 후천적 면역에 대한 설명이 아닌 것은?

① 모체로부터 태반이나 수유를 통해 얻어지는 면역이다.

② 예방접종 후 얻어지는 면역이다.

③ 태어날 때부터 가지는 저항력이다.

④ 감염 이후 얻어지는 획득면역이다.

태어날 때부터 가지는 저항력은 선천적 면역이다.

★
07 면역반응 중 1차 방어로 기계적 방어벽에 해당하는 것은?

① 피부 각질층　② 소화효소

③ 섬모운동　④ 대식세포

> 1차 방어기전으로 기계적 방어벽에 해당하는 것은 피부 및 점막, 위산이나 눈물, 재채기 등이 있다.

08 다음 내용은 무엇에 대한 설명인가?

작은 림프구 모양의 세포로 종양 세포나 바이러스에 감염된 세포를 자발적으로 죽이는 세포

① 보체　② 항체

③ 대식세포　④ 자연살해세포

> 자연살해세포는 간이나 골수에서 성숙하여 바이러스에 감염된 세포나 암세포를 직접 파괴하는 면역세포다.

09 면역반응 중 항원과 접촉 후 면역글로불린이란 항체를 생성하여 항원을 공격하는 면역은 무엇인가?

① 자연능동면역　② 인공능동면역

③ B림프구　④ T림프구

> 면역글로불린을 생성하는 면역체제는 체액성면역을 담당하는 B림프구다.

10 피부의 면역에 관한 설명으로 알맞은 것은?

① T림프구는 항원전달세포에 해당한다.

② B림프구는 면역글로불린을 생성하여 항원을 공격한다.

③ 세포성 면역에는 보체, 항체, 인터페론 등이 있다.

④ 각질형성세포는 면역작용을 하지 않는다.

> 체액성 면역인 B림프구는 면역글로불린을 생성하여 항원을 공격한다.

★
01 자연적으로 나이가 들어 늙어감에 따라 나타나는 현상은?

① 내인성 노화 ② 외인성 노화
③ 광노화   ④ 항노화

> 내인성 노화는 나이가 들어감에 따라 시간의 진행에 의해 자연스러운 생리기능 저하로 나타나는 현상이다.

02 피부노화 현상으로 알맞지 않은 것은?

① 광노화로 교원질과 탄력소의 감소와 변형이 있다.
② 외인성 노화보다 내인성 노화에서 악성종양이 많이 발견된다.
③ 내인성 노화보다 광노화에서 표피 두께가 두꺼워진다.
④ 피부노화에는 자연적인 노화인 내인성 노화와 자외선에 의해 생기는 광노화가 있다.

> 종양이 발견될 때 외인성 노화(광노화)는 검버섯, 일광흑자 같은 양성종양과 기저세포암, 편평세포암 같은 악성종양이 생길 수 있고 내인성 노화는 양성인 경우가 많다.

03 피부가 장기간 광선에 노출되었을 때 피부가 거칠어지고 표피의 두께가 증가하고 과색소 침착이 이루어지는 현상은 무엇인가?

① 생리적 노화 ② 내인성 노화
③ 외인성 노화 ④ 유전적 노화

> 외인성 노화는 광노화라고도 하며 자외선에 오랜 기간 노출되었을 때 나타나는 노화현상이다.

04 피부노화 억제를 위한 것으로 옳은 것은?

① 노화 유전자
② 텔로미어 단축
③ 아미노산 라세미화
④ 항산화제

> 항산화제는 노화 억제를 위한 물질이며 노화 유전자와 텔로미어 단축, 아미노산 라세미화는 피부노화의 원인이다.

05 내인성 노화에 대한 설명이 아닌 것은?

① 생리적 노화에 해당된다.
② 자외선이 주요 요인이다.
③ 주름 및 색소침착 등의 현상이 나타난다.
④ 유전, 연령 증가, 호르몬의 영향을 받는다.

> 자외선이 주원인인 것은 외인성 노화(광노화)다.

★
06 광선의 노출이 장기간 이루어지면서 피부변화를 일으켜 노화로 진행되는 것을 무엇이라 하는가?

① 광노화 ② 생리적 노화
③ 내인성 노화 ④ 색소 노화

> 광노화는 자외선에 의해 노화가 촉진되는 현상으로 광선의 노출이 장기간 이루어질 때 나타나는 노화현상이다.

07 피부노화에 대한 설명으로 거리가 먼 것은?

① 멜라닌 세포가 소실된다.
② 피부의 탄력성이 떨어진다.
③ 랑게르한스 세포가 소실된다.
④ 피부의 피하지방층이 증가한다.

> 피부가 노화되면 피부의 피하지방층이 감소한다.

08 광노화 현상에 대한 설명으로 거리가 먼 것은?

① 피부의 탄력성이 떨어진다.
② 색소침착이 일어난다.
③ 유전자 정보에 의한 예정된 노화다.
④ 깊은 피부 주름과 처짐이 생긴다.

> 광노화는 자외선에 의한 노화현상이다.

09 피부노화로 인한 현상이 아닌 것은?

① 상처치유능력 저하

② 피부면역기능 증가
③ 항산화기능 저하
④ 피부종양 발생 증가

> 피부노화 시 피부면역기능은 저하된다.

10 피부노화를 지연시키기 위한 것으로 알맞지 않은 것은?

① 일광차단 의복과 모자 착용
② 레티노이드제 사용금지
③ 항산화제 섭취나 도포
④ 보습제 사용

> 레티노이드제는 피부노화 치료제다.

11 광노화로 인한 피부변화로 알맞지 않은 것은?

① 노인성 반점 ② 탄력성 손실
③ 모세혈관 확장 ④ 한선의 수 감소

> 광노화로 인한 피부 변화는 건조, 탄력저하, 주름생성, 피부 처짐, 주근깨, 모세혈관 확장 등이 있다.

12 피부노화 원인 중 외부적인 인자가 아닌 것은?

① 자외선 ② 나이
③ 흡연 ④ 건조

> 나이는 내인성 인자다.

● Answer ●
06.① 07.④ 08.③ 09.② 10.② 11.④ 12.②

13 자연노화의 현상이 아닌 것은?

① 망상층이 얇아진다.

② 각질층의 두께가 얇아진다.

③ 멜라닌 세포의 수가 감소된다.

④ 피하지방세포가 감소된다.

> 피부가 자연노화가 되면 각질층의 두께가 두꺼워진다.

14 내인성 노화의 원인으로 알맞은 것은?

① 나이   ② 흡연

③ 자외선   ④ 소식이나 절식

> 내인성 노화는 나이가 듦에 따라 자연스럽게 진행되는 노화다.

15 자연노화가 진행될 때 감소되는 것은?

① 주름   ② 색소침착

③ 각질층 두께   ④ 랑게르한스세포

> 피부노화가 진행되면 랑게르한스세포의 수가 줄어든다.

● **Answer** ●
13.②   **14.**①   **15.**④

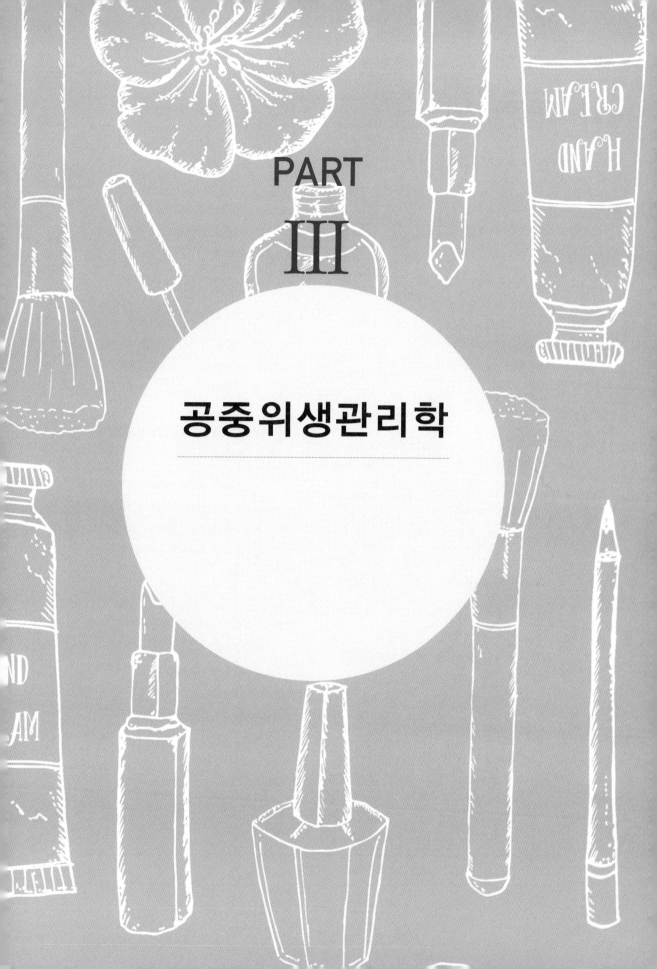

PART

III

공중위생관리학

01 공중보건에 대한 설명으로 가장 적절한 것은?

① 개인을 대상으로 한다.
② 예방을 대상으로 한다.
③ 지역사회를 대상으로 한다.
④ 사회를 대상으로 한다.

02 공중보건의 주된 목적에 속하지 않는 것은?

① 건강증진　　② 생명연장
③ 질병예방　　④ 전염병치료

> 공중보건학의 목적은 질병예방, 생명연장, 신체적, 정신적인 건강(효율)증진에 있다.

03 세계보건기구(WHO)의 기능이 아닌 것은?

① 보건문제 기술지원 및 자문
② 국제적 보건사업의 지휘 조정
③ 회원국에 대한 보건관계 자료 공급
④ 회원국에 대한 보건정책 조정

04 공중보건학의 개념과 가장 관련이 적은 내용은?

① 지역주민의 수명 연장에 관한 연구
② 육체적 정신적 효율 증진에 관한 연구
③ 성인병 치료기술에 관한 연구
④ 전염병 예방에 관한 연구

05 WHO의 3가지 건강 지표가 아닌 것은?

① 평균수명　　② 영아사망률
③ 조사망률　　④ 비례사망지수

06 WHO가 규정한 건강의 정의를 가장 잘 표현한 것은?

① 신체적·정신적으로 완전한 상태
② 질병이 없고 허약하지 않은 상태
③ 육체적·정신적으로 완전한 상태
④ 육체적·정신적·사회적 안녕이 완전한 상태

07 우리나라 공중보건기관에 대한 내용 중 틀린 것은?

① 전의감-의약품 관리
② 혜민서-서민 치료
③ 활인서-전염병 관리
④ 내의원-왕실의료

Answer
01.③　02.④　03.④　04.③　05.②　06.④　07.①

전의감 : 조선시대 의료행정과 의학 교육을 관장하던 관청

★
08 공중보건학 개념상 공중보건사업의 최소단위는?

① 기업 단위
② 대가족 단위
③ 지역사회 전체 주민
④ 노약자 및 빈민 계층

★
09 한 나라의 보건수준을 측정하는 지표로서 가장 적절한 것은?

① 국민소득
② 병원시설 수
③ 영아사망률
④ 전염병 발생률

10 세계보건기구(WHO)의 본부가 있는 곳은?

① 뉴욕
② 시드니
③ 제네바
④ 파리

★
11 C.E.A Winslow의 조직화된 지역사회노력의 내용과 거리가 먼 것은?

① 환경위생
② 질병치료
③ 개인위생에 관한 보건교육

④ 감염병관리

12 공중보건의 문제인 3P로 구성된 것은?

① 사망-공해-빈곤
② 인구-산업재해-빈곤
③ 인구-공해-빈곤
④ 질병-공해-빈곤

3P : 인구문제(Population), 공해문제(Polution), 빈곤문제(Poverty)

★
13 공중보건의 개념과 유사한 분야가 아닌 것은?

① 치료의학
② 사회의학
③ 예방의학
④ 건설의학

★
14 공중보건 사업 수행 시 지역사회에의 가장 좋은 지역사회 접근방법은?

① 보건행정
② 체계적인 보건교육
③ 보건관계법규
④ 강제집행

★
15 공중보건의 3대 사업이 아닌 것은?

① 보건교육
② 보건행정
③ 보건관계법규
④ 보건환경예방

16 최근 공중보건 분야에서 전 세계적으로 가장 큰 관심사가 되고 있는 사항은 무엇인가?

● Answer ●
08.③ **09.**③ **10.**③ **11.**④ **12.**③ **13.**① **14.**② **15.**④ **16.**②

① 식품위생관리　② 지구온난화
③ 급성전염병 관리　④ 모자보건

① 고대기-중세기-여명기-확립기-발전기
② 고대기-중세기-여명기-발전기-확립기
③ 여명기-고대기-중세기-확립기-발전기
④ 여명기-고대기-요람기-발전기-확립기

17 지역사회 공중보건사업계획에서 가장 먼저 조사되어야 할 사항은?

① 전염병 수　② 신체상태
③ 산업환경상태　④ 보건통계자료

★
18 공중보건사업 수행의 3대 사업이라고 할 수 있는 것은?

① 보건교육, 질병예방, 전염병 관리
② 보건교육, 보건행정, 보건관계법규
③ 질병예방, 전염병 관리, 보건관계법규
④ 보건교육, 전염병 관리, 보건관계법규

19 공중보건의 암흑기라고 불리던 시기는?

① 고대기　② 중세기
③ 여명기　④ 확립기

20 개인위생 개념에서 공중을 대상으로 하는 공중보건학이 싹튼 시기는?

① 중세기　② 확립기
③ 여명기　④ 발전기

★
21 공중보건학의 발달순서가 바르게 연결된 것은?

22 다음 중 공중보건사업과 관계가 가장 먼 것은?

① 암 환자 치료　② 보건교육
③ 전염병 예방　④ AIDS 예방

23 공중보건의 역사적 변천과정에서 볼 때 수많은 과학자들의 연구업적에 의해 예방의학으로 전환되기 시작한 시기는?

① 1300년대　② 1400년대
③ 1500년대　④ 1800년대

24 공중보건의 범위에서 건강증진활동, 질병의 예방 및 치료, 재활서비스, 사회복귀훈련 등을 의미하는 것은?

① 일차보건의료　② 예방의학
③ 보건의료　④ 보건수준

25 영국에서 세계 최초로 제정된 보건관련 법률은?

① 전염병예방법　② 위생관리법
③ 공중보건법　④ 사회보장법

● Answer ●
17.④　18.②　19.②　20.③　21.①　22.①　23.④　24.③　25.③

26 공중보건사업상 최우선으로 관리해야 할 환자는?

① 암 환자   ② 결핵 환자

③ 심장병 환자   ④ 뇌졸중 환자

> 공중보건은 예방의학의 개념을 가지므로 감염 우려가 있는 감염병 환자를 우선적으로 치료해야 한다.

27 WHO의 건강 정의에서 사회적 안녕(social well-being)의 의미는?

① 사회질서의 준수

② 고도의 문화수준

③ 사회보장의 실천

④ 각자의 역할수행

28 전체 사망자 수에 대한 50세 이상의 사망자 수를 나타내는 구성 비율은?

① 영아사망률   ② 평균수명

③ 비례사망지수   ④ 모자사망지수

29 우리나라가 세계보건기구에 가입한 년도는?

① 1945년   ② 1949년

③ 1950년   ④ 1959년

30 공중보건학의 범위가 아닌 것은?

① 질병치료분야   ② 환경보건분야

③ 질병관리분야   ④ 보건관리분야

31 Clark 교수가 주장하는 질병예방활동에서 2차 예방단계인 것은?

① 재활 및 사회복귀

② 조기발견, 조기치료

③ 예방접종, 생활양식 개선

④ 영양개선 및 보건교육

32 질병의 자연사에 따른 예방적 조치가 바르지 않은 것은?

① 비병원성기 - 건강증진 활동

② 초기 병원성기 - 생활환경 개선

③ 불현성 감염기 - 중증화의 예방

④ 발현성 감염기 - 악화방지

> 질병의 초기 병원성기는 예방접종이나 특수예방을 하는 소극적 예방시기

33 생명의 표현에 사용되는 인자가 아닌 것은?

① 사망수   ② 질병수

③ 평균여명   ④ 생존률

34 위생(Hygines)이란 단어를 최초로 사용한 사람은?

① Ramazzini   ② Winslow

③ Galenus   ④ Pettenkofer

● Answer ●
26.② 27.④ 28.③ 29.② 30.① 31.② 32.② 33.② 34.③

★
35 각 개인이 사회적인 역할과 임무를 효과적으로 수행할 수 있는 최적의 상태라고 기능주의적 관점에서 건강을 정의한 사람은?

① T. Parson   ② Pettenkofer
③ F.G. Clark   ④ Hippocrates

36 질병발생의 요인 중 숙주적 요인에 해당하지 않는 것은?

① 선천적 요인   ② 연령
③ 생리적 방어기전   ④ 경제적 수준

★
37 병인(병원체), 숙주, 환경이 평형을 이룰 때 건강을 유지하게 된다는 지렛대 이론을 주장한 학자는?

① F.G. Clark   ② Claud Bernard
③ John Gordon   ④ John Graunt

> F.G. Clark의 질병의 발생 : 병인(병원체), 숙주, 환경의 상호작용

38 F.G.Clark가 말한 질병발생의 3원론은?

① 민감도, 특이도, 예측도
② 병인, 숙주, 환경
③ 부정식품, 부정의약품, 부정의료
④ 인구, 공해, 빈곤

★
39 Leavell과 예방단계에 대한 설명 중 1차 예방단계에 속하는 것?

① 조기진단   ② 집단검진
③ 환경개선   ④ 재활치료

> Leavell과 Clark 교수의 질병 예방활동의 3단계
> ㉠ 1차적 예방 : 질병발생 억제 단계 – 생활개선(환경위생), 건강 증진, 특수예방, 예방접종
> ㉡ 2차적 예방 : 조기발견(진단)과 조기치료 단계
> ㉢ 3차적 예방 : 재활 및 사회복귀 단계

40 다음 중 질병의 1차적인 예방활동으로 볼 수 있는 것은?

① 영양섭취의 균등
② 환경위생의 개선
③ 보건교육을 통한 지식함양
④ 질병의 조기발견

41 질병의 자연사에 따른 각각의 예방수준이 다르기 마련인데 가장 효율적이고 적극적인 예방책은?

① 재활   ② 환경개선
③ 조기치료   ④ 예방접종

42 조기진단과 조기치료에 대한 설명으로 가장 적당한 것은?

① 예방접종을 의미한다.
② 감염성질환의 관리에는 중요시되지 않는다.

● Answer ●
35.① 36.④ 37.① 38.② 39.③ 40.③ 41.② 42.③

③ 모자보건에서 산전관리의 중요한 내용이 된다.

④ 예방의학의 건강증진단계이다.

★
43 보건지표에서 영아사망률이 조사망률보다 중시되는 이유가 아닌 것은?

① 영아사망률은 환경위생 등 보건상태와 연관이 있기 때문에

② 조사망률은 그 통계가 정확할 수 없기 때문에

③ 영아사망률은 일정 연령집단을 대상으로 한 통계이기 때문에

④ 영아사망률은 조사망률보다 통계적 유의성이 크기 때문에

★
44 건강 개념의 변천과정에 대한 설명으로 옳지 않은 것은?

① 신체적 개념에서 심신 개념으로 그리고 생활개념으로 바뀌었다.

② 정적 개념에서 동적 개념으로 바뀌었다.

③ 병리학적 개념에서 생태학적 개념으로 변모했다.

④ 연속성 개념에서 불연속성 개념으로 변천되었다.

45 건강의 개념에 대한 변천사가 옳게 연결된 것은?

① 신체개념 – 생활개념 – 정신개념

② 신체개념 – 정신개념 – 생활개념

③ 정신개념 – 신체개념 – 생활개념

④ 정신개념 – 생활개념 – 신체개념

> 건강의 개념은 이전에는 신체개념, 19세기에는 심신개념(육체적·정신적 개념), 이후에는 생활개념(사회개념)으로 변화

46 1차 보건의료의 실천을 결정한 도시와 시기는?

① 미국, 뉴욕, 1970년

② 영국, 런던, 1974년

③ 소련, 알마아타, 1978년

④ 필리핀, 마닐라, 1985년

> WHO는 1977년 「Health For All」이라는 목표를 설정하고, 1978년 구소련의 알마아타(Alma-Ata) 회의에서 그 목표 실현방안으로 1차 보건의료를 제안

★
47 세계보건기구에서 규정한 보건행정의 범위에 속하지 않는 것은?

① 보건관계기록의 보전

② 환경위생과 감염병 관리

③ 보건통계와 만성병 관리

④ 모자보건과 보건간호

48 생후 6개월 이내에 기본접종을 실시하는 감염병이 아닌 것은?

① 경구용 폴리오, B형 간염

② 디프테리아, 백일해

③ 결핵, 파상풍
④ 콜레라, 홍역

★

49 인체에 질병을 일으키는 병원체 중 살아있는 세포에서만 증식하고 가장 작아 전자현미경으로만 관찰 할 수 있는 것은?

① 구균　　　　② 간균
③ 바이러스　　④ 원생동물

50 전염병을 옮기는 매개곤충과 질병의 관계가 바른 것은?

① 발진티푸스 - 모기
② 말라리아 - 진드기
③ 일본뇌염 - 체체파리
④ 재귀열 - 이

★

51 다음의 전염병 중 호흡기계 전염병에 속하는 것은?

① 콜레라　　　② 장티푸스
③ 백일해　　　④ 유행성간염

52 환자의 격리가 가장 중요한 관리방법이 되는 전염병은?

① 결핵, 한센병　② 일본뇌염, 성홍열
③ 파상풍, 백일해　④ 폴리오, 풍진

53 후천성면역결핍증(AIDS)의 전파원인 중 적절하지 않는 것은?

① 주사기　　　② 수혈
③ 성적접촉　　④ 호흡기

54 전염병 유행의 요인 중 전파경로와 가장 관계가 깊은 것은?

① 인종　　　　② 영양상태
③ 환경요인　　④ 개인의 감수성

55 다음은 요충에 대한 설명이다. 맞는 것은?

① 전염력이 있다.
② 충란을 산란할 때는 소양증이 없다.
③ 흡충류에 속한다.
④ 심한 복통이 특징이다.

★

56 다음 중 전염병 관리상 가장 중요하게 취급되어져야 할 대상자는?

① 감염성 환자　② 잠복기 환자
③ 건강보균자　④ 회복기보균자

57 바퀴벌레가 주로 전파할 수 있는 병원균의 질병이 아닌 것은?

① 재귀열　　　② 이질
③ 콜레라　　　④ 장티푸스

● Answer ●
49.③　50.④　51.③　52.①　53.④　54.③　55.①　56.③　57.①

★
58 다음 중 매개곤충이 전파하는 전염병과 연결이 잘못된 것은?

① 진드기 - 유행성출혈열
② 모기 - 일본뇌염
③ 파리 - 사상충
④ 벼룩 - 페스트

59 다음 법정 전염병중 제1군 전염병이 아닌 것은?

① 페스트　　② 콜레라
③ 세균성이질　④ 폴리오

60 돼지고기를 생식하는 지역주민에게 많이 나타나며 성충 감염보다는 충란 섭취로 뇌, 안구, 근육, 심장, 폐 등에 낭충증 감염을 많이 유발시키는 것은?

① 폐촌충증　　② 광절열두조충증
③ 유구조충증　④ 무구조충증

> 유구조충증(갈고리촌충) : 돼지고기
> 무구조충증(민촌충) : 소고기
> 긴촌충증 (광열광절열두조충증) : 송어, 연어

★
61 구충 · 구서의 가장 근본적인 방법은 무엇인가?

① 생물학적 방법　② 물리적 방법
③ 화학적 방법　　④ 환경적 방법

62 파리가 전파할 가능성이 가장 적은 전염병은?

① 회충　　② 콜레라
③ 이질　　④ 홍역

63 쥐가 전파하는 질병이 아닌 것은?

① 페스트　　　② 살모넬라증
③ 유행성 출혈열　④ 유행성 간염

★
64 다음 중 상호 관계가 없는 것끼리 연결된 것은?

① 증식형 전파 - 벼룩 - 페스트
② 기계적 전파 - 파리 - 황열
③ 배설형 전파 - 이 - 발진티푸스
④ 발육형 전파 - 모기 - 말레이사상충

65 다음 중 호흡기계 전염병은?

① 홍역　　　② 장티푸스
③ 세균성 이질　④ 콜레라

66 수건 등 개달물을 통해 전파될 수 있는 질병은?

① 세균성이질　② 트라코마
③ 홍역　　　　④ 콜레라

> 트라코마(눈병)는 소독하지 않은 수건을 통해 감염

● Answer ●
58.③　59.③　60.③　61.④　62.④　63.④　64.②　65.①　66.②

67 유행성 이하선염이나 홍역 같은 전염성 질환이 몇 년을 주기로 유행하는 현상과 관계있는 것은?

① 집단면역 ② 역학적 이행
③ 공동매개 전파 ④ 유전적 감수성

★
68 절지동물에 의해 매개되는 감염병이 아닌 것은?

① 탄저 ② 유행성 일본뇌염
③ 발진티푸스 ④ 페스트

> 절지동물에는 모기, 진드기, 파리, 이 등이 있다.

★
69 법정 감염병 중 제 4군 감염병에 속하는 것은?

① 콜레라 ② 디프테리아
③ 말라리아 ④ 황열

70 우리나라 평균수명이 과거보다 길어진 이유는?

① 영아사망률의 저하
② 조출생률의 저하
③ 의료수준의 향상
④ 의료보험의 확대실시

★
71 다음 기생충 중 중간숙주와의 연결이 틀리게 된 것은?

① 회충 – 채소 ② 흡충류 – 돼지
③ 무구조충 – 소 ④ 사상충 – 모기

72 다음 중 인공능동면역의 특성을 가장 잘 설명한 것은?

① 항독소(antitoxin)등 인공제제를 접종하여 형성되는 면역
② 생균백신, 사균백신 및 순화독소의 접종으로 형성되는 면역
③ 모체로부터 태반이나 수유를 통해 형성되는 면역
④ 각종 전염병 감염 후 형성되는 면역

★
73 개달전염과 무관한 것은?

① 의복 ② 식품
③ 책상 ④ 장난감

74 질병을 조기에 진단 또는 치료하여 질병의 진전을 막는 것에 해당하는 것은?

① 1차 예방 ② 2차 예방
③ 3차 예방 ④ 4차 예방

75 다음 중 질병의 1차 예방활동에 속하지 않는 것은?

① 건강상담, 보건교육
② 영양개선, 환경개선
③ 질병예방, 건강증진
④ 가족계획, 예방접종

Answer
67.① 68.① 69.④ 70.① 71.② 72.② 73.② 74.② 75.④

★
76 질병의 자연사에서 불현성 감염기에 시행할 수 있는 예방적 조치는 무엇인가?

① 재활, 무능력의 예방
② 환경위생, 집단검진
③ 조기진단, 조기치료
④ 건강증진, 보건교육

★
77 호기성 세균이 아닌 것은?

① 파상풍균　　② 백일해균
③ 녹농균　　　④ 결핵균

★
78 다음 중 원발진에 해당하는 피부질환은?

① 미란　　② 가피
③ 면포　　④ 반흔

★
79 바이러스성 피부질환은?

① 모낭염　　② 단순포진
③ 용종　　　④ 절종

★
80 다음 기생충 중 송어, 연어 등의 생식으로 주로 감염될 수 있는 것은?

① 유구낭충증　　② 무구조충증
③ 긴촌충증　　　④ 유구조충증

★
81 가족계획사업의 효과에서 가장 유력한 지표는?

① 인구증가율　　② 남녀출생비
③ 조출생율　　　④ 평균여명년수

★
82 공중보건사업 수행의 3대요소로 묶어진 것은?

① 보건교육 - 보건행정 - 보건관계법
② 감염병 관리 - 보건행정 - 보건관계법
③ 보건행정 - 모자보건 - 인구보건
④ 감염병관리 - 보건행정 - 가족계획

83 우리나라 평균수명이 과거보다 길어진 이유는?

① 영아사망률의 저하
② 조출생률의 저하
③ 의료수준의 향상
④ 의료보험의 확대실시

84 다음중 가족의 기능과 거리가 먼 것은?

① 경제적 기능
② 종교적 기능
③ 사회에 대한 보호와 안전을 위한 기능
④ 성적 욕구 충족의 기능

85 다음 중 가족관계의 요소가 아닌 것은?

① 혼인　　② 양육
③ 입양　　④ 혈연

● **Answer** ●
76.③　77.①　78.③　79.②　80.③　81.③　82.①　83.①　84.③　85.②

86 우리나라에서 생활보호대상 노인의 지정 나이는 몇 세인가?

① 65세 이상의 노인
② 70세 이상의 노인
③ 75세 이상의 노인
④ 80세 이상의 노인

87 비례사망지수가 매우 높다면 그 나라의 건강수준은?

① 건강수준이 낮다.
② 건강수준이 높다.
③ 건강수준이 보통이다.
④ 건강수준과 무관하다.

> 비례사망지수는 50세 이상의 사망지수가 차지하는 비율이므로 비례사망지수가 높으면 건강수준이 높다.

88 국민건강보험법에서 규정한 요양급여 대상이 아닌 것은?

① 질병
② 부상
③ 교통사고
④ 출산

89 가족이나 종교, 경제 제도 등의 여타 사회제도와 구분되어 사회복지 제도가 가지는 대표적 사회 기능은?

① 생산 및 소비
② 상호부조
③ 사회화
④ 사회통제

90 다음 중 기후의 3대 요소는?

① 기압
② 기류
③ 강우
④ 일조량

91 자외선에 관한 설명으로 틀린 것은?

① 자외선 중에는 도노선이라는 생명선이 있다.
② 비타민 B를 형성한다.
③ 피부에 홍반 색소 등을 침착시킨다.
④ 살균 작용을 한다.

92 공기의 자정작용 현상을 가장 잘못 설명한 것은?

① 공기 자체의 희석작용
② 강우, 강설 등에 의하여 분진이나 용해성 가스의 세정작용
③ 산소 및 오존등에 의한 산화작용
④ 식물의 탄소동화작용에 의한 이산화탄소의 생산작용

> 공기의 자정작용 현상은 식물의 광합성에 의한 산소의 생산 작용

93 성인의 1일 호흡에 필요한 공기량은 약 몇 kL인가?

① 3kL
② 9kL
③ 11kL
④ 13kL

> 성인의 1일 산소 소비량은 0.52~0.65kL이다.

Answer
86.① 87.② 88.③ 89.② 90.② 91.② 92.④ 93.④

94 잠함병에 관한 설명으로 틀린 것은?

① 고압환경에서 작업하는 사람에게 잘 발생한다.

② 고지 거주자나 고산 등산 시 잘 발생한다.

③ 체액 및 지방조직에서 질소 기포의 증가가 원인이다.

④ 고압환경에서 급감압시에 잘 발생된다.

> 잠함병: 물속 깊이 잠수했다가 감압없이 급격히 상승할 때 기압차 때문에 발생하는 병. 일명 해녀병.

95 고산지대에서 발생할 수 있는 질병은 무엇인가?

① 저산소증　　　② 잠함병

③ 산소중독증　　④ 일산화탄소 중독

96 저산소 상태에서 발생되는 질병은 무엇인가?

① 일산화탄소 중독　② 저산소증

③ 산소중독　　　　④ 잠함병

★
97 공기 중의 산소가 몇 % 이하가 되면 호흡이 곤란해지는가?

① 7%　　　　　② 10%

③ 15%　　　　④ 17%

98 CO_2를 실내공기의 오염지표로 사용하는 이유는 무엇인가?

① 산소량과 반비례하므로

② 공기 중 산소, 질소 등의 가스 구성비를 알 수 있기 때문에

③ CO_2가 CO 가스로 변화하므로

④ 공기오염의 전반적인 상태를 추측할 수 있기 때문에

> CO_2(이산화탄소)는 무색, 무취의 가스이며 과농도일 때 인체에 치명적인 영향을 미칠 수가 있다.

★
99 공기 중 CO_2가 몇 % 이상이면 호흡곤란이 생기는가?

① 0.3%　　　　② 1%

③ 3%　　　　　④ 7%

100 일산화탄소에 대한 설명으로 잘못 설명한 것은?

① 연소 초기와 말기에는 발생량이 감소한다.

② 자극성이 없지만 중독성이 강하다.

③ 헤모글로빈에 대한 친화력이 산소보다 강하다.

④ 무색, 무취의 기체이다.

★
101 불완전 연소 시에 CO 가스의 발생을 감소시키는 가장 좋은 방법은?

① 질소가스 공급

② 이산화탄소 공급

③ 신선한 공기의 공급

● Answer ●
94.② 　95.① 　96.② 　97.② 　98.④ 　99.④ 　100.① 　101.③

④ 공기의 차단

102 일산화탄소 중독의 후유증과 관계가 가장 적은 것은 무엇인가?

① 신경장애　　　② 호흡기능장애
③ 시야협소　　　④ 소화기능장애

103 잠함병 발생과 관계가 가장 적은 것은?

① 질소
② 비만증 환자의 고압하 작업
③ 지방조직
④ 고지 거주

★
104 다음 중 고산지대 거주자에게 발생할 수 있는 질병은?

① 저산소증　　　② 일산화탄소 중독
③ 군집독　　　④ 산소중독증

105 세균증식에 가장 적합한 최적 수소이온 농도는?

① pH 3.5~5.5　　　② pH 6.0~8.0
③ pH 8.5~10.0　　　④ pH 10.5~11.5

★
106 기후대의 특성이 아닌 것은?

① 열대　　　② 아열대
③ 사막지대　　　④ 온대

107 자외선의 작용과 관련성이 가장 적은 것은?

① 일사병 발생작용
② 피부색소 침착작용
③ 피부암 유발 작용
④ 살균작용

★
108 우리나라는 자외선 지수를 몇 단계로 구분하여 규정하고 있는가?

① 3단계　　　② 5단계
③ 7단계　　　④ 10단계

109 온열조건에 관여하는 4대 온열요소에 해당하지 않는 것은?

① 기습　　　② 기온
③ 기류　　　④ 기압

★
110 실내의 가장 쾌적한 습도는 몇 %인가?

① 10% 이하　　　② 20~40%
③ 40~70%　　　④ 70~80%

111 기습에 관한 설명으로 틀린 것은?

① 기습은 기후를 완화시킨다.
② 기습은 12~14시 사이가 가장 높다.
③ 더울 때 기습이 높으면 더 덥다.
④ 추울 때 기습이 낮으면 더 춥다.

Answer
102.④　103.④　104.①　105.②　106.③　107.①　108.④　109.④　110.③　111.②

112 겨울철의 최적 감각 온도가 여름철보다 낮은 이유는 무엇 때문인가?

① 체온의 하강현상 ② 체온의 상승현상
③ 온도 적응 현상 ④ 온도 순응 현상

113 불쾌지수를 산출하는 데 관여하는 온열요소는?

① 기온, 기습 ② 기온, 기류
③ 기온, 기압 ④ 기류, 기압

★
114 불쾌지수가 얼마 이상이 되면 거의 모든 사람이 불쾌감을 느낄 수 있는가?

① 70 ② 75
③ 80 ④ 85

115 성인의 1일 산소 소비량은 약 몇 L인가?

① 50~80L ② 160~180L
③ 200~250L ④ 520~650L

★
116 실내공기의 오염지표로 하는 기체명과 서한도는?

① CO_2 - 1,000ppm ② CO_2 - 100ppm
③ CO - 1,000ppm ④ CO - 100ppm

★
117 수인성 전염병이 아닌 것은?

① 장티푸스 ② 콜레라

③ 발진티푸스 ④ 세균성이질

> 수인성 점염병 : 병원성 미생물에 오염된 물에 의해 매개되는 전염병으로 설사, 복통, 구토 등이 나타나는 소화기계 질환

118 수중의 세균이 감소하는 이유와 관계가 가장 적은 것은?

① 영양원의 부족
② 높은 습도, 많은 강수량
③ 일광의 살균작용
④ 수온의 변화

★
119 대장균을 수질 판정기준으로 하는 이유가 아닌 것은?

① 병원성이 크기 때문에
② 병원균의 오염을 추정할 수 있기 때문에
③ 병독성이 강한 균이기 때문에
④ 검출이 정확하기 때문에

120 수질검사에서 암모니아성 질소가 검출된 의미를 가장 잘 설명한 것은?

① 유기물로 오염되지 않았다는 의미
② 유기물로 오염된 지 얼마 되지 않았다는 의미
③ 중금속 물질로 오염되었다는 의미
④ 병원균으로 오염되었다는 의미

● Answer ●
112.④ 113.① 114.③ 115.④ 116.① 117.③ 118.② 119.① 120.②

★
121 상수 오염검사의 지표로 사용하는 항목이 아 닌 것은?

① 대장균수 　　　② 병원균수
③ 일반세균수 　　 ④ 염소이온

★
122 판정 기준상 식수의 일반세균수는 1mL 중 얼마 이하여야 하는가?

① 10 이하 　　　 ② 50 이하
③ 100 이하 　　　④ 200 이하

123 음용수 소독에 염소를 사용하는 이유와 관계 가 없는 것은?

① 강한 소독력이 있기 때문에
② 강한 잔류효과가 있기 때문에
③ 경제적이기 때문에
④ 무취, 무독하기 때문에

★
124 물의 염소 요구량을 가장 잘 설명한 것은?

① 물에 주입하는 총 염소량
② 수중의 유기물질을 산화하는 데 필요한 염소량
③ 수중 유기물질을 산화시키고 남는 염소량
④ 물에 여분으로 주입하는 염소량

★
125 생화학적 산소요구량(BOD)을 가장 잘 표현 한 것은?

① 하수 중의 용존 산소량
② 수중생물의 서식에 필요한 산소량
③ 하수의 유기물을 산화하는 데 소모되는 산소의 손실량
④ 하수에 용존되는 산소의 손실량

126 하수도의 복개로 가장 문제시 될 수 있는 것 은?

① 이산화탄소 증가 ② pH의 증가
③ 메탄가스 증가 　④ 대장균 증가

127 하수처리에서 예비처리에 해당되는 것은?

① 침사지 　　　　② 활성오니처리
③ 살수여과처리 　④ 혐기성 분해처리

128 하수의 본 처리에 해당되는 것은?

① 슬러지 처리
② 스크린에 의한 제거
③ 폭기조
④ 침사조에 의한 처리

129 상수의 잔류염소량을 가장 잘 표현한 것은?

① 물에 주입한 염소의 총량
② 불연속점 이상 주입된 염소량
③ 물의 염소 요구량
④ 수중의 결합 염소량

Answer
121.② 122.③ 123.④ 124.② 125.③ 126.③ 127.① 128.③ 129.②

130 목욕탕 오염과 전혀 관계가 없는 질병은?

① 질트리코모나스　② 트라코마

③ 성병, 피부병　　④ 당뇨병

★
131 수영장 오염과 직접적으로 관계가 없는 질병은?

① 안질, 결막염　　② 장티푸스, 이질

③ 사상충, 말라리아④ 중이염, 외이염

132 하수처리에서 활성오니법은 무슨 처리인가?

① 물리적 처리　　② 화학적 처리

③ 생물학적 처리　④ 기계적 처리

133 하수의 호기성 분해 처리 과정에서 가장 많이 발생되는 기체는?

① 이산화탄소　　② 일산화탄소

③ 황화수소　　　④ 수소가스

★
134 생화학적 산소요구량은 하수 중의 무엇과 정비례하는가?

① 용존산소량　　② 하수량

③ 무기물량　　　④ 유기물량

135 공장 화학물질의 폐수 오염을 측정할 때 이용하는 대표적 지표는?

① 화학적 산소요구량

② 일반세균량

③ 용존산소량

④ 부유물질량

136 환경위생상 폐기물 소각처리법의 가장 큰 문제점은 무엇인가?

① 대기오염 및 다이옥신 발생

② 화재 발생의 위험

③ 세균의 번식

④ 전염병 발생

137 하천수 중의 용존산소가 적다는 것은 어떤 의미인가?

① 오염도가 낮다는 의미

② 오염도가 높다는 의미

③ 어류 서식에 적합하다는 의미

④ 자정작용이 잘 이루어지고 있다는 의미

★
138 일반적으로 BOD와 DO값은 어떤 관계가 있는가?

① BOD가 높으면, DO는 낮다.

② BOD가 낮으면, DO도 낮다.

③ BOD가 높으면, DO도 높다.

④ BOD와 DO값은 항상 같다.

139 병원 폐기물의 가장 안전한 처리법은?

① 소각법　　　　② 매립법

• Answer •
130.④　131.③　132.③　133.①　134.④　135.①　136.①　137.②　138.①　139.①

③ 소화처리법　　④ 퇴비화법

140 우리나라 도시 폐기물 처리법 중 가장 많이 이용되는 것은?

① 소각법　　　　② 매립법
③ 해양투기법　　④ 퇴비화법

141 폐기물과 국민보건이 직접적으로 관련성이 없는 내용은?

① 환경위생의 악화
② 결핵 및 한센병의 전염원
③ 악취 발생원
④ 병원미생물의 전염원

142 도시하수의 하천 유입으로 발생되는 현상과 관련성이 가장 적은 것은?

① 생화학적 산소요구량의 증가
② 용존산소량의 증가
③ 화학적 산소요구량의 증가
④ 부유 고형물의 양적 증가

143 실내의 보건적 환경조건으로 가장 부적절한 것은?

① 거실온도 : 18±2
② 기습 : 40~70%
③ 실내조도 : 50~80Lux
④ 기류 : 1m/sec

★
144 냉방 및 난방이 필요한 실내온도는?

① 26℃, 15℃　　② 22℃, 10℃
③ 26℃, 10℃　　④ 18℃, 5℃

145 새집증후군의 발생원인은?

① 사람의 호흡에서 발생하는 이산화탄소
② 난방용 연료의 연소가스
③ 가구에서 발생하는 휘발성 유기화합물
④ 자동차에서 발생하는 오염물질

★
146 의복의 착용으로 체온조절이 가능한 기온의 범위는?

① 0~15℃　　　② 5~20℃
③ 10~26℃　　 ④ 10~40℃

147 주택의 보건학적 조건을 가장 잘못 설명한 것은?

① 환기조절이 양호해야 한다.
② 채광조절이 용이해야 한다.
③ 소음방지가 양호해야 한다.
④ 언덕의 중턱에 위치해야 한다.

148 주택의 보건학적 조건으로 가장 부적절한 것은?

① 공장이나 산업장이 인근에 없을 것
② 남향 또는 동남향일 것
③ 폐기물 매립 후 3년 이상 경과한 택지일 것

Answer
140.② 141.② 142.② 143.④ 144.③ 145.③ 146.③ 147.④ 148.③

④ 지하수위는 3m 이상일 것

★

149 세균성 식중독의 특성에 대한 설명으로 옳지 않은 것은?

① 잠복기가 비교적 짧다.
② 면역이 생기지 않는다.
③ 2차 감염이 주로 일어난다.
④ 여름철에 많이 발생한다.

150 WHO가 규정한 식품위생의 궁극적 목표가 아닌 것은?

① 식품의 안전성 확보
② 식품의 건전성 확보
③ 식품의 완전무결성 확보
④ 식품의 균질성 확보

151 식중독에 관한 설명으로 옳지 않은 것은?

① 급성위장염의 일종이다.
② 세균에 의한 전염성 질병의 일종이다.
③ 화학물질의 오염에 의한 식중독이 있다.
④ 세균의 감염에 의한 감염형 식중독이 있다.

152 세균성 식중독이 소화기계 전염병과의 차이점으로 옳지 않은 것은?

① 잠복기간이 짧다.
② 면역이 형성되지 않는다.
③ 2차 감염이 잘 형성되지 않는다.
④ 균이 분비한 병 독소로만 발병한다.

153 치명률이 가장 높고, 중추신경계 증상을 일으키는 식중독은?

① 살모넬라균 식중독
② 보툴리누스균 식중독
③ 포도상구균 식중독
④ 비브리오균 식중독

154 식품의 부패와 관계가 가장 적은 것은?

① 온도   ② 습도
③ 기압   ④ 식품의 당도

155 식품의 보존방법 중 옳지 않은 것은?

① 가열법, 냉장법 ② 염산처리법
③ 절임법, 훈연법 ④ 방부제 처리법

156 식중독의 원인이 될 가능성이 가장 적은 금속류는?

① 수은   ② 납
③ 철분   ④ 카드뮴

157 유해금속류에 의한 식중독의 공통적 증상은?

① 고열   ② 호흡곤란
③ 구토   ④ 지각마비

158 상수에서 검출되어서는 안되는 물질은?

① 불소   ② 철분

③ 납   ④ 수은

159 이타이이타이병의 원인이 되는 금속류는?

① 비소   ② 카드뮴
③ 납   ④ 수은

160 식품을 통해서 전파될 가능성이 가장 적은 전염병은?

① 장티푸스, 파라티푸스
② 홍역, 발진열
③ 폴리오, 전염성설사증
④ 콜레라, 유행성간염

161 야채를 통해서 감염될 가능성이 가장 적은 기생충은?

① 회충   ② 편충
③ 유구낭충   ④ 긴촌충

162 식품위생법의 규제대상이 아닌 것은?

① 식기류, 용기
② 포장
③ 식품첨가물
④ 식품의 영양물질 구성비

163 식품위생법상 판매금지 내용에 해당하지 않는 것은?

① 부패, 변질, 미숙한 것
② 유해, 유독물질이 함유된 것

③ 병원미생물 오염식품
④ 방부제를 사용한 것

164 식중독 발생의 관리대책으로 옳지 않은 것은?

① 예방접종과 환자 격리 수용
② 식중독 환자의 위세척 및 치료
③ 식품의 냉장, 냉동, 가열처리 철저
④ 식품에 대한 검사실 소견 확인 및 위생 관리

165 탄산가스의 실내 최대 허용 한계량은?

① 0.1%   ② 0.2%
③ 0.3%   ④ 0.7%

166 사람에게는 열병, 동물에게는 유산을 일으키는 인수공통전염병은?

① 결핵   ② 브루셀라병
③ 탄저병   ④ 야토병

167 통조림 같은 밀봉식품의 부패로 나타날 수 있는 식중독은?

① 살모넬라   ② 보툴리누스
③ 포도상구균   ④ 장염비브리오

168 식품위생의 주 대상이 아닌 것은?

① 영양   ② 식품
③ 식품첨가물   ④ 기구 및 용기

● Answer ●
159.② 160.② 161.④ 162.④ 163.④ 164.① 165.① 166.② 167.② 168.①

169 조선시대 이후 우리나라 보건행정의 발달 순서는?

① 일제강점기-미군정-과도정부-정부수립
② 조선-정부수립-미군정-일제강점기-과도정부
③ 일제강점기-과도정부-미군정-정부수립
④ 미군정-일제강점기-과도정부-정부수립

★
170 다음 중 WHO에서 정하는 보건행정의 범위가 아닌 것은?

① 보건시설 운영　② 보건통계
③ 보건교육　　　 ④ 모자보건

> WHO에서 정하는 보건행정업무에는 보건통계, 보건교육, 환경위생, 감염병관리, 모자보건, 의료제공, 보건간호사업 등이 있다.

★
171 우리나라에서 현대적 의미의 보건행정을 시작한 기구로 맞는 것은?

① 보건후생부　② 보건복지부
③ 위생국　　　 ④ 사회부

★
172 보건행정활동의 4대 요소와 거리가 먼 것은?

① 교육　　② 법규
③ 예산　　④ 인사

★
173 WHO와 미국보건협회가 규정하고 있는 보건행정의 범위로 가장 중요한 공통사항은?

① 보건교육과 홍보 ② 전염병관리
③ 보건검사　　　　 ④ 모자보건

174 보건행정의 기본 활동이 아닌 것은?

① 보건교육사업　② 환경위생사업
③ 질병치료사업　④ 보건통계사업

175 보건행정의 기술적 원칙 적용의 범위에 해당되지 않는 것은?

① 생태학적 고찰
② 경제적 기초 자료
③ 역학적 기초 확립
④ 의학적 기초 확립

176 보건행정의 특성이 아닌 것은?

① 공공성과 사회성 ② 봉사성
③ 신체성과 정신성 ④ 교육성과 조장성

177 보건행정의 개념을 설명한 것이다. 옳지 않은 것은?

① 공중보건의 목적을 달성하기 위한 활동이다.
② 보건행정은 공공성과 공익성을 띤다.
③ 보건이라는 내용에 행정이라는 형식이 합해진 기술행정이다.
④ 보건행정은 개인 사업가 위주로 활동이

● Answer ●
169.① 170.① 171.③ 172.① 173.① 174.③ 175.② 176.③ 177.④

전개된다.

★

178 우리나라가 소속되어 있는 세계보건기구(WHO) 지역 사무소는?

① 동지중해 지역　② 동남아시아 지역
③ 서태평양 지역　④ 범미주 지역

★

179 정책과정에서 공식적인 정책결정 참여자가 아닌 것은?

① 정당　　　　② 국회
③ 행정부처　　④ 대통령

★

180 조선시대 보건행정기관과 그 역할에 대한 연결로 옳은 것은?

① 대의감－의약행정 총괄
② 활인서－감염병 환자의 치료 및 관리
③ 혜민서－왕실의 의료 담당
④ 약전－의약교육의 시행

★

181 조선시대 이후 우리나라 보건행정 발달 순서는?

① 전의감－위생국－보건후생국－보건후생부－보건복지부－보건사회부
② 전의감－위생국－경찰국 위생과－보건후생국－보건후생부－보건복지부
③ 위생국－전의감－보건부－보건사회부－보건복지부

④ 위생국－사회부－보건부－보건사회부－보건복지부

★

182 보건행정의 이념으로서 적합하지 않은 것은?

① 노력성　　　② 책임성
③ 효과성　　　④ 합리성

183 보건행정에 대한 세계보건기구의 연구대상으로 볼 수 없는 것은?

① 환경위생　　② 모자보건
③ 개인보건사업　④ 전염병관리

● Answer ●
178.③　179.①　180.②　181.②　182.①　183.③

★
01 소독에 관한 다음 설명 중 가장 적절한 것은?

① 소독은 멸균된 상태이다.
② 소독은 모든 세균이 사멸된 상태이다.
③ 소독력의 강도는 소독〉방부〉멸균의 순서이다.
④ 소독은 방부가 가능하지만 멸균 조치라고는 할 수 없다.

★
02 자비소독에 대한 설명으로 잘못된 것은?

① 완전 멸균을 기대할 수 있다.
② 식기류, 의류 소독에 적절하다.
③ 석탄산 5%를 첨가하면 효과는 증대된다.
④ 100℃에서 20분 전후 처리가 적절하다.

03 물리적(이학적) 소독방법이라고 할 수 없는 것은?

① 산·강알칼리 처리법
② 일광소독법
③ 세균여과법
④ 진동 처리법

★
04 다음 중 습열 소독법이라고 할 수 없는 것은?

① 자비소독법   ② 고압증기멸균법

③ 석탄산수 소독법
④ 우유의 초고온 순간멸균법

05 소독방법을 결정할 때 고려해야 할 사항과 관련성이 가장 적은 것은?

① 소독 담당자의 성별
② 전염병 전파 매체의 종류
③ 전염병의 병원체 종류
④ 소독해야 할 대상물의 종류

06 수인성 전염병의 예방을 위해 식기의 자비 소독의 최소시간은 몇 분 이상이 가장 적절한가?

① 3분   ② 5분
③ 7분   ④ 15분

07 내열성이 강해서 자비소독으로 효과가 없는 것은?

① 폴리오바이러스   ② 포자형성균
③ 살모넬라균   ④ 장티푸스균

★
08 우유의 저온 소독법에서 가장 적절한 온도는?

① 60℃에서 10분간 ② 60℃에서 20분간

● Answer ●
01.④ 02.① 03.① 04.③ 05.① 06.④ 07.② 08.④

③ 63℃에서 20분간 ④ 63℃에서 30분간

09 결핵 환자의 객담 소독방법으로 가장 완전한 것은?

① 매립법　　　　② 소각법
③ 일광소독　　　④ 자비소독

10 다음 중 가장 강력한 멸균법은 어느 것인가?

① 소각멸균법　　② 자외선멸균법
③ 자비멸균법　　④ 석탄산수멸균법

11 결핵 환자용 의류, 침구류 등의 가장 간편한 소독방법은?

① 크레졸소독　　② 소각법
③ 일광소독　　　④ 석탄산수소독

12 무균실, 수술실, 제약실 등에 모두 이용될 수 있는 소독법은?

① 알코올소독　　② 유통증기멸균
③ 자비소독　　　④ 자외선살균

13 소독제의 구비조건이 아닌 것은?

① 살균력이 강할 것
② 용해성이 강할 것
③ 표백성이 없을 것
④ 부식성이 없을 것

14 소독에 있어서 화학약품에 의한 살균작용이라고 할 수 없는 것은?

① 산화작용　　　　② 균체단백 응고작용
③ 균핵파괴작용　　④ 가수분해작용

15 화학적 소독방법에 이용되는 것이 아닌 것은?

① 고압증기　　　② 생석회
③ 크레졸비누액　④ 석탄산

16 방역용 소독제로 가장 많이 사용되는 것은?

① 염소　　　　② 알코올
③ 석탄산　　　④ 과산화수소

17 소독약의 살균력 측정지표로 사용하는 소독약은?

① 알코올　　　② 크레졸
③ 석탄산　　　④ 승홍석탄산

18 크레졸의 소독제로서의 설명이 가장 잘못된 것은?

① 물에 잘 녹지 않는다.
② 석탄산계수는 0.2 정도이다.
③ 유기물의 접촉에도 안정되어 있다.
④ 3% 비누액으로 사용한다.

● Answer ●
09.② 10.① 11.③ 12.④ 13.② 14.③ 15.① 16.③ 17.③ 18.②

★
19 분변소독에 가장 적당한 소독제는?

① 생석회　　　　② 크레졸
③ 승홍수　　　　④ 과산화수소

20 자비소독시 살균력 상승과 금속의 상함을 방지하기 위해서 첨가하는 물질(약품)로 알맞은 것은?

① 승홍수　　　　② 탄산나트륨
③ 염화칼슘　　　④ 알코올

21 다음 중 화학적 소독법은?

① 여과세균소독법　② 포르말린소독법
③ 자외선소독법　　④ 건열소독법

22 병원에서 전염병 환자가 퇴원 시 실시하는 소독법은?

① 반복소독　　　　② 지속소독
③ 종말소독　　　　④ 수시소독

23 다음에서 틀린 내용은?

① 역성비누는 보통비누와 병용해서는 안 된다.
② 중성세제는 세정작용이 강한 살균작용도 한다.
③ 식기 소독에는 크레졸수가 적당하다.
④ 승홍은 객담이 묻은 도구나 기구류 소독에는 사용할 수 없다.

★
24 다음 소독약 중 독성이 없는 것은?

① 에틸알코올　　② 승홍수
③ 포르말린　　　④ 석탄산

25 음식물을 냉장하는 이유가 아닌 것은?

① 자기소화의 억제　② 멸균
③ 신선도 유지　　　④ 미생물의 증식억제

26 소독약의 석탄산계수가 1.5일 때, 그 소독약의 적당한 희석배율(단, 석탄산의 희석배율은 90배)은 몇 배인가?

① 60배　　　　② 135배
③ 150배　　　④ 180배

27 승홍수에 관한 설명이 틀리는 것은?

① 금속 부식성이 있다.
② 0.1% 수용액을 사용한다.
③ 액온도가 높을수록 살균력이 강하다.
④ 상처 소독에 적당한 소독약이다.

★
28 다음 중 하수도 주위에 흔히 사용되는 소독제는?

① 생석회　　　　② 포르말린
③ 과망간산칼륨　④ 역성비누

29 다음 중 아포를 포함한 모든 미생물을 완전히 멸균시킬 수 있는 것으로서 가장 좋은 것은?

● Answer ●
19.① 20.② 21.② 22.③ 23.② 24.① 25.② 26.② 27.④ 28.① 29.③

① 유통증기멸균법 ② 자비멸균법
③ 고압증기멸균법 ④ 자외선멸균법

30 다음 중 소독제의 소독 약효를 감소시킬 수 있는 원인이라 볼 수 없는 것은?

① 정수로 희석한 경우
② 경수로 희석한 경우
③ 고온에 노출될 경우
④ 햇빛에 노출될 경우

★
31 다음 소독제 중 피부 상처부위나 구내염 소독시에 가장 적당한 것은?

① 크레졸   ② 승홍수
③ 메칠알콜   ④ 과산화수소

32 유리제품의 소독방법으로 가장 적당한 것은?

① 끓는 물에 넣고 10분간 가열한다.
② 건열멸균기에 넣고 소독한다.
③ 끓는 물에 넣고 5분간 가열한다.
④ 찬물에 넣고 75℃로 가열한다.

33 소독약의 사용과 보존상의 주의에 관한 다음 기술 중 틀린 것은?

① 소독약액은 사전에 많이 제조해둔 뒤에 필요한 만큼씩 사용한다.
② 소독물체에 적당한 소독약이나 소독방법을 선정한다.
③ 약품을 냉암소에 보관함과 동시에 라벨이 오염되지 않도록 다른 것과 구분해 둔다.
④ 병원 미생물의 종류, 저항성에 따라 멸균, 소독의 목적에 의해서 그 방법, 시간을 고려한다.

34 화학적 소독법에 가장 많은 영향을 주는 것은?

① 빙점   ② 융점
③ 농도   ④ 순수성

35 손가락 등의 화농성 질환의 병원균이며 식중독의 원인균으로 될 수 있는 것은?

① 바이러스   ② 곰팡이독소
③ 살모넬라균   ④ 포도상구균

● Answer ●
30.① **31.**④ **32.**② **33.**① **34.**③ **35.**④

03 공중위생관리법규

★
01 이·미용업소의 업주가 받아야 하는 위생교육 시간은 몇 시간인가?

① 분기별 6시간   ② 매년 6시간
③ 매년 3시간   ④ 분기별 3시간

02 이·미용업소에 요금표를 게시하지 아니한 때 1차 위반 행정처분 기준은?

① 경고 또는 개선명령
② 영업정지 10일
③ 영업정지 15일
④ 영업정지 20일

★
03 다음 중 미용업자가 갖추어야 할 시설 및 설비, 위생관리 기준에 관련된 사항이 아닌 것은?

① 이·미용사 및 보조원이 착용해야 하는 깨끗한 위생복
② 영업장 안의 조명도는 75룩스 이상이 되도록 유지
③ 면도기는 1회용 면도날만을 손님 1인에 한하여 사용할 것
④ 소독기, 자외선 살균기 등 미용기구 소독장비

04 공중위생영업소 위생관리 등급의 구분에 있어 최우수업소에 내려지는 등급은 다음 중 어느 것인가?

① 청색등급   ② 백색등급
③ 녹색등급   ④ 황색등급

★
05 다음 중 공중위생감시원의 직무가 아닌 것은?

① 세금납부의 적정여부에 관한 사항
② 시설 및 설비의 확인에 관한 사항
③ 영업자의 준수사항 이행여부에 관한 사항
④ 위생지도 및 개선명령 이행여부에 관한 사항

06 다음 중 공중위생관리법에서 정의되는 공중위생영업을 가장 잘 설명한 것은?

① 공중위생서비스를 전달하는 영업
② 공중에게 위생적으로 관리하는 영업
③ 다수인을 대상으로 위생관리서비스를 제공하는 영업
④ 다수인에게 공중위생을 준비하여 시행하는 영업

● Answer ●
01.③ **02.**① **03.**① **04.**③ **05.**① **06.**③

07 미용사 면허증의 재교부 사유가 아닌 것은?

① 성명 또는 주민등록번호 등 면허증의 기재사항에 변경이 있을 때
② 면허증이 헐어 못쓰게 된 때
③ 면허증을 분실했을 때
④ 영업장소의 상호 및 소재지가 변경될 때

08 공중위생감시원에 관한 설명으로 틀린 것은?

① 자격, 임명, 업무범위, 기타 필요한 사항은 보건복지부령으로 정한다.
② 위생사 또는 환경기사 2급 이상의 자격증이 있는 소속 공무원 중에서 임명한다.
③ 위생지도 및 개선명령 이행여부의 확인 등 업무가 있다.
④ 특별시, 광역시 · 도 및 시, 군, 구에 둔다.

09 건전한 영업질서를 준수하지 아니한 이 · 미용업자에 대한 벌칙사항은?

① 6개월 이하의 징역 또는 300만원 이하의 벌금
② 6개월 이하의 징역 또는 500만원 이하의 벌금
③ 1년 이하의 징역 또는 300만원 이하의 벌금
④ 1년 이하의 징역 또는 500만원 이하의 벌금

10 과태료처분에 불복한 경우 그 처분을 고지서를 받은 날로부터 며칠 이내에 이의를 제기할 수 있는가?

① 5일　　　　② 10일
③ 15일　　　　④ 30일

11 공중위생영업을 하고자 하는 자가 필요로 하는 것은?

① 통보　　　　② 인가
③ 신고　　　　④ 허가

12 미용업자가 점 빼기, 귓불 뚫기, 쌍꺼풀 수술, 문신, 박피술, 기타 이와 유사한 의료행위를 하여 1차 위반했을 때의 행정처분은 다음 중 어느 것인가?

① 면허취소　　　② 경고
③ 영업소폐쇄명령　④ 영업정지 2개월

13 영업소 안에 면허증을 게시하도록 위생관리기준으로 명시한 경우는?

① 세탁업을 하는 자
② 목욕장업을 하는 자
③ 이 · 미용업을 하는 자
④ 위생관리용역업을 하는 자

14 면허가 취소된 후 계속하여 업무를 행한 자에게 처해지는 벌칙은 다음 중 어느 것인가?

① 6개월 이하의 징역 또는 500만원 이하의 벌금

② 1년 이하의 징역 또는 1천만원 이하의 벌금

③ 300만원 이하의 벌금

④ 200만원 이하의 과태료

15 이・미용업소의 폐쇄명령을 받은 자가 동일 장소에서 그 영업을 할 수 없는 기간은?

① 6개월   ② 1년

③ 1년 6개월   ④ 2년

16 이・미용 영업자의 지위를 승계한자는 며칠 이내에 관할 기관에 신고를 하여야 하는가?

① 즉시   ② 1주일

③ 15일   ④ 1개월 이내

17 위생교육을 받지 아니한 때 3차 위반 시 적절한 행정처분 기준은?

① 경고   ② 영업정지 5일

③ 영업정지 10일   ④ 영업정지 30일

18 신고를 하지 아니하고 영업소의 소재를 변경한 때 1차위반시 행정처분 기준은?

① 영업소폐쇄명령   ② 영업정지 6개월

③ 영업정지 3개월   ④ 영업정지 2개월

19 폐쇄명령을 받은 이용업소 또는 미용업소는 몇 개월이 지나야 동일한 장소에서 동일영업을 할 수 있는 가?

① 3개월   ② 6개월

③ 9개월   ④ 12개월

20 다음 중 이・미용사 면허를 받을 수 없는 환자에 속하는 질병은?

① 비전염성 결핵

② 간질

③ 비전염성 피부질환

④ A형간염

21 이・미용업자가 위생관리 의무 규정을 위반하였을 때 취할 수 있는 것은?

① 교육   ② 청문

③ 감시   ④ 개선

22 이・미용업소에 반드시 게시하여야 하는 것은?

① 이・미용 요금표

② 면허증 사본

③ 준수사항 및 주의사항

④ 미용업소 종사자 인적사항표

Answer

14.③   **15.**①   **16.**④   **17.**③   **18.**①   **19.**②   **20.**②   **21.**④   **22.**①

23 다음은 공중위생 관리법에 규정된 벌칙으로 1년 이하의 징역 또는 1천만원 이하의 벌금에 해당하는 것은?

① 영업정지 명령을 받고도 영업을 행한 자
② 건전한 영업질서를 위반하여 공중위생 영업자가 지켜야할 사항을 준수하지 아니한 자
③ 공중위생영업자의 지위를 승계하고도 변경신고를 아니한 자
④ 위생관리 기준을 위반하여 환경오염 허용기준을 지키지 아니한 자

24 신고를 하지 않고 이·미용업소의 면적을 3분의 1이상 변경 한 때의 1차 위반 행정처분 기준은?

① 영업정지 15일
② 영업정지 1개월
③ 영업소폐쇄명령
④ 경고 또는 개선명령

25 공중위생영업소를 개설하고자 하는 자는 언제 위생교육을 받아야 하는 가?

① 미리 받는다.
② 개설 후 3개월 내
③ 개설 후 6개월 내
④ 개설 후 1년 내

26 다음 사항 중 1년 이하의 징역 또는 1천만원 이하의 벌금에 처할 수 있는 것은?

① 이·미용업 허가를 받지 아니하고 영업을 한 자
② 이·미용업 신고를 하지 아니하고 영업을 한 자
③ 음란행위를 알선 또는 제공하거나 이에 대한 손님의 요청에 응한 자
④ 영업정지 기간 중 영업을 한 자

27 이·미용업소의 위생관리기준에 해당되지 않는 것은?

① 소독한 기구와 소독을 하지 아니한 기구를 분리하여 보관한다.
② 1회용 면도날은 손님 1인에 한하여 사용한다.
③ 피부미용을 위한 의약품은 따로 보관한다.
④ 영업장 안의 조명도는 75룩스 이상이어야 한다.

28 다음 중 이·미용사의 면허를 받을 수 있는 자는?

① 금치산자
② 정신질환자 또는 간질 환자
③ 결핵 환자
④ 면허취소 후 1년이 경과된 자

29 이·미용업자에 대한 지도, 감독을 위한 관계 공무원의 출입, 검사를 거부, 방해한 자에 대한 처벌 규정은?

① 50만원 이하의 과태료

② 100만원 이하의 과태료

③ 200만원 이하의 과태료

④ 300만원 이하의 과태료

30 공중위생영업을 하고자 하는 자가 시설 및 설비를 갖추고 다음 중 누구에게 신고해야 하는가?

① 보건복지부장관

② 행정자치부장관

③ 시 · 도지사

④ 시장 · 군수, 구청장(자치구의 구청장)

31 공중위생감시원의 자격, 임명, 업무범위 기타 필요한 사항은 무엇으로 정하는가?

① 대통령령　　② 보건복지부령

③ 환경부령　　④ 지방자치령

32 다음 중 이 · 미용 영업소폐쇄 행정처분을 받은 영업소에 취하는 조치는?

① 행정처분 내용을 통보만 한다.

② 언제든지 폐쇄여부를 확인만 한다.

③ 행정처분 내용을 행정처분 대장에 기록, 보관만 하면 된다.

④ 영업소폐쇄의 행정처분을 받은 업소임을 알리는 게시물 등을 부착한다.

33 과태료에 대한 설명 중 틀린 것은?

① 과태료는 관할시장, 군수, 구청장이 부

과 징수한다.

② 과태료처분에 불복이 있는 자는 그 처분을 고지받은 날부터 30일 이내에 이의를 제기할 수 있다.

③ 과태료를 납부하지 아니한 때에는 지방세체납처분의 예에 의하여 징수한다.

④ 과태료에 대하여 이의제기가 있을 경우 청문을 실시한다.

34 공중위생영업소의 위생서비스수준의 평가는 몇 년마다 실시하는가?

① 4년　　　　② 2년

③ 6년　　　　④ 5년

35 이 · 미용사 면허의 발급자는?

① 시장 · 군수　　② 시 · 도지사

③ 미용사협회장　④ 보건복지부장관

36 공중위생관리법의 궁극적인 목적은?

① 공중위생영업 종사자들의 위상 향상

② 국민의 건강증진에 기여

③ 국민의 삶의 질 향상

④ 공중위생영업의 위상 향상을 도모

37 이 · 미용사의 면허취소, 공중위생영업의 정지, 일부시설의 사용중지 및 영업소폐쇄명령 등의 처분을 하고자 하는 때에 실시해야 하는 절차는?

● Answer ●

30.④　31.①　32.④　33.④　34.②　35.①　36.②　37.③

① 구두 통보　② 서면 통보
③ 청문　　　④ 공시

38 영업허가 취소 또는 영업소폐쇄명령을 받고 도 계속하여 이·미용 영업을 하는 경우에 시장, 군수, 구청장이 취할 수 있는 조치가 아닌 것은?

① 당해 영업소의 간판 기타 영업표지물의 제거 및 삭제
② 당해 영업소의 위법한 것임을 알리는 게 시물 등의 부착
③ 영업을 위하여 필수불가결한 기구 또는 시설물 봉인
④ 당해 영업소의 업주에 대한 손해 배상 청구

39 다음은 법률상에서 정의되는 용어이다. 바르 게 서술된 것은 다음 중 어느 것인가?

① 이용업이라 함은 손님의 얼굴, 머리, 피 부 등을 손질하여 손님의 외모를 아름 답게 꾸미는 영업을 말한다.
② 미용업이라 함은 손님의 머리카락 또는 수염을 깎거나 다듬는 등의 방법으로 손님의 용모를 단정하게 하는 영업을 말한다.
③ 세탁업이란 물로 목욕을 할 수 있는 시 설 및 설비 등의 서비스 등을 말한다.
④ 위생관리용역업이라 함은 공중이 이용 하는 건축물, 시설물 등의 청결유지와

실내공기정화를 위한 청소 등을 대행하 는 영업을 말한다.

40 위생교육을 실시하는 자는?

① 보건복지부장관
② 시·도지사
③ 시장, 군수, 구청장
④ 영업소 대표

41 이·미용사의 면허를 받을 수 없는 자는?

① 고등학교 또는 이와 동등의 학력이 있다 고 교육인적자원부장관이 인정하는 학 교에서 이용 또는 미용에 관한 학과를 졸업한 자
② 교육인적자원부장관이 인정하는 고등기 술학교에서 6개월 이상 이용 또는 미용 에 관한 소정의 과정을 이수한 자
③ 국가기술자격법에 의한 이용사 또는 미 용사의 자격을 취득한 자
④ 전문대학 또는 이와 동등 이상의 학력이 있다고 교육인적자원부장관이 인정하는 학교에서 이용 또는 미용에 관한 학과 를 졸업한 자

42 다음 중 이·미용사의 면허를 받을 수 있는 자에 해당하지 않는 자는?

① 외국에서 이용 또는 미용의 기술자격을 취득한 자
② 전문대학에서 이용 또는 미용에 관한 학

Answer
38.④　39.④　40.③　41.②　42.①

과를 졸업한 자

③ 국가기술자격법에 의한 이용사 또는 미용사의 자격을 취득한 자

④ 면허가 취소된 후 1년이 경과된 자

★

43 공중위생영업자는 공중위생영업을 폐업한 날부터 며칠 이내에 누구에게 신고하여야 하는가?

① 10일 이내에 시장·군수·구청장에게 신고

② 15일 이내에 시장·군수·구청장에게 신고

③ 20일 이내에 시장·군수·구청장에게 신고

④ 1개월 이내에 시장·군수·구청장에게 신고

44 다음의 위생서비스 수준의 평가에 대한 설명 중 맞는 것은?

① 평가의 전문성을 높이기 위해 관련 전문기관 및 단체로 하여금 평가를 실시하게 할 수 있다.

② 평가주기는 3년마다 실시한다.

③ 평가주기와 방법, 위생관리등급은 대통령령으로 정한다.

④ 위생관리 등급은 2개 등급으로 나뉜다.

45 공중위생감시원을 둘 수 없는 곳은?

① 보건복지부

② 시, 군, 구

③ 특별시, 광역시, 도

④ 읍, 면, 동

46 영업소폐쇄명령을 받고도 계속 이·미용의 영업을 한 자에 대하여 법적조치를 행할 수 없는 것은?

① 위법행위를 한 업소임을 알리는 게시물 부착

② 영업소내 기구 또는 시설물 봉인

③ 영업소 간판 제거

④ 영업소 출입문 봉쇄

47 관계공무원의 영업소 출입검사를 거부,방해, 기피했을 때 영업자에게 과태료 부과금액은?

① 3백만원 이하 ② 2백만원 이하

③ 1백만원 이하 ④ 5백만원 이하

48 공중위생영업자가 중요사항을 변경하고자 할 때 시장, 군수, 구청장에게 어떤 절차를 취해야 하는가?

① 통보 ② 통고

③ 신고 ④ 허가

★

49 이·미용사의 면허증을 다른 사람에게 대여한 1차 위반 시 행정처분기준은?

① 영업정지 3개월 ② 영업정지 2개월

● Answer ●

43.③ **44.**① **45.**④ **46.**④ **47.**① **48.**③ **49.**③

③ 면허정지 3개월 ④ 면허정지 2개월

50 공중위생영업자가 풍속관련법령 등 다른 법령에 위반하여 관계 행정기관장의 요청이 있을 때 당국이 취할 수 있는 조치사항은?

① 개선명령
② 국가기술자격 취소
③ 일정기간 동안의 업무정지
④ 6월 이내 기간의 영업정지

51 영업소폐쇄명령을 받은 이·미용 영업소가 계속하여 영업을 하는 때의 당국의 조치내용 중 옳은 것은?

① 당해 영업소의 간판 기타 영업표지물 제거
② 당해 영업소의 강제 폐쇄집행
③ 당해 영업소의 출입자 통제
④ 당해 영업소의 금지구역 설정

52 다음 중 청문을 실시하여야 할 경우에 해당되는 것은?

① 영업소의 필수불가결한 기구의 봉인을 해제하려할 때
② 폐쇄명령을 받은 후 폐쇄명령을 받은 영업과 같은 종류의 영업을 하려 할 때
③ 벌금을 부과 처분하려 할 때
④ 영업소폐쇄명령을 처분하고자 할 때

53 이·미용영업소가 영업정지명령을 받고도 계속하여 영업을 한 때의 벌칙사항은?

① 3년 이하의 징역 또는 1천만원 이하의 벌금
② 1년 이하의 징역 또는 1천만원 이하의 벌금
③ 1년 이하의 징역 또는 3백만원 이하의 벌금
④ 2년 이하의 징역 또는 5백만원 이하의 벌금

★
54 이용사 또는 미용사의 면허를 받지 아니한 자가 이·미용 영업업무를 행하였을 때의 벌칙사항은?

① 6개월 이하의 징역 또는 500만원 이하의 벌금
② 300만원 이하의 벌금
③ 500만원 이하의 벌금
④ 400만원 이하의 벌금

55 공중위생영업자의 현황을 매월 파악, 관리해야 하는 자는?

① 시장·군수·구청장
② 시·도지사
③ 세무서장
④ 경찰서장

56 보건복지부령이 정하는 위생교육을 반드시 받아야하는 자에 해당되지 않는 것은?

① 공중위생영업을 승계한 자
② 공중위생영업의 신고를 하고자 하는 자

● **Answer** ●
50.④ **51.**① **52.**④ **53.**② **54.**② **55.**① **56.**③

③ 공중위생영업소에 종사하는 자

④ 공중위생관리법에 의한 명령에 위반한 영업소의 영업주

57 위생서비스 평가의 전문성을 높이기 위하여 필요하다고 인정하는 경우, 관련 전문기관 및 단체로 하여금 위생서비스 평가를 실시하게 할 수 있는 자는?

① 시장 · 군수 · 구청장

② 대통령

③ 보건복지부장관

④ 시 · 도지사

58 위생서비스평가의 결과에 따른 위생관리 등급은 누구에게 통보하고 이를 공표하여야 하는가?

① 해당 공중위생 영업자

② 시장 · 군수 · 구청장

③ 시 · 도지사

④ 보건소장

59 국가기술자격법에 의하여 이 · 미용사 자격정지 처분을 받은 때의 1차 위반 행정처분기준은?

① 업무정지 ② 면허정지

③ 면허취소 ④ 영업소폐쇄

60 위생서비스 평가의 결과에 따른 위생관리등급별로 영업소에 대한 위생감시를 실시하여

야 하는 자에 해당되지 않은 자는?

① 시 · 도지사

② 행정자치부장관

③ 보건복지부 장관

④ 시장 · 군수 · 구청장

61 이용사 또는 미용사의 면허증을 영업소 안에 게시하여야 하는 의무를 지키지 아니한 자에 대한 법적 조치는?

① 100만원 이하의 벌금

② 100만원 이하의 과태료

③ 200만원 이하의 과태료

④ 200만원 이하의 벌금

62 영업소폐쇄명령을 받은 후 폐쇄명령을 받은 영업과 같은 종류의 영업(이 · 미용)을 할 수 있는 기준사항은?

① 어떠한 경우에도 동일한 장소에서는 같은 영업을 할 수 없다.

② 영업소폐쇄명령을 받은 후 6개월이 지나면 같은 종류의 영업을 할 수 있다.

③ 영업소폐쇄명령을 받은 후 3개월이 지나면 같은 종류의 영업을 할 수 있다.

④ 영업소폐쇄명령을 받은 후 1년이 지나야만 같은 종류의 영업을 할 수 있다.

63 이 · 미용사의 면허증을 다른 사람에게 대여한 1차 위반 시의 행정처분기준은?

① 영업정지 3개월 ② 영업정지 2개월

③ 면허정지 3개월 ④ 면허정지 2개월

64 공중위생영업자의 지위를 승계한 자가 1월 이내에 취해야하는 행정 절차는?

① 시장·군수·구청장에게 신고

② 경찰서장에게 신고

③ 시·도지사에게 허가

④ 세무서장에게 통보

65 이·미용업자가 신고한 영업장 면적에서 얼마 이상의 증감이 있을 때 변경신고를 해야 하는가?

① 2분의 1   ② 3분의 1

③ 4분의 1   ④ 5분의 1

66 이·미용업의 상속으로 인한 영업자의 지위 승계신고에 필요한 서류가 아닌 것은?

① 가족관계증명서

② 영업자 지위승계신고서

③ 양도계약서 사본

④ 상속자임을 증명할 수 있는 서류

67 다음 중 공중이용시설의 위생관리 항목에 속하는 것은?

① 영업소 실내 청소상태

② 영업소 실내공기

③ 영업소 외부 환경상태

④ 영업소에서 사용하는 수돗물

68 이·미용영업소가 영업정지명령을 받고도 계속하여 영업을 한 때의 벌칙사항은?

① 1년 이하의 징역 또는 1천만원 이하의 벌금

② 1년 이하의 징역 또는 3백만원 이하의 벌금

③ 2년 이하의 징역 또는 5백만원 이하의 벌금

④ 3년 이하의 징역 또는 1천만원 이하의 벌금

69 위생관리등급별 위생감시 기준에 속하지 않은 것은?

① 영업소에 대한 시설 확인의 실시 주기 및 횟수

② 영업소에 대한 위생감시의 실시 횟수

③ 영업소에 대한 출입·검사의 실시 주기 및 횟수

④ 영업소에 대한 위생감시의 실시 주기

70 공중위생관리법의 목적은 위생수준을 향상시켜 국민의 (   )에 기여함에 있다. (   )안에 적합한 것은?

① 건강   ② 건강관리

③ 건강증진   ④ 삶의 질 향상

● Answer ●
64.① 65.② 66.③ 67.② 68.① 69.① 70.③

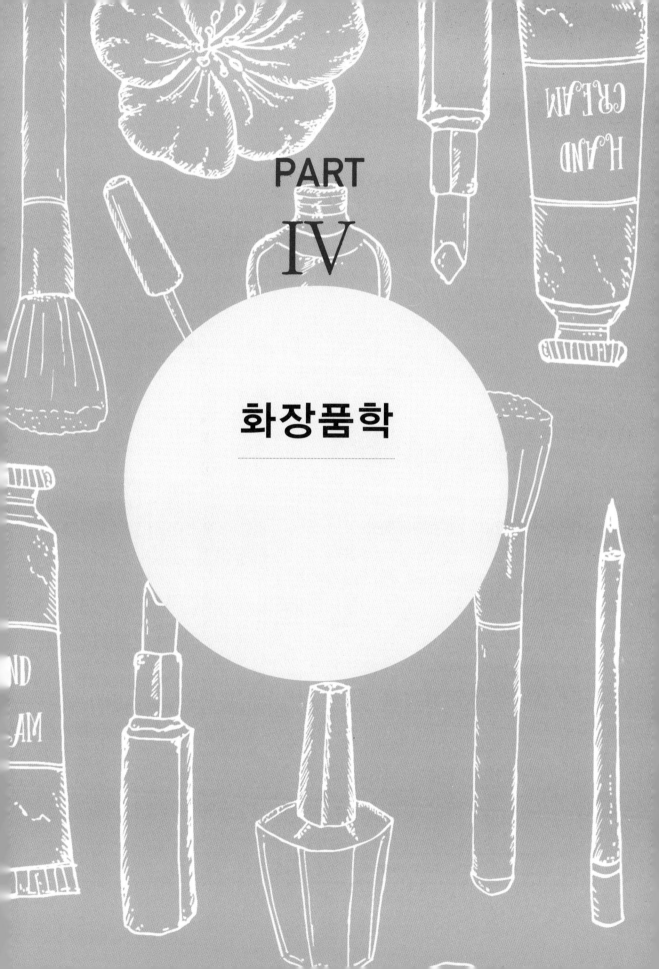

PART

IV

화장품학

01 화장품학 개론

★
01 화장품법 제2조 제1항에 해당하는 화장품의 정의와 거리가 먼 것은?

① 인체를 청결·미화하여 용모의 매력을 더한다.
② 피부·모발의 건강을 유지 또는 증진하기 위하여 인체에 사용하는 물품이다.
③ 피부의 미백, 주름개선, 자외선차단 기능을 가진다.
④ 인체에 대한 작용이 경미한 것을 말한다.

> 미백, 주름개선, 자외선차단 기능은 기능성화장품에 대한 설명이다.

★
02 기능성화장품의 설명 중 맞는 것은?

① 피부의 미백, 주름 개선에 도움을 준다.
② 약간의 부작용은 허용이 된다.
③ 치료 효과가 뛰어나다.
④ 유기농 원료, 동식물 및 그 유래 원료로 제조 되어야 한다.

> 기능성화장품은 피부의 미백, 주름개선, 자외선으로부터 피부를 보호해 주는 화장품을 칭한다.

03 기능성 화장품과 거리가 먼 것은?

① 주름개선 화장품

② 수렴, 보호 화장품
③ 자외선 차단 화장품
④ 미백 화장품

> 수렴, 보호 화장품은 기초 화장품에 속한다.

04 화장품과 의약품의 구분 중 바르지 않은 것은?

① 의약외품은 환자들을 위해 사용하며 의사의 처방이 필요하다.
② 기능성 화장품은 의약외품이다.
③ 화장품은 정상인에게 사용하는 것으로 장기간, 지속적으로 사용 가능하다.
④ 의약품은 약간의 부작용도 허용된다.

> 의약외품은 일반인도 사용하는 것으로 의사의 처방이 필요하지 않다.

05 화장품법상 기능성 화장품에 속하지 않는 것은?

① 주름개선에 도움을 주는 제품
② 미백에 도움이 되는 제품
③ 여드름 완화에 도움을 주는 제품
④ 자외선으로부터 피부를 보호해주는 제품

> 기능성화장품은 미백, 주름개선, 자외선으로부터 피부를 보호해주는 제품이다.

● Answer ●
01.③ 02.① 03.② 04.① 05.③

★
06 화장품의 정의를 바르게 설명한 것은?

① 화장품은 기능성 화장품은 포함하지 않는다.

② 용모를 변화시키는 것과는 상관이 없다.

③ 화장품은 모발을 제외한 전신에 사용하는 제품이다.

④ 화장품은 인체의 청결, 미화를 위해 사용한다.

화장품은 인체를 청결, 미화하여 매력을 더하는 물품이다.

★
07 화장품, 의약외품, 의약품에 대한 설명 중 바르게 설명한 것은?

① 의약외품에는 기능성 화장품을 포함하지 않는다.

② 화장품은 청결, 미화, 유지를 위해 사용하며 인체에 작용이 효과적인 것을 말한다.

③ 의약품은 환자를 위해 진단과 함께 치료를 목적으로 처방된다.

④ 의약품은 장기간 혹은 단기간 사용가능하다.

의약품은 환자를 위해 진단, 처방, 예방, 치료를 위해 사용된다. 의약외품은 위생, 미용, 미화를 위해 효능이 인정되며 임의로 사용가능한 제품으로 기능성화장품을 포함한다.

08 다음 중 화장품에 대한 설명으로 맞는 것은?

① 피부에 작용이 경미하여야 한다.

② 약간의 부작용은 무관하다.

③ 치료를 목적으로 단기간 사용한다.

④ 장기간 지속적으로 사용해선 안 된다.

인체의 청결, 미화에 사용되는 제품으로 작용이 경미하여야 한다.

★
09 화장품 분류 중 맞지 않는 것은?

① 기초 화장품 : 화장수, 유액, 팩. 페이셜 스크럽

② 메이크업 화장품 : 파운데이션, 블러셔, 마스카라, 립스틱

③ 모발 · 두피 화장품 : 헤어트리트먼트, 퍼머넌트 웨이브로션, 스프레이

④ 네일 화장품 : 네일에나멜, 데오드란트, 탑코트, 네일 보강제

데오드란트는 바디화장품에 속한다.

10 다음 화장품 중 그 분류가 다른 것은?

① 화장수　　　　② 마사지 크림

③ 에센스　　　　④ 파우더

파우더는 메이크업 화장품에 속한다.

11 기초 화장품의 사용목적이 아닌 것은?

① 세정　　　　② 정돈

③ 보호   ④ 미화

> 기초 화장품의 사용목적은 세정, 정돈, 보호이다.

12 화장품의 분류에 관한 설명 중 틀린 것은?

① 바디스크럽은 기초 화장품에 속한다.
② 아이섀도는 메이크업 화장품에 속한다.
③ 오데코롱은 방향 화장품에 속한다.
④ 퍼머넌트 웨이브로션은 모발 화장품에
   속한다.

> 바디스크럽은 바디화장품에 속한다.

13 다음 중 기초 화장품에 해당하는 것은?

① 파운데이션   ② 클렌징폼
③ 헤어토닉   ④ 큐티클오일

> 클렌징 폼은 기초 화장품 중 세정목적 화장품에 속한다.

14 메이크업 화장품에서 베이스 메이크업이 아닌 것은?

① 메이크업 베이스 ② 파운데이션
③ 마스카라   ④ 페이스파우더

> 마스카라는 포인트 메이크업에 해당된다.

15 화장품의 피부 흡수에 영향을 주는 요인이 아닌 것은?

① 나이   ② 피부의 상태
③ 얼굴의 형태   ④ 피부의 온도

> 얼굴의 형태는 화장품의 흡수와는 상관이 없다.

16 다음 중 사용목적이 다른 것은?

① 헤어 글레이즈   ② 스프레이
③ 헤어 블리치   ④ 포마드

> 헤어 블리치는 염모, 탈색용이며 헤어 글레이즈, 스프레이, 포마드는 정발용 제품이다.

17 다음 중 세정용 화장품이 아닌 것은?

① 클렌징폼   ② 큐티클크림
③ 바디스크럽   ④ 샴푸

> 큐티클크림은 네일 보호용 화장품이다.

18 피부를 곱게 태워주거나 자외선으로부터 피부를 보호하기 위해 도움을 주는 제품은?

① 선스크린   ② 선탠크림
③ 바디크림   ④ 트리트먼트

> 선탠화장품에 대한 설명이다.

19 기능성 화장품이 아닌 것은?

① 미백 에센스   ② 선탠오일
③ 캐리어오일   ④ 주름개선 크림

> 기능성 화장품은 미백, 주름개선, 자외선 차단 제품 등이 있다.

● Answer ●
12.① 13.② 14.③ 15.③ 16.③ 17.② 18.② 19.③

20 화장품의 사용목적과 제품이 바르게 짝지어 진 것은?

① 세정 : 클렌징 로션, 바디스크럽, 데오드 란트

② 포인트 메이크업 : 아이섀도, 립스틱, 파 우더

③ 바디화장품 : 향수, 오데코롱

④ 네일 화장품 : 네일에나멜, 큐티클오일

★
01 화장품 성분 중 가장 많은 비율을 차지하는 원료인 것은?

① 증류수   ② 에탄올
③ 식물성오일   ④ 글리세린

> 화장품 성분 중 가장 많은 비율을 차지하는 것은 물이다.

02 화장품 성분 중 물리적으로 산란작용을 이용하여 피부표면에서 자외선을 반사하는 성분은?

① 이산화티탄   ② 이소치아졸리논
③ 아데노신   ④ 솔비톨

> 물리적으로 산란작용을 이용하여 피부표면에서 자외선을 반사하는 자외선 차단 성분은 이산화티탄, 산화아연, 탈크이다.

★
03 다음 중 화장품에 주로 사용되는 방부제는?

① 히알루론산염
② BHA
③ 파라옥시향산에스테르
④ 하이드로퀴논

> 방부제는 파라벤류(파라옥시향산에스테르)가 가장 많이 사용이 된다.

★
04 천연보습인자(NMF)에 속하지 않는 것은?

① 아미노산
② 히알루론산염
③ 피롤리돈카르본시산
④ 요소

> 히알루론산염은 고분자보습제이다.

05 일반적으로 화장수에 들어있는 성분이 아닌 것은?

① 정제수   ② 에탄올
③ 안료   ④ 보습제

> 안료는 메이크업 화장품에 들어가는 성분이다.

06 화장품의 원료 중 휘발성이 있고 청량감과 살균작용을 하며 물에 잘 용해되어 정제수 다음으로 많이 사용되는 원료는?

① 에탄올   ② 계면활성제
③ 글리세린   ④ 이산화티탄

> 에탄올은 정제수 다음으로 가장 많이 사용된다.

● Answer ●
01.①   02.①   03.③   04.②   05.③   06.①

07 화장품의 성분 중 물이나 용제 어느 것에도 녹지 않는 것은?

① 염료　　　　② 안료
③ 향료　　　　④ 폴리올

화장품 성분 중 안료는 물, 오일 모두에 녹지 않는 색소로 메이크업 제품에 사용된다.

★
08 계면활성제에 대한 설명으로 옳지 않은 것은?

① 수성 성분과 유성 성분의 경계면에 흡착하여 표면의 장력을 줄여 균일하게 혼합해 주는 물질이다.
② 계면활성제의 피부자극 정도는 양이온성〉음이온성〉양쪽성〉비이온성 이다.
③ 계면활성제는 물을 좋아하는 친수성기와 기름을 좋아하는 친유성기를 가진다.
④ 미생물에 의한 화장품의 변질 방지, 세균 성장을 억제하여 준다.

미생물에 의한 화장품의 변질방지, 세균 성장을 억제하여주는 것은 방부제이다.

09 화장품의 성분 중 수분을 공급하는 보습제의 기능이 있는 것은?

① 레티놀
② 파라옥시향산에스테르
③ 알파하이드록시산
④ 아미노산

레티놀은 세포재생, 파라옥시향산에스테르는 방부제, 알파하이드록시산은 미백제, 아미노산은 천연보습제이다.

10 화장품 원료 중 여드름 치유와 잔주름 개선, 콜라겐과 엘라스틴의 생합성을 촉진 시키는 원료는?

① 토코페롤　　　② 칼시페롤
③ 레틴산　　　　④ 아스코르빈산

레틴산은 세포재생과 주름개선에 효과적인 성분이다.

11 립스틱의 성분으로 가장 많은 비율을 차지하는 것은?

① 왁스　　　　② 유지
③ 글리세린　　④ 색소

왁스는 립스틱의 베이스로 사용된다.

12 피부표면에 물리적인 장벽을 만들어 자외선을 반사하고 분산시키는 자외선 차단 성분은?

① 벤조페논　　　② 옥시벤존
③ 옥틸디메칠파바　④ 이산화티탄

물리적 차단제로는 이산화티탄, 산화아연, 탈크가 있다.

13 계면활성제의 작용 중 액체와 고체입자를 균일하게 혼합한 작용을 무엇이라 하는가?

① 가용화　　　　② 유화

● Answer ●
07.②　08.④　09.④　10.③　11.①　12.④　13.③

③ 분산   ④ 증발

> 분산은 액체와 고체입자를 계면활성제로 균일하게 혼합한 작용으로 아이섀도, 마스카라, 파운데이션 등에 사용된다.

14 광물성 오일 중 피부에 막을 형성하여 이물질의 침입을 막는 작용을 하는 것은?

① 라놀린   ② 실리콘

③ 바셀린   ④ 이소프로필

> 바셀린은 기름막을 형성하여 피부를 보호하고 수분증발을 막는다.

15 다음 자외선 차단 성분 중 성격이 다른 것은?

① 벤조페논   ② 산화아연

③ 이산화티탄   ④ 탈크

> 벤조페논은 자외선흡수제이고 산화아연, 이산화티탄, 탈크는 자외선산란제이다.

16 피부의 건조함을 막고 보습을 주는 역할을 하는 것은?

① 알부틴   ② 레이크

③ 글리세린   ④ 하이드로퀴논

> 글리세린은 보습효과가 뛰어나다.

★
17 계면활성제의 종류 중 헤어린스 등의 정전기 방지의 성질을 갖는 것은?

① 양이온성   ② 음이온성

③ 비이온성   ④ 양쪽성

> 양이온성 계면활성제는 살균, 소독작용, 유연효과와 정전기 방생을 억제한다.

18 광물성오일에 대한 설명이 아닌 것은?

① 석유에서 추출한다.

② 산패, 변질의 우려가 있다.

③ 여드름을 유발할 수 있다.

④ 피부표면의 수분 증발을 막아준다.

> 광물성오일은 산패, 변질의 우려가 없다.

19 화장품에 배합되어 있는 에탄올의 역할이 아닌 것은?

① 청량감   ② 보습작용

③ 수렴작용   ④ 소독작용

> 에탄올은 피부에 청량감과 가벼운 수렴효과, 살균 소독작용을 한다.

★
20 계면활성제의 종류로 바르게 연결되지 않은 것은?

① 양이온성 : 헤어린스, 헤어트리트먼트

② 음이온성 : 비누, 샴푸, 클렌징폼

③ 비이온성 : 크림의 유화제, 분산제

④ 양쪽성 : 클렌징젤, 헤어 글레이즈

> 양쪽성 계면활성제는 저자극 샴푸, 베이비 샴푸로 사용된다.

Answer

14.③   15.①   16.③   17.①   18.②   19.②   20.④

21 화장품의 제형에 따라 가용화제, 유화제, 분산제로 나누어진다. 이 중 가용화제에 속하는 것이 아닌 것은?

① 화장수　　　② 로션
③ 에센스　　　④ 향수

로션은 유화제에 속한다.

★
22 계면활성제의 피부자극 정도의 순서로 맞는 것은?

① 양이온성 〉 음이온성 〉 양쪽성 〉 비이온성
② 음이온성 〉 양쪽성 〉 비이온성 〉 양이온성
③ 비이온성 〉 양쪽성 〉 음이온성 〉 양이온성
④ 비이온성 〉 양쪽성 〉 양이온성 〉 음이온성

피부자극 정도는 양이온성〉음이온성〉양쪽성〉비이온성이다.

23 자외선차단제에 대한 설명으로 틀린 것은?

① 자외선 차단제는 자외선 산란제와 자외선 흡수제로 나뉜다.
② 자외선 산란제는 물리적 산란작용으로 자외선을 차단한다.
③ 자외선 산란제는 투명하고 자외선 흡수제는 불투명하다.
④ 자외선 흡수제는 사용감이 우수하나 피부에 자극을 줄 수 있다.

자외선 산란제는 불투명하고 자외선 흡수제는 투명하다.

★
24 SPF에 대한 설명으로 틀린 것은?

① 자외선차단제의 SPF는 Sun Protection Factor의 약자이다.
② SPF지수는 UV－A의 방어 지수이다.
③ SPF지수가 높을수록 차단 기능이 강한 것이다.
④ 자외선 차단제를 도포한 피부의 최소 홍반량을 자외선 차단제를 도포하지 않은 대조 부위의 최소 홍반량으로 나눈 값이다.

SPF지수는 UV-B의 방어 지수이다.

★
25 천연보습인자에 대한 설명으로 옳지 않은 것은?

① NMF(Nature Moisturizing Factor)라 한다.
② 우리 몸 내부에서 생산되는 천연 수분을 말한다.
③ 아미노산, 세라마이드, 히알루론산, 젖산 등으로 구성되어있다.
④ 피부 진피층에서 수분을 붙잡는 역할을 한다.

피부 각질층에서 수분을 붙잡는 역할을 한다.

★
26 다음 중 알파하이드록시산(AHA)에 대한 설명이 아닌 것은?

① α－Hydroxy Acid의 약자이다.
② 각질 세포를 벗겨내 멜라닌 색소를 제거

● Answer ●
21.② 22.① 23.③ 24.② 25.④ 26.③

한다.

③ 공기 중의 산소를 흡수하여 자동산화를 방지하기 위해 첨가하는 물질이다.

④ AHA의 종류로는 글리콜릭산, 젖산, 사과산, 주석산, 구연산이 있다.

> 산화방지제에 대한 설명이다.

27 미백제에 사용되는 원료가 아닌 것은?

① 레티놀　　　② 글리콜릭산
③ 산화아연　　④ 알부틴

> 산화아연은 자외선 차단원료이다.

28 다음 중 동물성 오일이 아닌 것은?

① 라놀린　　　② 스쿠알란
③ 카뮤오일　　④ 맥아유

> 맥아유는 식물성 오일이다.

29 다음 중 물에 오일 성분이 혼합되어 있는 유화 상태는?

① O/W　　　② W/O
③ W/S　　　④ W/O/W

> 수중유형 에멀젼으로 물 베이스에 오일이 분산되어있는 상태이다.

30 화장품의 성분 중 아줄렌의 효과는?

① 미백　　　② 주름개선
③ 진정　　　④ 자외선 차단

> 아줄렌은 피부진정, 염증 및 상처 치료에도 효과적이다.

★
31 미백제의 작용으로 맞지 않는 것은?

① 티로시나제 작용 억제
② 도파의 산화를 억제
③ 멜라닌 세포를 사멸
④ 티로신 산화반응 촉진

> 멜라닌 색소는 티로신 산화반응으로 생성된다.

32 다음 중 자외선 차단제에 대한 설명 중 옳지 않은 것은?

① 자외선 차단제에는 물리적 차단제와 화학적 차단제가 있다.
② 물리적 차단제에는 벤조페논, 옥시벤존, 옥틸디메칠파바가 있다.
③ 물리적 차단제는 자외선이 피부에 흡수되지 못하도록 피부 표면에서 빛을 반사 또는 산란시키는 방법이다.
④ 화학적 차단제는 피부에 유해한 자외선을 흡수하여 피부 침투를 차단하는 방법이다.

> 물리적 차단제를 자외선 산란제라하며 이산화티탄, 산화아연, 탈크가 있다. 화학적 차단제는 자외선 흡수제라 하며 벤조페논, 옥시벤존, 옥틸디메칠파바가 있다.

33 화장품 원료 중 색소를 염료와 안료로 구분할 때 그 특징에 대해 잘못 설명된 것은?

Answer

27.③　28.④　29.①　30.③　31.④　32.②　33.②

① 염료는 물이나 오일에 녹는다.

② 염료는 메이크업 화장품을 만드는데 주로 사용된다.

③ 안료는 물과 오일에 모두 녹지 않는다.

④ 무기안료는 커버력이 우수하고, 유기안료는 빛, 산, 알칼리에 약하다.

> 염료는 물이나 오일에 녹아 메이크업 화장품을 만드는 데 사용하지 않는다.

34 얼굴의 기미를 개선하기 위한 활성 성분으로 알맞은 것은?

① 알부틴 　　　② 티로신

③ 레티놀 　　　④ 아데노신

> 알부틴은 티로시나아제의 활성을 억제하여 색소 침착을 방지한다.

35 다음 중 비이온 계면활성제가 첨가 된 것은?

① 샴푸 　　　② 클렌징폼

③ 화장수 　　　④ 트리트먼트

> 비이온 계면활성제가 첨가된 것은 화장수이다.

36 아데노신의 특징이 아닌 것은?

① 피부탄력

② 자외선 반사작용

③ 피부세포의 활성화

④ 섬유세포의 증식효과

> 아데노신은 섬유세포의 증식효과, 피부세포 활성화, 피부탄력, 주름개선 기능이 있다.

37 주름개선 성분에 대한 설명으로 옳지 않은 것은?

① 레티놀은 세포생성 촉진 작용을 한다.

② 아데노신은 섬유세포의 증식효과가 있다.

③ 베타카로틴은 비타민 A의 전구물질로 피부 유연 효과가 있다.

④ 항산화제는 수용성 비타민으로 재생작용을 한다.

> 항산화제는 지용성 비타민이다.

38 보습제가 갖추어야 할 조건이 아닌 것은?

① 보습력 　　　② 휘발성

③ 혼용성 　　　④ 방어성

> 휘발성은 보습제 역할로 맞지 않다.

39 화장품에 주로 사용되는 주요 방부제가 아닌 것은?

① 벤조산

② 파라옥시안식향산메틸

③ 파라옥시안식향산프로필

④ 이미다졸리디닐우레아

> 벤조산은 보통 식품 방부제로 많이 쓰인다.

● Answer ●
34.① 　35.③ 　36.② 　37.④ 　38.② 　39.①

40 화장품의 원료 중 고급알코올의 역할은 무엇인가?

① 천연향료, 합성향료의 역할을 한다.
② 세틸알코올로서 유화제의 역할을 한다.
③ 화장품, 로션, 크림 등의 방부제로 사용된다.
④ 화장품의 점성을 증가시키는 역할을 한다.

고급알코올(세틸알코올)은 유화제로 사용 된다.

41 식물성 오일에 속하지 않는 것은?

① 코코넛오일 　　② 피마자유
③ 스쿠알란 　　④ 아보카도오일

스쿠알란은 심해상어에서 얻어지는 오일이다.

42 다음 중 수성원료가 아닌 것은?

① 에탄올 　　② 왁스
③ 글리세린 　　④ 정제수

왁스는 유성 원료에 속한다.

43 화장품 수성원료의 설명으로 옳은 것은?

① 지용성 용매로소의 작용을 한다.
② 식물성왁스와 동물성왁스로 나눌 수 있다.
③ 글리세린은 피부의 보습 역할을 하며 점성이 높은 액체이다.
④ 식물성오일, 동물성오일, 광물성오일, 합성오일 등이 있다.

나머지는 유성원료의 설명이다.

44 일반적으로 많이 사용하는 화장수의 알코올 함유량은?

① 10% 전후 　　② 30% 전후
③ 50% 전후 　　④ 70% 전후

45 다음 중 천연과일에서 추출한 각질제거제는?

① B.H.A 　　② A.H.A
③ 캄퍼 　　④ 클로로필

A.H.A는 과일에서 추출한 천연 과일산으로 각질의 응집력을 약화시켜 각질제거를 용이하게 한다.

46 AHA의 종류 중 사탕수수에서 추출한 것은?

① 글리콜릭산 　　② 젖산
③ 주석산 　　④ 구연산

글리콜릭산은 사탕수수, 젖산은 발효유, 주석산은 포도, 구연산은 감귤류에서 추출한다.

47 화장품 성분 중 무기안료의 특성은?

① 유기용매에 잘 녹는다.
② 내광성, 내열성이 우수하다.
③ 선명도와 착색력이 뛰어나다.
④ 유기안료에 비해 색의 종류가 다양하다.

무기안료는 색상이 화려하지 않고 빛, 산, 알칼리에 강하다.

● Answer ●
40.② 41.③ 42.② 43.③ 44.① 45.② 46.① 47.②

48 여드름 피부용 화장품에 사용되는 원료와 거리가 먼 것은?

① 아줄렌　　② 알부틴
③ 살리실산　④ 글리시리진산

알부틴은 미백에 효과가 있다.

49 천연보습인자(NMF)의 구성 성분 중 40%를 차지하는 중요성분은?

① 요소　　② 젖산
③ 지방산　④ 아미노산

아미노산(40%), 젖산(12%), 요소(7%)

50 화장품 성분 중에서 양모에서 정제한 것은?

① 라놀린　　② 바셀린
③ 밍크오일　④ 플라센타

라놀린은 면양의 털에서 추출한 기름을 정제한 것이다.

51 다음 오일 중 사용성 및 화학적 안정성이 우수한 것은?

① 아보카도유　② 실리콘오일
③ 라놀린　　④ 밍크오일

실리콘오일은 광물성 합성오일로서 천연 오일보다 사용성 및 화학적 안정성이 높다.

★
52 보습제가 갖추어야 할 조건으로 틀린 것은?

① 적절한 보습 능력이 있을 것
② 응고점이 높을 것
③ 피부 친화성이 좋을 것
④ 다른 성분과 혼용성이 좋을 것

응고점이 낮아야 한다.

★
53 화장품 제조의 3가지 주요기술이 아닌 것은?

① 가용화 공정　② 유화 공정
③ 융합 공정　　④ 분산 공정

화장품의 주요 제조 기술은 가용화, 유화, 분산 기술이다.

54 화장품 제조 기술 중 가용화에 대한 설명이 맞는 것은?

① 분산상에 넣고 혼합, 용해시킨다.
② 유화장치를 이용하여 크림, 로션과 같은 유액을 만든다.
③ 물과 오일 성분이 계면활성제에 의해 용해되고 여과작업을 거친 후 투명한 제품을 얻는다.
④ 반제품을 완제품으로 생산한다.

가용화에 대한 설명이다.

55 유화 제품이 아닌 것은?

① 영양크림　　② 미백크림
③ 바디크림　　④ 크림파운데이션

크림파운데이션은 분산제품이다.

56 다량의 유성 성분을 물에 일정기간 동안 안정한 상태로 균일하게 혼합시키는 화장품 제조기술은?

① 유화   ② 분산
③ 경화   ④ 가용화

> 물과 오일 성분처럼 섞이지 않는 원료를 계면활성제와 유화장치를 이용하여 안정한 상태로 혼합시켜 불투명하게 섞인 것을 유화라고 한다.

57 화장품 제조의 일차적 공정과정이 아닌 것은?

① 분산공정   ② 유화공정
③ 혼합공정   ④ 포장공정

> 포장공정은 이차적으로 완제품을 생산하는 과정이다.

58 메이크업 화장품에 사용되는 화장품 제조 기술은?

① 가용화 공정   ② 유화 공정
③ 분산 공정   ④ 혼합 공정

> 주로 메이크업 제품에 들어가는 고체입자를 계면활성제와 수용성 고분자 등을 이용하여 분산시킨다.

59 화장품 제품 표기사항이 아닌 것은?

① 화장품의 명칭
② 제조업자, 제조판매업자의 상호 및 주소
③ 사용기한 또는 개봉 후 사용기간
④ 제품의 제형

> 화장품 제품의 표기사항은 화장품의 명칭, 제조업자, 제조판매업자의 상호 및 주소, 화장품 제조에 사용된 성분, 내용물의 용량 또는 중량, 제조번호, 사용기한 또는 개봉 후 사용기간 등이다. 화장품의 제형은 표기할 필요 없다.

★
60 화장품의 4대 요건으로 맞는 것은?

① 기능성 : 미백, 주름개선, 자외선 등의 기능을 가질 것
② 방부성 : 변색, 변질, 미생물의 오염이 없을 것
③ 가격성 : 적절한 가격으로 소비자를 충족 시킬 것
④ 사용성 : 피부 친화성, 흡수감, 발림성이 좋을 것

> 화장품의 4대 요건은 안전성, 안정성, 사용성, 유효성이다.

61 화장품 선택 시 검토해야 하는 조건 중 아닌 것은?

① 피부에 대한 자극이나 손상을 주거나 알레르기 등의 염려가 없는 것
② 제품의 변색, 변질이 잘 되지 않는 것
③ 사용 시 불쾌감이 없고 사용감이 산뜻한 것
④ 균일한 성상으로 혼합되어 있지 않은 것

> 화장품 선택 시 안전성, 안정성, 사용성, 유효성이 검토되어야 한다.

● **Answer** ●
56.①   57.④   58.③   59.④   60.④   61.④

★
62 화장품의 4대 요건에 대한 설명 중 맞지 않는 것은?

① 안전성 : 피부의 청결을 유지하고 피부 보호 작용을 할 것
② 안정성 : 제품 보관에 따른 변색, 변질, 미생물의 오염이 없을 것
③ 사용성 : 사용 시 발림성이 좋고 휴대, 사용이 편리할 것
④ 유효성 : 노화방지, 자외선 차단, 채색효과 등이 있을 것

안전성 : 피부에 대한 자극, 독성이 없어야 한다.

★
63 화장품을 만들 때 필요한 4대 요건은?

① 안전성, 기능성, 방향성, 유효성
② 발림성, 안전성, 기능성, 유효성
③ 보습성, 방향성, 사용성, 유효성
④ 안전성, 안정성, 사용성, 유효성

화장품의 4대 요건은 안전성, 안정성, 사용성, 유효성이다.

64 다음 중 화장품 사용 시 주의해야 할 점으로 옳지 않은 것은?

① 화장품을 덜어낼 때는 스파츌러를 이용한다.
② 화장품은 햇빛이 잘 드는 곳에 두어야 한다.

③ 용기의 뚜껑을 장시간 열어놓지 않아야 한다.
④ 덜어낸 제품이 남으면 재사용하지 않는다.

화장품은 직사광선에 노출되지 않게 보관한다.

65 피부에 화장품을 사용하기 전에 패치테스트를 하는 목적으로 맞는 것은?

① 피부의 타입을 분석하기 위해
② 화장품의 효과를 극대화시켜주기 위해
③ 화장품의 알러지 현상의 발생 유무를 확인하기 위해
④ 화장품의 성상을 확인하기 위해

사용 전 팔 안쪽부분에 패치테스트를 하여 알러지 발생 유무를 확인한다.

● Answer ●
62.① **63.**④ **64.**② **65.**③

03 화장품의 종류와 기능

★
01 기초 화장품을 사용하는 목적이 아닌 것은?

① 수분 균형　　② 피부 보호

③ 피부 청결　　④ 피부 결점 보완

> 피부 결점 보완은 메이크업 화장품의 사용목적이다.

02 기초 화장품에서 피부정돈에 사용되는 화장품이 아닌 것은?

① 수렴화장수　　② 유연화장수

③ 에센스　　　④ 마사지크림

> 에센스는 피부를 보호, 영양을 준다.

03 화장수의 도포 목적과 효과로 알맞은 것은?

① 고농축 성분을 함유하고 있어 피부에 영양을 준다.

② 피부에 보습, 보호 작용을 하며 유효 성분들이 피부 문제점을 개선해 준다.

③ 죽은 각질 세포를 박리시키고 새로운 세포재생을 돕는다.

④ 보습제와 유연제를 함유하고 있어 다음 단계에 사용할 화장품의 흡수를 돕는다.

> 화장수는 피부에 수분을 공급하고 pH를 조절하며, 피부정돈을 위한 보습제와 유연제를 함유하고 있어 다음 단계에 사용할 화장품의 흡수를 돕는다.

04 다음 화장품 중 고농축 미용성분을 함유하고 있어 보습효과가 우수하고 피부에 영양을 주는 제품은 무엇인가?

① 화장수　　　　② 로션

③ 에센스　　　　④ 크림

> 에센스는 고농축 보습성분을 함유하고 있어 흡수가 빠르고 사용감이 가벼우며 피부를 보호하고 영양을 공급을 해준다.

05 화장수의 사용 목적이 아닌 것은?

① 피부의 수분공급　② 피부의 pH조절

③ 피부 영양공급　　④ 피부정돈

> 화장수의 사용 목적은 피부의 수분공급과 pH조절, 피부정돈을 목적으로 한다.

06 화장수의 작용이 아닌 것은?

① 클렌징 후 피부의 유분을 제거한다.

② 피부에 수분을 공급하고 pH를 조절한다.

③ 아스트리젠트는 유연화장수이다.

④ 알코올 성분함유로 모공 수축작용과 피

● Answer ●
01.④ 02.③ 03.④ 04.③ 05.③ 06.③

지분비 억제 효과가 있다.

> 아스트리젠트는 수렴화장수이다.

07 세안용 화장품 중 가벼운 화장 제거에 적합한 제품은?

① 클렌징워터　　② 클렌징젤
③ 클렌징크림　　④ 클렌징오일

> 클렌징워터는 가벼운 화장을 지우거나 화장 전에 피부를 청결히 닦아내는 목적으로 사용한다.

★
08 팩의 제거 방법에 따른 분류가 아닌 것은?

① 필오프 타입
② 워시오프 타입
③ 모델링마스크 타입
④ 티슈오프 타입

> 팩 제거 방법은 필오프, 워시오프, 티슈오프, 시트 타입이 있다.

09 화장품 제형 중 친수성으로 지성피부에 적합한 것은?

① W/O형　　② O/W형
③ W/O/W형　　④ W/S형

> O/W형이 친수성이며 지성피부에 적합하다.

10 클렌징크림의 설명이 아닌 것은?

① 광물성 오일 함유로 피부세정 효과가 높다.
② 클렌징로션보다 유성 성분 함량이 적다.
③ 청결하고 촉촉한 피부 유지를 위해 비누로 세정하는 것보다 효과적이다.
④ 짙은 메이크업을 지울 때 사용한다.

> 클렌징로션보다 유성 성분 함량이 높다.

11 다음 중 콜드크림의 기능이 아닌 것은?

① 혈액순환　　② 피부청결
③ 신진대사 활성　　④ 혈색을 좋게 함

> 콜드크림은 마사지 크림으로 혈액순환과 신진대사를 촉진한다.

12 진한 메이크업을 지우는 클렌징 제품으로 이중 세안을 해야 하는 것은?

① 클렌징워터　　② 클렌징로션
③ 클렌징젤　　④ 클렌징크림

> 클렌징크림은 세정력은 뛰어나지만 유분함량이 많아서 이중세안을 해야 한다.

13 지방성분이 없어 세정력이 우수하며 마사지와 클렌징 효과가 있는 것은?

① 클렌징워터　　② 폼클렌징
③ 클렌징젤　　④ 클렌징로션

> 클렌징젤은 지방에 예민한 알레르기성 피부나 모공이 넓은 피부에 적합하다.

14 다음 중 화장품의 사용 목적으로 옳지 않은 것은?

① 기초 화장품 : 피부 청결, 영양공급
② 메이크업 화장품 : 결점 커버, 미적효과
③ 모발 화장품 : 모발 청결, 체취방지
④ 네일 화장품 : 미적효과, 보호·유지

> 체취방지는 바디관리 화장품 중 체취방지제 사용목적이다.

15 보호용 화장품에서 로션에 대한 설명으로 옳지 않은 것은?

① 지성피부, 여름철 사용에 좋다.
② 유분함량 70% 이하로 피부의 유분과 수분을 공급할 수 있다.
③ O/W형의 묽은 유액으로 사용감이 가볍다.
④ 수분함량이 60~80% 정도이다.

> 수분함량이 60~80%, 유분함량 30% 이하로 피부의 유분과 수분을 공급할 수 있다.

16 에센스에 대한 설명으로 옳지 않은 것은?

① 피부보호 및 영양공급을 한다.
② 흡수가 빠르고 사용감이 가볍다.
③ 고농축 보습성분을 함유하고 있다.
④ 주요성분으로 정제수, 알코올, 보습제, 점증제, 에몰리언트제, 계면활성제 등이 있다.

> 에센스의 주요성분은 보습제, 알코올, 점증제, 비이온 계면활성제, 유연제, 향신료 등이 있다.

17 보호용 화장품이 아닌 것은?

① 콜드크림
② 데이크림
③ 아스트리젠트
④ 에몰리엔트크림

> 아스트리젠트는 조절용 수렴화장수이다.

18 팩의 사용 목적이 아닌 것은?

① 팩이 건조하는 과정에서 피부에 적당한 긴장감을 준다.
② 고농축 보습성분으로 흡수가 빠르고 사용감이 가볍다.
③ 일시적으로 피부의 온도를 높여 혈액 순환을 촉진한다.
④ 노화한 각질 등 팩과 함께 제거시켜 피부 표면을 청결히 한다.

> 고농축 보습성분으로 흡수가 빠르고 사용감이 가볍고 피부를 보호하고 영양을 공급하는 것은 에센스의 설명이다.

19 팩의 목적 및 효과와 거리가 먼 것은?

① 피부 보습, 청정작용
② 진정 및 수렴작용
③ 피하지방의 흡수 및 분해
④ 피부의 혈행 촉진

> 피부의 노폐물은 제거하지만 피하지방을 분해하지는 않는다.

20 화장품의 피부 흡수에 관한 설명으로 옳은 것은?

① 수분이 많을수록 피부 흡수율이 높다.

② 분자량이 클수록 피부 흡수율이 높다.

③ 화장수 〉 로션류 〉 크림류 순으로 피부 흡수율이 높다.

④ 식물성오일 〉 동물성오일 〉 광물성오일 순으로 피부흡수력이 높다.

> 분자량이 작을수록 피부 흡수율이 높다.

21 다음 설명 중 파운데이션의 일반적인 기능과 거리가 먼 것은?

① 피부의 기미, 주근깨 등 결점을 커버한다.

② 자외선으로부터 피부를 보호한다.

③ 피부톤을 정리해준다.

④ 유분기 제거와 화장의 지속력을 높여준다.

> 유분기 제거와 화장 지속력을 높여주는 것은 파우더이다.

22 메이크업 베이스의 특성이 아닌 것은?

① 색소침착을 막아준다.

② 파운데이션을 고정시켜 준다.

③ 피지막 형성으로 피부를 보호한다.

④ 파운데이션의 밀착성, 지속성을 높여준다.

> 파운데이션을 고정시켜 주는 것은 파우더이다.

23 화장품 중 또렷한 눈매를 표현하고 눈의 모양을 수정하는 제품은?

① 아이섀도　　　② 아이브로우 펜슬

③ 아이라이너　　④ 마스카라

> 아이섀도는 눈 주위에 음영과 색상을 주는 제품, 아이브로우 펜슬은 눈썹 그리는 제품, 마스카라는 속눈썹을 길고 풍성하게 표현해주는 제품이다.

24 입술을 보호하고 부드럽고 윤기 있게 하는 립스틱의 타입은?

① 립글로스　　　② 매트 타입

③ 모이스처 타입　④ 롱래스팅 타입

> 매트타입은 번짐이 적고 모이스처 타입은 오일 함량이 많으며 롱래스팅 타입은 잘 묻어나지 않는다.

25 메이크업 베이스 색상의 연결이 잘못 된 것은?

① 녹색 : 붉은 피부

② 보라색 : 잡티가 있는 피부

③ 핑크색 : 창백한 피부

④ 흰색 : 어둡고 칙칙한 피부

> 보라색은 노란 피부에 사용하며 파란색은 잡티가 있는 피부에 사용한다.

26 다음 중 파우더의 설명으로 거리가 먼 것은?

① 파운데이션의 유분기를 제거하고 화장의 지속력을 높여준다.

② 얼굴의 피부 톤을 정리해주고 피부의 결점을 보완해준다.

③ 페이스파우더는 루스파우더라 하며 사용감이 가벼우나 휴대가 불편하다.

④ 콤팩트파우더는 프레스파우더라 하며

Answer

21.④　**22.**②　**23.**③　**24.**①　**25.**②　**26.**②

페이스파우더를 압축시킨 파우더로 휴대와 사용이 간편하다.

> 파운데이션의 설명이다.

27 다음 중 포인트 메이크업 제품의 설명으로 옳지 않은 것은?

① 아이섀도는 눈 주위에 명암과 색채감을 부여하여 눈매를 아름답고 입체감 있게 표현해준다.
② 아이라이너는 눈의 윤곽을 또렷하게 해주어 눈이 크고 생동감 있게 표현해준다.
③ 마스카라는 눈썹모양, 색을 조정하여 아름답게 표현해준다.
④ 블러셔는 얼굴윤곽에 입체감을 부여하여 생기 있게 표현해준다.

> 마스카라는 속눈썹을 짙고 풍성하게 해주어 눈매를 선명하게 표현해준다.

28 모발·두피 화장품에 대한 설명 중 옳지 않은 것은?

① 양모용 제품은 살균력이 있어 두피나 모발에 쾌적함을 주고 혈액순환을 촉진 비듬과 가려움을 제거한다.
② 탈색용 제품은 헤어 블리치라고도 하며 모발의 색을 빼서 원하는 색조로 밝고 엷게 해준다.
③ 퍼머넌트용 제품은 모발에 물리적인 방법과 화학적인 방법으로 일시적인 웨이브를 만든다.
④ 정발용 제품은 세정 후 모발에 유분을 공급, 보습효과를 주며 모발을 원하는 형태로 스타일링하거나 고정시켜 주는 제품이다.

> 퍼머넌트용 제품은 모발에 물리적인 방법과 화학적인 방법으로 영구적인 웨이브를 만든다.

29 모발·두피 화장품 용도와 제품이 바르게 연결 된 것은?

① 세발용 : 샴푸, 컬러린스
② 트리트먼트 : 헤어 팩, 헤어 블로우
③ 정발용 : 헤어오일, 포마드, 스프레이
④ 염모용 : 헤어 컬러

> 컬러린스는 염모용이다.

30 다음 중 샴푸의 역할과 거리가 먼 것은?

① 모발과 두피를 세정하여 비듬과 가려움을 덜어주며 건강하게 유지시킨다.
② 두피를 자극하여 혈액 순환을 좋게 하고 모근을 강화시킨다.
③ 모발의 정전기 발생을 방지, pH조절, 표면을 보호한다.
④ 과도한 피지제거로 두피와 모발에 손상, 건조가 없어야 한다.

> 린스에 대한 설명이다.

Answer
27.③ 28.③ 29.① 30.③

31 모발의 탈색 중 색소를 사용하지 않는 제품은?

① 양모제　　　　② 탈모제
③ 헤어 블리치　　④ 일시염모제

헤어 블리치는 멜라닌 색소를 파괴시켜 모발의 색을 밝게 해준다.

32 다음 중 바디관리 화장품이 가지는 기능과 거리가 먼 것은?

① 세정　　　　　② 각질제거
③ 트리트먼트　　④ 염모

염모는 헤어제품의 기능이다.

33 바디샴푸의 성질로 틀린 것은?

① 세포간의 존재하는 지질을 가능한 보호
② 세균이 증식 억제
③ 피부의 요소, 명분을 효과적으로 제거
④ 세정제의 각질층 내 침투로 지질을 용출

각질제거제에 대한 설명이다.

34 피부를 균일하게 그을려 건강한 피부 연출을 돕는 제품으로 피부의 손상을 막기 위해 UV -B차단 성분이 함유되어 있는 것은?

① 선탠오일　　　② 선크림
③ 선로션　　　　④ 미백에센스

선탠화장품에 대한 설명이다.

35 다음 중 바디용 화장품이 아닌 것은?

① 각질제거제　　② 슬리밍 제품
③ 양모 제품　　　④ 체취방지 제품

양모 제품은 모발용 화장품이다.

36 바디관리 화장품에 대한 설명 중 옳지 않은 것은?

① 세정용 제품은 피부의 노폐물을 제거하여 피부를 청결하게 해준다.
② 바디스크럽은 노화된 각질을 부드럽게 제거하여준다.
③ 체취방지제는 신체의 불쾌한 냄새를 좋은 향으로 덮어준다.
④ 바디트리트먼트는 세정 후 피부의 건조함을 방지 하며 피부표면을 보호, 보습해준다.

체취방지제는 신체의 불쾌한 냄새를 예방하거나 냄새의 원인이 되는 땀의 분비를 억제해준다.

37 손을 대상으로 하는 제품 중 알코올을 주베이스로 하며, 청결 및 소독을 주된 목적으로 하는 제품은?

① 핸드워시　　　② 비누
③ 새니타이저　　④ 핸드크림

새니타이저(Sanitizer)는 핸드케어 제품으로 사용할 때 물을 사용하지 않고 손에 직접 바르며, 피부 청결 및 소독 효과를 위해 사용한다.

● Answer ●
31.③　32.④　33.④　34.①　35.③　36.③　37.③

★
38 네일 에나멜을 바른 후 마지막 단계에서 네일에 광택을 주고 폴리시를 보호하기 위해 바르는 제품은 무엇 인가?

① 네일 폴리시 ② 베이스코트
③ 탑코트 ④ 네일 보강제

탑코트는 네일 에나멜 후 마지막 단계에서 네일에 광택을 주고 폴리시를 보호하기 위해 사용한다.

39 네일 화장품에 대한 설명 중 옳지 않은 것은?

① 베이스코트는 에나멜을 도포 전에 네일 표면에 착색과 변색을 방지한다.
② 큐티클크림은 네일 주변의 죽은 각질 세포를 부드럽게 해주어 정리할 때 사용한다.
③ 네일 보강제는 찢어지거나 갈라지는 손톱에 영양을 공급한다.
④ 큐티클오일은 큐티클과 네일에 유·수분을 공급하여 네일 주변의 조직을 유연하게 해준다.

큐티클크림은 네일과 네일 주변의 피부에 트리트먼트 효과를 준다.

40 손상된 케라틴을 회복하여 손톱의 치료에 효과적인 비타민은?

① 비타민 A ② 비타민 C

③ 비타민 E ④ 비타민 H

비타민 H(비오틴)는 단백질 회복 효과가 있다.

41 네일 에나멜에 대한 설명으로 틀린 것은?

① 네일 폴리시, 락카, 컬러라고도 한다.
② 찢어지거나 갈라지는 손톱에 영양을 공급하여 단단하게 해준다.
③ 손톱에 광택을 부여하고 아름답게 할 목적으로 사용하는 화장품이다.
④ 피막 형성제로 니트로셀룰로오스가 함유되어 있다.

네일 보강제에 대한 설명이다.

42 큐티클 리무버의 용도는?

① 손·발톱주변의 상조피 제거
② 손·발톱의 폴리시 제거
③ 손·발톱에 영양 공급
④ 에나멜 용해제

큐티클 리무버는 네일 주변의 죽은 각질 세포를 부드럽게 하여 정리, 제거할 때 사용하는 제품이다.

43 다음 중 네일 화장품에 속하지 않는 제품은?

① 네일 에나멜 ② 블러셔
③ 큐티클오일 ④ 베이스코트

블러셔는 메이크업 화장품이다.

● Answer ●
38.③ 39.② 40.④ 41.② 42.① 43.②

44 큐티클오일의 주성분이 아닌 것은?

① 카뮤오일　　　② 호호바오일
③ 아몬드오일　　④ 아보카도

> 큐티클오일의 주성분으로는 아몬드오일, 아보카도, 호호바(조조바)오일 등이 있다.

45 손톱의 프리에지 부분을 희게 보이게 해주는 제품은?

① 큐티클오일　　② 네일 표백제
③ 네일 보강제　　④ 네일 화이트너

> 네일 화이트너는 손톱의 프리에지 부분을 희게 보이게 해주는 것으로 크림이나 치약형태로 되어있다.

46 네일 화장품과 주성분의 연결이 옳지 않은 것은?

① 에나멜 리무버 : 카뮤
② 네일 보강제 : 프로틴 하드너
③ 네일 표백제 : 과산화수소수
④ 탑코트 : 니트로셀룰로오스

> 에나멜 리무버에는 니트로셀룰로오스와 수지를 용해하는 용제류의 혼합물이 들어간다.

★
47 다음 중 향수의 부향률이 높은 것부터 순서대로 나열한 것은?

① 퍼퓸 〉 오드퍼퓸 〉 오데코롱 〉 오드트왈렛 〉 샤워코롱
② 퍼퓸 〉 오드퍼퓸 〉 오드트왈렛 〉 오데

코롱 〉 샤워코롱
③ 샤워코롱 〉 오드트왈렛 〉 오데코롱 〉 오드퍼퓸 〉 퍼퓸
④ 샤워코롱 〉 오데코롱 〉 오드트왈렛 〉 오드퍼퓸 〉 퍼퓸

48 향수의 발향단계 분류 중 향수를 뿌린 후 처음 느껴지는 휘발성이 강한 향료들로 이루어진 단계는?

① 탑노트　　　② 미들노트
③ 베이스노트　④ 라스트노트

49 다음 중 향수에 대한 설명 중 바르지 않은 것은?

① 후각적인 아름다움을 부여하여 개인의 매력을 높여준다.
② 향에 특징이 있고 확산성, 지속성이 좋고 향기의 조화가 적절한 것이 좋은 향수이다.
③ 몸을 정돈하기 위한 물이라는 의미로 상쾌하고 가벼운 느낌으로 전신에 사용하는 향의 유형은 샤워코롱이다.
④ 식물에서 추출한 에센셜 오일을 배합하여 만들어진다.

> 오드트왈렛에 대한 설명이다.

50 다음 중 향료의 함유량이 가장 적은 것은?

① 오드트왈렛　　② 오드퍼퓸

③ 오데코롱　　④ 퍼퓸

퍼퓸 〉 오드퍼퓸 〉 오드트왈렛 〉 오데코롱 〉 샤워코롱

★

51 항감염 피부에 효과가 뛰어나 여드름 피부에도 안심하고 사용할 수 있는 오일은 무엇인가?

① 헤이즐넛오일　　② 호호바오일
③ 포도씨오일　　④ 아보카도오일

호호바오일은 항감염피부에 효과가 뛰어나 여드름, 습진, 건선피부에 안심하고 사용이 가능하다.

52 아로마오일의 사용법 중 확산법(발향법)으로 맞는 것은?

① 수건에 적신 후 피부에 붙인다.
② 따뜻한 물에 넣고 몸을 담근다.
③ 아로마 램프나 스프레이를 이용한다.
④ 손수건, 티슈 등에 1~2방울 떨어뜨리고 들이마신다.

① 습포법 ② 목욕법(입욕법) ③ 확산법 ④ 흡입법

53 캐리어오일 중 인체 피지와 지방산의 조성이 유사하여 피부친화성이 좋고, 다른 식물성 오일에 비해 쉽게 산화되지 않아 보존안전성이 높은 오일은?

① 호호바오일　　② 아보카도오일
③ 맥아오일　　④ 올리브오일

호호바오일은 액체왁스로 오일에 비해 안정성이 높고, 피지 성분과 유사하여 피부친화성과 침투력이 우수하다.

54 다음 중 햇빛에 노출했을 때 색소침착의 우려가 있어 사용 시 유의해야 하는 에센셜 오일은?

① 티트리　　② 레몬
③ 카모마일　　④ 페퍼민트

감귤계 계열의 에센셜 오일은 감광성(광선에 의해 검은색으로 변함)에 주의해야한다.

55 에센셜 오일 사용 시 유의사항으로 맞는 것은?

① 천연식물에서 추출한 오일이므로 패치테스트를 할 필요 없이 바로 사용이 가능하다.
② 희석하지 않은 원액의 정유를 피부에 바로 사용이 가능하다.
③ 빛과 열에 약하므로 갈색 유리병에 담아 서늘하고 어두운 곳에 보관한다.
④ 임산부, 고혈압 환자, 정상인 구분 없이 동일한 용량으로 사용이 가능하다.

에센셜오일은 빛과 열에 약하므로 암갈색 유리병에 담아 직사광선을 피해 서늘하고 어두운 곳에 보관한다.

56 에센셜오일(천연향)의 추출방법 중 수증기 증류법을 설명한 것으로 옳은 것은?

① 식물을 가온하여 증발되는 향기물질을 냉각하여 추출한다.
② 유기용매를 이용하여 낮은 온도에서 추출한다.
③ 감귤류 겉껍질에 있는 분비낭 세포를 압

● Answer ●
51.② 52.③ 53.① 54.② 55.③ 56.①

착하여 추출한다.

④ 초임계 상태가 될 수 있는 기체로 짧은 시간 안에 향의 손상 없이 추출해낸다.

> 수증기 증류법은 식물의 향 부분을 물에 담가 가온하여 증발되는 향기물질을 냉각하여 추출하는 방식이다.

57 에센셜오일을 사용하여 고객을 관리할 때 지켜야 할 사항으로 알맞은 것은?

① 고객보다 관리사가 선호하는 에센셜오일을 사용한다.

② 고객의 상태에 따라 사용량을 달리 하여 직접 블렌딩하여 사용한다.

③ 고객의 피부 상태에 상관없이 동일량의 에센셜오일을 사용한다.

④ 에센셜오일을 미리 블렌딩한 후 모든 고객에게 동일하게 사용한다.

> 에센셜오일은 고객에 맞춰 블렌딩을 달리하여 사용하여야 한다.

★
58 캐리어오일에 대한 설명이 아닌 것은?

① 베이스오일이라고도 한다.

② 에센셜오일을 추출할 때 오일과 분류되어 나오는 증류액을 말한다.

③ 캐리어는 운반이란 뜻으로 캐리어오일은 마사지오일을 만들 때 필요한 오일이다.

④ 에센셜오일의 향을 방해하지 않도록 향이 없어야하고 흡수력이 좋아야 한다.

> 캐리어오일은 베이스오일로도 불리며 에센셜오일을 피부 속으로 흡수시켜주는 매개물로 혼합 시 정유성분이 그대로 유지되며 베이스오일 자체에 약리적 효과가 있다.

★
59 에센셜오일을 추출하는 방법이 아닌 것은?

① 수증기 증류법   ② 혼합 추출법

③ 용매 추출법   ④ 이산화탄소 추출법

> 에센셜오일의 추출법은 수증기 증류법, 용매 추출법, 압착법, 이산화탄소 추출법이 있다.

60 다음 중 캐리어 오일로서 부적합한 것은?

① 샌들우드   ② 호호바오일

③ 스윗아몬드   ④ 로즈힙

> 샌들우드는 에센셜오일이다.

★
61 아로마오일을 피부에 효과적으로 침투시키기 위해 사용하는 식물성 오일은?

① 에센셜오일   ② 트랜스오일

③ 캐리어오일   ④ 미네랄오일

> 아로마오일을 피부에 효과적으로 침투시키기 위해 사용하는 오일을 캐리어오일이라고 한다.

62 아로마오일의 사용법 중 습포법에 대한 설명인 것은?

① 따뜻한 물에 넣고 몸을 담근다.

② 아로마 램프나 스프레이를 이용한다.

③ 손수건, 티슈 등에 1~2방울 떨어뜨리고 흡입을 한다.

④ 온수 또는 냉수 1리터 정도에 5~10방울을 넣고, 수건을 담궈 적신 후 피부에 붙인다.

① 입욕법 ② 확산법 ③ 흡입법 ④ 습포법

63 주름개선 기능성 화장품의 효과와 가장 거리가 먼 것은?

① 피부탄력 강화

② 콜라겐 합성 촉진

③ 표피 신진대사 촉진

④ 섬유아세포 분해 촉진

주름개선 화장품은 섬유아세포의 생성을 촉진한다.

64 주름개선 화장품의 특성이 아닌 것은?

① 콜라겐 성분 보충

② 멜라닌 합성 저해

③ 피부 각질층 신진대사 촉진

④ 진피의 섬유세포 분화 촉진

②는 미백제품의 설명이다. 주름개선 화장품은 진피의 섬유세포 분화를 촉진시켜 콜라겐 합성을 돕고 피부 각질층 신진대사를 촉진시켜 피부를 매끄럽게 해주며 콜라겐 성분 보충으로 무너진 피부층을 복구·유지하도록 해준다.

● **Answer** ●
62.④ **63.**④ **64.**②

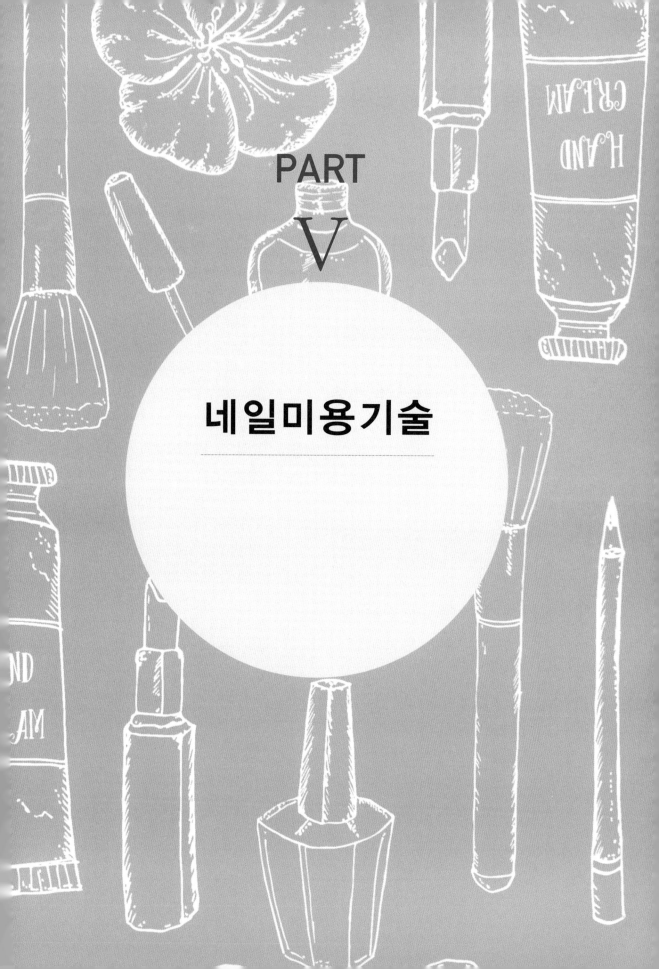

PART

V

네일미용기술

01 다음 중 베이스코트의 역할이 아닌 것은?

① 에나멜의 광택을 높여 준다.
② 에나멜의 밀착력을 높여 준다.
③ 손톱의 착색을 방지해 준다.
④ 손톱의 변색을 방지해 준다.

> 에나멜의 광택을 높이는 것은 탑코트이다.

02 자외선이나 할로겐램프 같은 특수한 빛에 의해 응고시키는 방법은?

① 클리어 젤
② 탑 젤
③ 노 라이트 큐어드 젤
④ 라이트 큐어드 젤

> 자외선이나 할로겐 램프 등의 특수광선으로 굳게 만드는 것은 라이트 큐어드 젤 이다.

03 탑코트의 기능에 대한 설명으로 맞지 않은 것은?

① 에나멜을 보호해 준다.
② 에나멜의 광택을 높여 준다.
③ 손톱의 변색과 오염을 막아 준다.
④ 에나멜의 지속성을 유지시켜 준다.

> 손톱의 변색을 막아 주는 것은 베이스코트의 역할이다.

04 에어브러시를 할 때 사용하는 투명 폼의 명칭은?

① 니들　　　　② 스텐실
③ 컴프레서　　④ 레버

> 스텐실이란 본을 떠서 디자인할 수 있도록 모양이 나 있는 반투명의 얇은 플라스틱이다.

05 일반적으로 살롱에서 흔히 사용하지 않는 손 소독제는?

① 포름알데히드　② 알코올
③ 과산화수소　　④ 치아염소산염

> 포름알데히드는 취급이 어려워 일반샵에서는 사용하지 않는다.

06 발바닥 각질 제거를 하는 도구의 명칭으로 바른 것은?

① 니퍼　　　　② 클립
③ 클리퍼　　　④ 콘 커터

> 콘 커터는 발바닥의 각질을 족문의 결 방향대로 제거하는 도구이다.

● **Answer** ●
01.① **02.**④ **03.**③ **04.**② **05.**① **06.**④

07 에나멜이 쉽게 벗겨지는 것을 보호해 주는 것은?

① 베이스코트　② 네일 보강제
③ 탑코트　④ 네일 블리치

프리에지 부분을 발라 주면 컬러의 벗겨짐을 방지할 수 있다.

08 자연네일 표면을 파일링하는데 적합한 Grit 수는?

① 80Grit　② 100Grit
③ 150Grit　④ 220Grit

자연네일에는 180~250Grit의 파일이 적당하다.

09 습식매니큐어 시술에서 손톱 모양을 만들고 난 후 손톱 밑의 거스러미를 제거하는데, 이 때 사용하는 도구의 명칭은?

① 니퍼　② 라운드패드
③ 스톤푸서　④ 글루

손톱 밑의 거스러미를 제거 할 때는 라운드패드를 사용한다.

10 큐티클오일을 사용하는 주된 목적은?

① 네일 표면에 광택을 제거
② 큐티클을 건강하게 성장시키기 위해서
③ 큐티클을 유연하게 하기 위해서
④ 네일 표면의 변색과 오염 방지

큐티클오일은 큐티클 주위에 발라 큐티클이 갈라지는 것을 방지하고, 큐티클과 네일에 유분을 공급해 준다.

11 자연네일에 부적합한 파일의 Grit 수는?

① 100Grit　② 180Grit
③ 220Grit　④ 280Grit

100Grit은 인조네일에 적합하다.

12 오벌형 손톱 모양으로 파일링을 할 때 적당한 파일의 각도는?

① 15°　② 45°
③ 60°　④ 90°

오벌형의 파일 각도는 15°로 손톱 모서리를 타원형으로 파일링한 형태이다.

13 다음 중 습식매니큐어 시술 준비과정이 아닌 것은?

① 시술자는 항균비누로 소독한다.
② 모든 도구를 소독한다.
③ 테이블을 70% 알코올로 닦는다.
④ 각탕기를 항균비누로 소독한다.

각탕기는 페디큐어 시술도구이다.

14 자연네일이 변색되는 원인으로 잘못된 것은?

① 지속적으로 베이스코트를 생략하고 에나멜을 바를 경우

② 세균에 감염되었을 경우

③ 감기나 두통의 질병에 걸렸을 경우

④ 자외선에 장시간 노출되었을 경우

> 네일의 색은 심장병, 폐질환, 당뇨병 등에 의해 변색이 되지만 감기나 두통에 의해 변색이 되지는 않는다.

15 다음 중 핫오일매니큐어에 대한 설명으로 옳지 않은 것은?

① 갈라진 네일이나 행네일 고객에게 적당한 시술이다.

② 습도가 높은 여름에 효과적이다.

③ 오일에 손을 담그면 모공이 열리면서 큐티클이 유연해진다.

④ 로션 워머에 크림을 1/2 정도 넣고 전원을 미리 켜둔다.

> 핫오일매니큐어는 여름보다는 건조한 겨울에 효과적이다.

16 파라핀이 녹은 후 얼마의 온도를 유지하는 것이 좋은가?

① 31~42℃ ② 52~55℃
③ 68~73℃ ④ 75~87℃

17 파라핀 매니큐어 시술에 대한 설명으로 옳지 않은 것은?

① 피부가 건조한 고객에게 보습 및 영양 공급을 해주는 관리 방법이다.

② 찢어진 손톱에 아주 효과적인 시술이다.

③ 파라핀이 녹는 시간이 3~4시간 걸리므로 미리 준비해둔다.

④ 행네일에 효과적이다.

> 찢어진 손톱에 파라핀이 끼게 되면 더욱 악화될 수 있으므로 적당하지 않다.

18 핫오일매니큐어로 가장 큰 효과를 볼 수 있는 것은?

① 테리지움 ② 몰드
③ 오니쿠리시스 ④ 오니코파지

> 큐티클의 과잉성장으로 네일판을 덮는 테리지움(표피조막증)에는 핫오일매니큐어로 교정이 가능하다.

19 다음 중 잘 부러지는 손톱에 추천되는 것은?

① 오일 매니큐어 ② 손 마사지
③ 로션 ④ 의사의 검진

> 건조한 손톱은 잘 부러지므로 오일 매니큐어 시술이 보습력을 높여주므로 효과적이다.

20 파라핀 시술은 어떤 증상에 효과가 있는가?

① 습진 ② 무좀
③ 통증 ④ 건성

> 파라핀 시술은 건조한 손톱을 위한 관리 방법으로 적당하다.

Answer
14.③ 15.② 16.② 17.② 18.① 19.① 20.④

21 습식매니큐어 시술에 대한 설명으로 옳지 않은 것은?

① 파일링 시 네일의 양쪽 코너 안쪽까지 깨끗하게 갈아낸다.
② 폴리시를 제거할 때는 리무버를 솜에 묻혀 네일 표면에 올려놓고 문질러서 제거한다.
③ 자연네일이 누렇게 변색된 경우 과산화수소를 솜에 묻혀 오렌지 우드스틱에 말아서 자연네일에 바른다.
④ 큐티클을 밀어 올릴 때는 푸셔를 45° 각도로 해서 조심스럽게 밀어 올린다.

> 파일링 시 네일의 양쪽 코너 안쪽까지 갈게 되면 손톱이 손상될 수 있다.

22 습식매니큐어 시술에 대한 설명으로 옳지 않은 것은?

① 탑코트를 바를 때는 베이스코트보다 약간 두껍게 바른다.
② 파일링의 방향은 반드시 중앙을 향하도록 한다.
③ 베이스코트는 여러 번 바를수록 좋다.
④ 시술이 끝난 후 사용한 도구는 반드시 소독한다.

> 베이스코트는 자연네일을 보호하고 손톱과 폴리시의 밀착력을 높여주는 역할을 하며, 얇게 1회만 바르면 된다.

23 모든 네일 시술의 절차 중 가장 먼저 하는 것은?

① 큐티클 밀기 ② 손 소독하기
③ 폴리시 제거 ④ 모양 잡기

> 모든 시술에 앞서 가장 먼저 해야 할 일은 시술자와 고객의 손을 소독하는 일이다.

24 다음은 매니큐어 시술에 관한 설명이다. 옳지 않은 것은?

① 큐티클 주위와 손톱 각질을 자르면 자를수록 딱딱해질 수 있다.
② 탑코트를 발라 유색 폴리시가 더 오래가도록 한다.
③ 버핑 시 너무 세게 문지르지 않는다.
④ 큐티클은 죽은 각질 세포이므로 완전히 잘라내야 한다.

> 큐티클을 너무 무리하게 잘라내면 피가 나거나 부어오를 수 있으므로 적당히 잘라내야 한다.

25 매니큐어에 대한 설명으로 옳은 것은?

① 큐티클 관리를 말한다.
② 손과 손톱의 총체적인 관리를 의미한다.
③ 마누스(Manus)와 큐라(Cura)가 합성된 말로 스페인에서 유래되었다.
④ 매니큐어는 중세부터 행해졌다.

① 매니큐어는 큐티클 관리뿐만 아니라 전체적인 손톱 및 손 관리를 말한다.
③ 매니큐어는 라틴어에서 유래되었다.
④ 매니큐어는 고대시대부터 행해졌다.

26 다음 중 에나멜 컬러의 벗겨짐 방지를 위해 시술하는 컬러링 타입은?

① 풀코트   ② 프렌치
③ 하프문   ④ 프리에지

프리에지 부분을 발라 주면 컬러의 벗겨짐을 방지할 수 있다.

27 컬러링 시술을 프리에지 부분까지 칠하는 이유로 알맞은 것은?

① 에나멜을 오래 유지하기 위해
② 에나멜의 광택을 유지시켜 주기 위해
③ 에나멜의 색상을 돋보이기 위해
④ 에나멜의 광택을 내기 위해

에나멜의 벗겨짐을 방지하기 위함이다.

28 완성된 디자인을 물에 불려 분리시켜 손톱 위에 붙여 주는 기법은?

① 워터데칼   ② 라인스톤
③ 워터마블   ④ 마블링

물에 불려 떼어 내어 부착하는 방법은 워터데칼 기법이다.

29 핸드 페인팅 시 그림을 그린 후 탑코트를 발라 주지 않으면 일어나는 현상은?

① 공기의 기포가 형성된다.
② 색이 불투명해 진다.
③ 쉽게 지워진다.
④ 들뜨는 현상이 생긴다.

탑코트는 광택을 증가시키고 보호하는 역할을 한다.

30 손톱이 길고 가늘게 보이도록 에나멜을 바르는 방법은?

① 풀코트   ② 프렌치
③ 슬림라인   ④ 하프문

슬림라인은 손톱에 에나멜을 바르면 손가락이 길어 보이고 가늘어 보이는 착시 효과가 있다.

31 루눌라 부분만 남기고 컬러링하는 방법을 무엇이라 하는가?

① 프리에지   ② 슬림라인
③ 하프문   ④ 풀코트

루눌라 부분만 남기고 컬러링하는 방법은 반달형 또는 하프문이라 한다.

32 네일 에나멜을 칠하는 방법 중 원형손톱에 가장 적당한 것은?

① 전체를 다 칠한다.
② 양 옆을 남기고 칠한다.
③ 양 옆과 반월 부분을 남긴다.

● Answer ●
26.④ 27.① 28.① 29.③ 30.③ 31.③ 32.②

④ 프리에지만 남기고 칠한다.

> 원형손톱에는 양 측면을 남기고 폴리시를 칠하면 폭이 좁아 보인다.

33 컬러링의 종류 중 프렌치에 대한 설명으로 옳은 것은?

① 프리에지 부분만 컬러링하는 방법
② 프리에지 부분을 비워두고 컬러링하는 방법
③ 손톱의 양쪽 옆면을 1.5mm 정도 남기고 컬러링하는 방법
④ 손톱 전체를 컬러링하는 방법

> ② 프리에지 ③ 슬림라인 ④ 풀코트

34 손톱이 가늘고 길게 보이도록 폴리시를 바르는 방법은?

① 슬림라인   ② 하프문
③ 풀코트   ④ 프리에지

> 슬림라인은 손톱의 양쪽 옆면을 1.5mm 정도 남기고 컬러링하는 방법으로, 손톱이 가늘고 길어 보이도록 하는 방법이다.

35 매니큐어 시술에 대한 설명으로 옳은 것은?

① 니퍼로 손질 시 큐티클을 너무 잘라내어 손님에게 통증을 주지 않도록 한다.
② 네일 브러시는 좌우로 손질해 손톱을 닦아낸다.
③ 소량의 유분기가 손톱에 남아 있어도 컬

러링에는 별 무리가 없다.
④ 큐티클을 세게 밀어 올려 깨끗이 작업이 되도록 한다.

> ② 네일 브러시는 좌우로 손질하면 이물질이 옆 손톱에 묻을 수 있으므로 위아래로 닦아낸다.
> ③ 유분기를 깨끗이 닦아내고 컬러링을 한다.
> ④ 큐티클을 너무 세게 밀면 피가 나거나 통증을 유발할 수 있으므로 세게 밀지 않는다.

36 손톱의 끝부분만을 바르지 않는 컬러링 방법은?

① 슬림라인   ② 하프문
③ 풀코트   ④ 프리에지

37 발톱에 살이 파고드는 것을 방지하는 발톱의 모양은?

① 아몬드형   ② 라운드형
③ 스퀘어형   ④ 스틸레토형

> 파고드는 발톱은 일자형(스퀘어, 오버스퀘어) 형태로 잡아준다.

38 페디큐어 시술을 해도 무방한 발은?

① 무좀이 있는 발
② 발톱이 파고들어가는 발
③ 발언저리가 손상된 발
④ 종기나 종양이 있는 발

> 무좀이 있거나 발언저리가 손상된 발, 종기나 종양이 있는 발은 병원 치료를 받아야 한다.

● Answer ●
33.① **34.**① **35.**① **36.**④ **37.**③ **38.**②

39 페디큐어 시술 시 족탕기에 첨가하는 재료는?

① 알코올　　　② 방부제
③ 항균비누　　④ 발 파우더

족탕기에 항균비누를 첨가해 발을 소독한다.

40 페디큐어 시술 방법 중 옳은 것은?

① 발을 편하게 관리하도록 둥근형으로 파일링한다.
② 발냄새를 방지하고 시술하기 편하게 발가락에 토우세퍼레이터를 끼운다.
③ 발뒤꿈치 각질은 완전히 제거한다.
④ 당뇨병 환자에게 발 마사지는 피로를 줄여준다.

① 발톱은 일자형으로 파일링하는 것이 좋다.
③ 발뒤꿈치 각질은 너무 많이 제거하지 않는게 좋다.
④ 고혈압 또는 당뇨병 환자에게는 발 마사지를 하지 않는 것이 좋다.

41 페디큐어 시술 시 올바른 방법은?

① 양쪽 가장자리를 둥글게 자른다.
② 가벼운 각질이라도 콘커터(크레도)를 사용하도록 한다.
③ 페디큐어는 겨울철에는 하지 않는 것이 좋다.
④ 페디파일은 출혈이나 부작용을 줄 수도

있으므로 심하게 갈지 않는다.

① 일자로 모양을 잡아 살 속으로 파고들지 않게 한다.
② 가벼운 각질은 페디파일을 사용한다.
③ 겨울철에는 건조하므로 더욱 페디큐어가 필요하다.

42 피로회복에 가장 적당한 족탕기 물의 온도와 사용시간은?

① 40~43℃, 40분간　② 40~43℃, 20분간
③ 36~40℃, 40분간　④ 36~40℃, 20분간

43 페디큐어 컬러링으로 적당하지 않은 것은?

① 풀코트　　　② 딥 프렌치
③ 그라데이션　④ 프렌치

프렌치는 국가자격증 과정에 없는 종목임.

★
44 페디큐어 컬러링 중 풀코트 시술순서로 알맞은 것은?

① 베이스코트 1회 → 풀코트 2회 →
　탑코트 1회 → 주변정리
② 베이스코트 1회 → 풀코트 1회 →
　탑코트 1회 → 주변정리
③ 베이스코트 1회 → 풀코트 2회 →
　탑코트 2회 → 주변정리
④ 베이스코트 2회 → 풀코트 2회 →
　탑코트 2회 → 주변정리

● Answer ●
39.③ **40.**② **41.**④ **42.**② **43.**④ **44.**①

45 페디큐어 컬러링 중 국가시험종목이 알맞게 짝지어진 것은?

① 풀코트(레드), 딥 프렌치(흰색,핑크), 그라데이션(흰색,핑크)

② 풀코트(레드), 딥 프렌치(흰색), 그라데이션(흰색)

③ 풀코트(흰색), 딥 프렌치(흰색), 그라데이션(흰색)

④ 풀코트(레드), 딥 프렌치(흰색, 누드핑크), 그라데이션(흰색, 누드핑크)

Answer
45.②

01 네일 랩 소재 중 강하고 튼튼하지만 두껍고 투박한 것은?

① 린넨
② 페이퍼 랩
③ 실크
④ 파이버글라스

> 굵은 실로 짠 천으로, 강하고 튼튼하지만 천의 조직이 두껍고 투박하다.

02 젤을 굳게 할 수 있는 자외선 전구 또는 할로겐 전구가 들어있는 전기용품은?

① 드릴머신
② 워머기
③ 액티베이터
④ 큐어링 라이트기

> 프리에지 부분을 발라 주면 컬러의 벗겨짐을 방지할 수 있다.

03 스컬프처 시술 시 아크릴릭이 자연네일의 표면에 잘 접착되도록 사용하는 재료는?

① 리퀴드
② 젤
③ 폼
④ 프라이머

> 프라이머는 아크릴릭 제품이 자연네일에 접착되도록 하는 역할을 한다.

04 아크릴릭 네일 시술 시 제품을 덜어 쓰는 작은 용기의 이름은?

① 띠너
② 디스펜서
③ 디펜디쉬
④ 콘커터

> 디펜디쉬는 아크릴릭 네일 제품을 덜어 쓰는 용기이다.

05 다음 중 페브릭 랩의 종류에 속하지 않는 것은?

① 실크
② 린넨
③ 무슬린 천
④ 파이버 글라스

> 무슬린 천은 왁싱 시술에 필요한 재료이다.

06 다음 중 실크의 장점이 아닌 것은?

① 가볍다
② 부드럽다
③ 두껍다
④ 투명하다

> 실크는 얇으며 접착성이 있는 것을 선호한다.

07 다음 중 프라이머의 안전한 사용법은?

① 일회용 면장갑을 착용한다.
② 일회용 라텍스 장갑을 착용한다.
③ 스펀지에 묻혀 닦아낸다.
④ 우드스틱의 솜방망이에 묻혀 닦아낸다.

> 프라이머는 산이 강한 성분이므로 피부에 닿지 않도록 해야 한다.

● **Answer** ●
01.① 02.④ 03.④ 04.③ 05.③ 06.③ 07.②

08 아크릴릭 파우더로 길이 연장을 하기 위해 사용되는 도구는?

① 랩(Wrap)　　　② 젤(Gel)

③ 팁(Tip)　　　④ 폼(Form)

제작을 위해 사용되며, 대체로 종이폼이 많이 사용하고 있다.

09 아크릴릭의 재료를 빨리 굳게 해주는 성분은?

① 프라이머　　　② 모노머

③ 폴리머　　　④ 카탈리스트

카탈리스트의 양을 조절하여 굳는 속도를 조절할 수 있다.

10 다음 중 아크릴릭의 화학적 성분에 속하지 않는 것은?

① 카탈리스　　　② 폴리머

③ 프라이머　　　④ 모노머

프라이머는 손톱표면의 유, 수분을 없애주는 역할을 한다.

11 팁 위드 랩의 시술방법에 대한 설명 중 잘못된 것은?

① 손톱의 길이를 정리하고 라운드형으로 손톱을 파일링한다.

② 글루나 젤 글루를 이용하여 팁을 자연네일 길이의 1/3 정도로 밀착시켜 붙인다.

③ 큐티클에 최대한 가까이 글루를 펴 바른다.

④ 팁 길이를 자를 시 원하는 길이보다 약간 길게 자른다.

큐티클 아래를 1.5mm 정도 남기고 전체에 글루를 펴 발라야 한다.

12 네일 팁에 대한 설명으로 맞지 않는 것은?

① 네일 팁의 목적은 길이 연장을 위한 것이다.

② 접착되는 웰 부분에 따라 구분되어 사용되고 있다.

③ 네일 팁을 시술한 후 오버레이의 사용재료는 파우더만 가능하다.

④ 네일 팁은 종류에 따라 형태, 길이, 크기 등 다양한 형태의 재료가 있다.

네일 팁 시술 후 오버레이는 재료에 따라 시술방법이 달라진다.

13 실크 익스텐션 시술 시 동일한 힘으로 스트레이트 포인트의 양쪽을 누르는 작업을 무엇이라고 하는가?

① 에칭　　　② 핀칭

③ 파일링　　　④ 샌딩

C커브의 완성도를 위한 작업

14 인조 팁이 자연네일에 잘 접착되도록 하는 방법이 아닌 것은?

① 자연네일에 샌딩으로 광택을 제거한 후

● Answer ●
08.④　09.④　10.③　11.③　12.③　13.②　14.③

접착한다.

② 자연네일에 유·수분을 제거한다.

③ 팁은 자연네일의 1/2 이상 붙인다.

④ 자연네일에 팁을 부착 시 공기나 기포가 들어가지 않도록 한다.

> 팁은 자연네일의 1/2 이하가 되도록 부착한다.

15 다음 중 팁의 재질이 아닌 것은?

① 플라스틱   ② 아세테이트

③ 나일론   ④ 아크릴

16 자연네일에 인조 팁을 붙일 때 적당한 각도는?

① 35°   ② 50°

③ 40°   ④ 45°

17 네일 팁의 부착 순서이다. 보기의 순서를 바르게 연결한 것은?

ⓐ 글루(젤 글루)로 팁의 웰 부분을 바른다.

ⓑ 글루 드라이어(액터베이터)를 뿌린다.

ⓒ 45° 방향으로 네일바디 위에 팁을 부착시킨다.

ⓓ 팁을 밀착시킨 후 5초정도 누르면서 살짝 핀칭을 준다.

---

① ⓐ-ⓑ-ⓒ-ⓓ   ② ⓐ-ⓒ-ⓑ-ⓓ

③ ⓐ-ⓓ-ⓒ-ⓑ   ④ ⓐ-ⓒ-ⓓ-ⓑ

18 네일 팁 시술 순서중 팁 턱 제거 시 사용하는 파일의 그릿 수는?

① 80그릿   ② 280그릿

③ 180그릿   ④ 150그릿

19 네일 팁 접착 시 팁을 고르는 방법으로 옳은 것은?

① 손톱 크기보다 약간 작게 고른다.

② 손톱 크기보다 약간 크게 고른다

③ 손톱 크기에 맞게 고른다.

④ 손톱 크기와는 상관없이 고른다.

> 인조네일은 손톱 크기보다 조금 큰 것이 좋다.

20 팁 부착 시 주의점에 해당하지 않는 것은?

① 접착제의 양이 너무 많거나 적지 않게 한다.

② 흰 점, 공기방울이 보이지 않게 한다.

③ 팁을 밀착하고 5~10초 후에 살짝 핀칭을 준다.

④ 팁 부착 후에 팁이 크면 사이드를 갈아줘도 된다.

21 인조네일 C-커브의 가장 적당한 %는?

① 10%   ② 30%

③ 50%   ④ 70%

> 인조네일의 C커브는 30%가 가장 적당하다.

22 아크릴릭의 시술에 적당한 자연 손톱의 pH 지수는?

---

① pH 3.0~pH 4.5 ② pH 4.5~pH 5.5

③ pH 6.5~pH 7.5 ④ pH 7.0~pH 8.5

23 아크릴릭 시술 시 네일 폼 사용에 대한 설명으로 틀린 것은?

① 손톱의 형태에 맞게 재단하여 사용한다.

② 하이포니키움이 다치지 않도록 주의하여 맞춘다.

③ 손톱과 폼 사이에 공간이 생겨도 무방하다.

④ 프리에지와 수평이 되도록 맞추는 것이 좋다.

> 폼 사이에 공간이 생기면 형태가 쳐지게 된다.

24 아크릴 네일 시술 후 빨리 들뜨는 원인이 아닌 것은?

① 큐티클을 깨끗하게 정리하지 못한 경우

② 프라이머의 오염으로 산성이 약화되었을 경우

③ 리퀴드와 파우더의 양이 적절하지 못한 경우

④ 핀칭 작업이 미흡하여 유·수분이 남아 있는 경우

> 핀칭 작업은 네일 연장 시 C커브의 완성도를 위한 작업이다.

25 가루형태의 아크릴파우더로 고분자, 중합체, 구슬체인 모양으로 연결된 형태를 가리키는 용어는?

① 모노머 ② 프라이머

③ 폴리머 ④ 카탈리시스

26 다음 중 아크릴릭 네일을 시술하기에 적당한 온도는?

① 4~10℃ ② 21~26℃

③ 15~20℃ ④ 26~30℃

> 아크릴릭 네일은 온도가 높으면 굳어지고, 온도가 낮으면 잘 깨진다.

27 다음중 아크릴릭 시술 시 사용되는 화학성분 중 물질을 빨리 굳게 해주는 성분은?

① 프라이머 ② 모노머

③ 카탈리스트 ④ 폴리머

28 아크릴릭 제품을 이용한 연장 시 고객의 손톱을 청결히 해야 하는 이유는?

① 손톱이 벗겨짐을 방지하기 위해

② 폴리시에 기포현상을 방지하기 위해

③ 흰 반점이 형성됨을 방지하기 위해

④ 곰팡이균이 성장하는 것을 방지하기 위해

> 손톱이 청결하지 못하면 불순물이 들어가서 곰팡이균의 원인이 된다.

29 다음 중 아크릴릭 시술 시 두께가 가장 얇아야 하는 부분은 어디인가?

① 스트레이트 포인트

● Answer ●

23.③ 24.④ 25.③ 26.② 27.③ 28.④ 29.③

② 하이포인트

③ 큐티클 라인

④ 프리에지

30 다음중 아크릴릭 네일 시술 후 첫 파일링의 그릿수로 적당한 것은?

① 150그릿 ② 100그릿

③ 180그릿 ④ 80그릿

31 다음 중 젤 네일의 장점으로 맞지 않는 것은?

① 작업시간의 단축

② 아크릴릭 네일보다 강함

③ 냄새가 나지 않는다.

④ 파일링이 거의 필요 없다.

> 젤보다는 아크릴릭이 조금 더 단단하다.

32 특수광선이나 자외선 램프의 빛을 사용하여 응고시키는 젤 네일의 명칭은?

① 젤 큐어드

② 노 라이트 큐어드 젤

③ 온 라이트 큐어드 젤

④ 라이트 큐어드 젤

33 라이트 큐어드 젤의 가장 큰 문제점은 무엇인가?

① 아세톤에 잘 녹지 않는다.

② 아세톤에 잘 녹는다.

③ 잘 깨진다.

④ 쉽게 벗겨진다.

> 아세톤에 잘 녹지 않기 때문에 파일, 드릴로 작업한다. 시간이 많이 걸리는 단점이 있다.

34 다음은 노 라이트 큐어드 젤에 대한 설명이다. 옳은 것은 어느 것인가?

① 특수한 빛에 노출시켜 응고시키는 방법

② 응고제를 사용하여 젤을 응고시키는 방법

③ 리퀴드를 사용하여 젤을 응고시키는 방법

④ 적외선 빛에 노출시켜 응고시키는 방법

> 라이트 큐어드젤 : 특수한 빛에 노출시켜 응고
> 노라이트 큐어드젤 : 응고제를 사용하여 응고

35 젤 시술 시 표면에 끈적이는 미경화젤을 닦아내는 것은?

① 본더 ② 리무버

③ 젤 클렌저 ④ 안티셉틱

36 젤을 굳게 할 수 있는 자외선 또는 할로겐 전구가 들어있는 전기용품의 이름은?

① 젤 탑코트 ② 노 라이트

③ 큐어링 라이트 ④ 글루 드라이어

> UV램프 : 자외선 (UV-A 320~400nm)
> 할로겐 램프 : 가시광선 (400~700nm)

37 라이트 큐어드 젤 네일 시술 순서중에 들어갈 작업으로 옳은 것은?

● Answer ●
30.② 31.② 32.④ 33.① 34.② 35.③ 36.③ 37.①

광택제거 → ( ) → 1차 젤 바르기 → 큐어링 → 2차 젤 바르기 → 큐어링 → 탑젤 → 네일 세척 → 정리

① 프라이머 바르기
② 큐티클 밀기
③ 손톱 모양 잡기
④ 버핑하기

38 다음 중 라이트 큐어드 젤 중 퓨어 아세톤에 녹는 젤은?

① 자 타입 하드 젤   ② 하드 젤
③ 소프트 젤   ④ 실크 익스텐션

39 다음은 젤 스컬프처의 시술순서이다. 옳지 않은 것은?

① 손톱모양은 스퀘어에서 라운드로 만든다.
② 손톱모양에 맞게 폼을 끼운다.
③ 1~2차에 걸쳐 젤을 바르고 큐어링 후 파일링을 걸쳐 마무리 정리를 한다.
④ 양쪽 대칭을 잘 맞추고 스마일라인에 신경쓴다.

40 다음 중 젤 네일의 손상원인이 아닌 것은?

① 고객의 부주의한 관리
② 손톱이 빨리 자라는 경우
③ 젤을 큐티클 부분까지 닿도록 발랐을 경우
④ 젤 시술시 큐어링이 부족한 경우

> 손톱이 빨리 자라는 경우를 손상이라고 보기는 어렵다.

41 다음 중 인조네일 제거 시 필요하지 않은 재료는?

① 아세톤   ② 리무버
③ 오일   ④ 호일

> 리무버는 비아세톤 종류이므로 잘 녹지 않는다.

42 인조네일 보수과정에서 나타나는 현상이 아닌 것은?

① 리프팅으로 인해 습기가 생겨 곰팡이가 서식할수 있다.
② 사용한 재료에 따라 보수기간은 차이가 난다.
③ 인조네일이므로 특별한 문제는 없다.
④ 시술자의 기술에 따라 다르게 나타날 수 있다.

43 인조네일 제거 시 알루미늄 호일을 사용하는 이유로 알맞은 것은?

① 손톱을 외부로부터 보호하기 위해서
② 물리적인 제거방법이다
③ 더스트 브러시의 사용을 용이하게 하기 위함
④ 아세톤의 증발을 막고 체온을 이용하여 제거를 가속화하기 위함이다.

> 아세톤에 잘 녹지 않기 때문에 파일, 드릴로 작업한다. 시간이 많이 걸리는 단점이 있다.

● Answer ●
38.③   39.④   40.②   41.②   42.③   43.④

44 다음 중 패브릭 랩의 보수기간으로 옳은 것은?

① 보수 1주 후, 접착제와 패브릭을 채우는 보수는 3주 후
② 보수 1주 후, 접착제와 패브릭을 채우는 보수는 아무때나
③ 보수 2주 후, 접착제와 패브릭을 채우는 보수는 4주 후
④ 보수 3주 후, 접착제와 패브릭을 채우는 보수는 4주 후

45 다음 중 아크릴릭 네일 보수방법으로 적정한 것은?

① 보수는 4주부터 하는 것이 좋다.
② 필러 파우더를 적당히 이용한다.
③ 새로 자라난 부분은 파일링을 하지 않는다.
④ 떨어진 부분의 아크릴은 갈아내고 나머지는 채워준다.

46 네일연장 시술 후 관리 방법으로 틀린 것은?

① 반드시 보수 관리를 받도록 한다.
② 새로 자라난 네일에는 젤, 필러파우더, 아크릴파우더등으로 채운다.
③ 실크 익스텐션 시술을 할 때 글루를 한번에 많은 양을 도포한다.
④ 접착면이 떨어진 아크릴 부위를 파일로 갈아서 모나는 부분을 없애야한다.

47 다음 중 비트가 1분에 회전하는 횟수를 뜻하는 용어는?

① HIV   ② Vevus
③ RPM   ④ RBM

48 다음은 인조네일 제거 중 호일을 이용한 제거 방법으로 옳은 것은?

① 불필요한 인조 팁의 길이를 파일링해준다.
② 호일을 이용하여 아세톤이 충분히 흡수될 수 있도록 완전히 밀폐한다.
③ 1~2분 이내 호일을 제거한다.
④ 솜에 비아세톤을 적셔 네일 위에 얹는다.

49 아크릴릭 시술 후 필-인의 가장 적절한 시기는?

① 2~3주   ② 3~4주
③ 1~2주   ④ 2~4주

50 인조네일 제거 순서를 옳게 나열한 것은?

① 손 소독 → 인조네일 자르기 → 오일 → 호일 얹기 → 파일링 → 표면정리
② 손 소독 → 인조네일 자르기 → 호일 얹기 → 파일링 → 표면정리
③ 손 소독 → 파일링 → 호일 얹기 → 파일링 → 표면정리
④ 손 소독 → 호일 얹기 → 파일링 → 표면정리

● Answer ●
44.③ **45.**④ **46.**③ **47.**③ **48.**② **49.**① **50.**①

기출
문제 ▶▶▶

01 세계보건기구에서 규정한 보건행정의 범위에 속하지 않는 것은?

① 보건관계 기록의 보전
② 환경위생과 감염병 관리
③ 보건통계와 만성병 관리
④ 모자보건과 보건간호

02 공기의 저장작용 현상이 아닌 것은?

① 산소, 오존, 과산화수소 등에 의한 산화작용
② 태양광선 중 자외선에 의한 살균
③ 식물의 탄소동화작용에 의한 CO_2의 생산작용
④ 공기 자체의 희석작용

03 법정 감염병 중 제4군 감염병에 속하는 것은?

① 콜레라   ② 디프테리아
③ 황열   ④ 말라리아

04 다음 중 감염병 관리상 가장 중요하게 취급해야 할 대상자는?

① 건강보균자   ② 잠복기 환자
③ 현성환자   ④ 회복기보균자

05 절지동물에 의해 매개되는 감염병이 아닌 것은?

① 유행성 일본 뇌염
② 발진 티푸스
③ 탄저
④ 제스트

06 다음 기생충 중 송어, 연어 등의 생식으로 주로 감염될 수 있는 것은?

① 유구낭충증   ② 유구조충증
③ 무구조충증   ④ 긴촌충증

07 영아사망률의 계산공식으로 옳은 것은?

① (연간 출생아 수 / 인구) × 1000
② (그해의 1~4세 사망아 수 / 어느 해의 1~4세 인구) × 1000
③ (그 해 1세 미만 사망아 수 / 어느 해의 연간 출생아 수) × 1000
④ (그 해의 출생 28일 이내의 사망아 수 / 어느 해의 연간 출생아 수) × 1000

08 호기성 세균이 아닌 것은?

① 결핵균   ② 백일해균
③ 파상풍균   ④ 녹농균

09 석탄산 10% 용액 200ml을 2% 용액으로 만들고자 할 때 첨가해야 하는 물의 양은?

① 200ml   ② 400ml
③ 800ml   ④ 1000ml

10 석탄산 소독에 대한 설명으로 틀린 것은?

① 단백질 응고작용이 있다.
② 저온에서는 살균 효과가 떨어진다.
③ 금속기구 소독에 부적합하다.
④ 포자 및 바이러스에 효과적이다.

11 자비소독법시 일반적으로 사용하는 물의 온도와 시간은?

① 150도에서 15분간
② 135도에서 20분간
③ 100도에서 20분간
④ 80도에서 30분간

12 다음 중 이, 미용실에서 사용하는 타월을 철저하게 소독하지 않았을 때 주로 발생할 수 있는 감염병은?

① 장티푸스   ② 트라코마
③ 페스트   ④ 일본 뇌염

13 소독용 승홍수의 희석 농도로 적합한 것은?

① 10~20%   ② 5~7%
③ 2~5%   ④ 0.1~0.5%

14 세균 증식에 가장 적합한 최적 수소 이온농도는?

① ph 3.5~5.5   ② ph 6.0~8.0
③ ph 8.5~10.5   ④ ph 10.5~11.5

15 피부의 면역에 관한 설명으로 옳은 것은?

① 세포성 면역에는 보체, 항체 등이 있다.
② T 림프구는 항원전달세포에 해당한다.
③ B 림프구는 면역글로불린이라고 불리는 항체를 생성한다.
④ 포피에 존재하는 각질형성세포는 면역 조절에 작용하지 않는다.

16 멜라노사이트(melanocyte)가 주로 분포되어 있는 곳은?

① 투명층   ② 과립층
③ 각질층   ④ 기저층

17 다음 중 자외선 B(uv - b)의 파장 범위는?

① 100~190nm   ② 200~280nm
③ 290~320nm   ④ 330~400nm

18 다음 중 원발진에 해당하는 피부질환은?

① 면포   ② 미란
③ 가피   ④ 반흔

● Answer ●
09.③   10.④   11.③   12.②   13.④   14.②   15.③   16.④   17.③   18.①

19 비타민에 대한 설명 중 틀린 것은?

① 비타민 A가 결핍되면 피부가 건조해지고 거칠어진다.

② 비타민 C는 교원질 형성에 중요한 역할을 한다.

③ 레티노이드는 비타민 A를 통칭하는 용어이다.

④ 비타민 A는 많은 양이 피부에서 합성된다.

20 바이러스성 피부질환은?

① 모낭염　　　② 절종

③ 용종　　　④ 단순포진

21 피부의 기능과 그 설명이 틀린 것은?

① 보호기능-피부면의 산성막은 박테리아의 감염과 미생물의 침입으로부터 피부를 보호한다.

② 흡수기능-피부는 외부의 온도를 흡수, 감지한다.

③ 영양분 교환기능-프로비타민 D가 자외선을 받으면 비타민 D로 전환된다.

④ 저장기능-진피조직은 신체 중 가장 큰 저장기관으로 각종 영양분과 수분을 보유하고 있다.

22 공중위생관리법상 이, 미용업자의 변경신고 사항에 해당되지 않는 것은?

① 업소의 소재지 변경

② 영업소의 명칭 또는 상호 변경

③ 대표자의 성명 (법인의 경우)

④ 신고한 영업장 면적의 2분의 1 이하의 변경

23 과징금을 기한 내에 납부하지 아니한 경우에 이를 징수하는 방법은?

① 지방세 체납처분의 예에 의하여 징수

② 부가가치세 체납처분의 예에 의하여 징수

③ 법인세 체납처분의 예에 의하여 징수

④ 소득세 체납처분의 예에 의하여 징수

24 공중위생 영업소의 위생서비스 평가 계획을 수립하는 자는?

① 시, 도지사

② 안전행정부 장관

③ 대통령

④ 시장, 군수, 구청장

25 이, 미용업 영업과 관련하여 과태로 부과대상이 아닌 사람은?

① 위생관리 의무를 위반한 자

② 위생교육을 받지 않은 자

③ 무신고 영업자

④ 관계공무원 출입, 검사방해자

26 이, 미용 업소 내에 게시하지 않아도 되는 것은?

① 이, 미용업 신고증

② 개설자의 면허증 원본

● Answer ●
19.④　20.④　21.④　22.④　23.①　24.①　25.③　26.③

③ 근무자의 면허증 원본

④ 이, 미용 요금표

27 다음 중 이, 미용사 면허를 받을 수 없는 자는?

① 교육부장관이 인정하는 고등기술학교에서 6개월 이상 이, 미용 관한 소정의 과정을 이수한 자

② 전문대학에서 이, 미용에 관한 학과를 졸업한 자

③ 국가기술자격법에 의한 이, 미용사의 자격을 취득한 자

④ 고등학교에서 이, 미용에 관한 학과를 졸업한 자

28 다음 중 공중위생 감시원을 두는 곳을 모두 고른 것은?

㉠ 특별시	㉡ 광역시
㉢ 도	㉣ 군

① ㉡, ㉢   ② ㉠, ㉢

③ ㉠, ㉡, ㉢   ④ ㉠, ㉡, ㉢, ㉣

29 피부표면에 물리적인 장벽을 만들어 자외선을 반사하고 분산하는 자외선 차단 성분은?

① 옥틸메톡시신나메이트

② 파라아미노안식향산(PABA)

③ 이산화티탄

④ 벤조페논

30 다량의 유성 성분을 물에 일정기간동안 안정한 상태로 균일하게 혼합시키는 화장품 제조기술은?

① 유화   ② 가용화

③ 경화   ④ 분산

31 화장품의 원료로써 알코올의 작용에 대한 설명으로 틀린 것은?

① 다른 물질과 혼합해서 그것을 녹이는 성질이 있다.

② 소독작용이 있어 화장수, 양모제 등에 사용한다.

③ 흡수작용이 강하기 때문에 건조의 목적으로 사용한다.

④ 피부에 자극을 줄 수도 있다.

32 기초 화장품을 사용하는 목적이 아닌 것은?

① 세안   ② 피부정도

③ 피부보호   ④ 피부결점 보완

33 네일 에나멜에 대한 설명으로 틀린 것은?

① 손톱에 광택을 부여하고 아름답게 할 목적으로 사용하는 화장품이다.

② 피막 형성제로 톱루엔이 함유되어 있다.

③ 대부분 니트로셀룰로오즈를 주성분으로 한다.

④ 안료가 배합되어 손톱에 아름다운 색채를 부여하기 때문에 네일 컬러라고도

한다.

34 다음 중 화장품의 4대 요건이 아닌 것은?

① 안전성   ② 안정성

③ 유효성   ④ 기능성

35 다음 중 햇빛에 노출했을 때 색소침착의 우려가 있어 사용시 유의해야 하는 에센셜 오일은?

① 라벤더   ② 티트리

③ 제라늄   ④ 레몬

36 신경조직과 관련된 설명으로 옳은 것은?

① 말초신경은 외부나 체내에 가해진 자극에 의해 감각기에 발생한 신경흥분을 중추신경에 전달한다.

② 중추신경계의 체성신경은 12쌍의 뇌신경과 31쌍의 척수신경으로 이루어져 있다.

③ 중추신경계는 뇌신경, 척수 신경 및 자율신경으로 구성된다.

④ 말초신경은 교감신경과 부교감신경으로 구성된다.

37 하이포키니움(하조피)에 대한 설명으로 옳은 것은?

① 네일 매트릭스를 병원균으로부터 보호한다.

② 손톱 아래 살과 연결된 끝부분으로 박테리아의 침입을 막아준다.

③ 손톱 측면의 피부를 네일베드와 연결한다.

④ 매트릭스 윗부분으로 손톱으로 성장시킨다.

38 손톱의 생리적인 특성에 대한 설명으로 틀린 것은?

① 일반적으로 1일 평균 0.1mm~0.15mm 정도 자란다.

② 손톱의 성장은 조소피의 조직이 경화되면서 오래된 세포를 밀어내는 현상이다.

③ 손톱의 본체는 각질층이 변형된 것으로 얇은 층이 겹으로 이루어져 단단한 층을 이루고 있다.

④ 주로 경단백질인 케라틴과 이를 조성하는 아미노산 등으로 구성되어 있다.

39 손톱의 구조에 대한 설명으로 옳은 것은?

① 매트릭스(조모) : 성장이 진행되는 곳으로 이상이 생기면 손톱의 변형을 가져온다.

② 네일 베드(조상) : 손톱의 끝부분에 해당되며 손톱의 모양으로 만들 수 있다.

③ 루눌라(반월) : 매트릭스와 네일 베드가 만나는 부분으로 미생물 침입을 막는다.

④ 네일 바디(조체) : 손톱 측면으로 손톱과 피부를 밀착시킨다.

● **Answer** ●

34.④   35.④   36.①   37.②   38.②   39.①

40 네일의 길이와 모양을 자유롭게 조절할 수 있는 것은?

① 프리에지(자유연)
② 네일그루브(조구)
③ 네일 폴드(조주름)
④ 에포니키움(조상피)

41 고객을 위한 네일 미용인의 자세가 아닌 것은?

① 고객의 경제 상태 파악
② 고객의 네일 상태 파악
③ 선택 가능한 시술 방법 설명
④ 선택 가능한 관리 방법 설명

42 큐티클이 과잉 성장하여 손톱 위로 자라는 질병은?

① 표피조막(테레지움)
② 교조증(오니코파지)
③ 조갑비대증(오니콕시스)
④ 고랑 파진 손톱(퍼로우 네일)

43 변색된 손톱의 특성이 아닌 것은?

① 네일 바디에 퍼런 멍이 반점처럼 나타난다.
② 혈액순환이나 심장이 좋지 못한 상태에서 나타날 수 있다.
③ 베이스 코트를 바르지 않고 유색 네일 폴리시를 바를 경우 나타날 수 있다.
④ 손톱의 색상이 청색, 황색, 검푸른색, 자

색 등으로 나타난다.

44 건강한 손톱의 특성이 아닌 것은?

① 매끄럽고 광택이 나며 반투명한 핑크빛을 띤다.
② 약 8~12%의 수분을 함유하고 있다.
③ 모양이 고르고 표면이 균일하다.
④ 탄력이 있고 단단하다.

45 둘째~다섯째 손가락에 작용을 하며 손 허리뼈의 사이를 메워주는 손의 근육은?

① 벌레근(중앙근)
② 뒤침근(회의근)
③ 손가락폄근(지신근)
④ 엄지맞섬근(무지대립근)

46 젤 램프기기와 관련한 설명으로 틀린 것은?

① LED램프는 400~700mm 정도의 파장을 사용한다.
② UV램프는 UV-A 파장 정도를 사용한다.
③ 젤 네일에 사용되는 광선은 자외선과 적외선이다.
④ 젤 네일의 광택이 떨어지거나 경화속도가 떨어지면 램프는 교체함이 바람직하다.

47 매니큐어의 어원으로 손을 지칭하는 라틴어는?

① 패디스
② 마누스

③ 큐라   ④ 매니스

48 손톱의 특징에 대한 설명으로 틀린 것은?

① 네일바디와 네일루트는 산소를 필요로 한다.

② 지각 신경이 집중되어 있는 반투명의 각질판이다.

③ 손톱의 경도는 함유된 수분의 함량이나 각질의 조성에 따라 다르다.

④ 네일베드의 모세혈관으로부터 산소를 공급받는다.

49 네일 관리의 유래와 역사에 대한 설명으로 틀린 것은?

① 중국에서는 네일에도 연지를 발라 '조홍'이라고 하였다.

② 기원전 시대에는 관목이나 음식물, 식물 등에서 색상을 추출하였다.

③ 고대 이집트에서 왕족은 짙은 색으로 낮은 계층의 사람들은 옅은 색만을 사용하게 하였다.

④ 중세시대에는 금색이나 은색 또는 검정이나 흑적색 등의 색상으로 특권층의 신분을 표시했다.

50 몸 쪽 손목뼈(근위 수근골)가 아닌 것은?

① 손배뼈(주상골)   ② 알머리뼈(유두골)

③ 세모뼈(삼각골)   ④ 콩알뼈(두상골)

51 파고드는 발톱을 예방하기 위한 발톱 모양으로 적합한 것은?

① 라운드형   ② 스퀘어형

③ 포인트형   ④ 오발형

52 매니큐어 시술에 관한 설명으로 옳은 것은?

① 손톱모양을 만들 때 양쪽 방향으로 파일링한다.

② 큐티클은 상조피 바로 밑 부분까지 깨끗하게 제거한다.

③ 네일 폴리시를 바르기 전에 유분기를 깨끗하게 제거한다.

④ 자연 네일이 약한 고객은 네일 컬러링 후 탑 코트를 2회 바른다.

53 아크릴릭 네일의 시술과 보수에 관련한 내용으로 틀린 것은?

① 공기방울이 생긴 인조 네일은 촉촉하게 젖은 브러시의 사용으로 인해 나타날 수 있는 현상이다.

② 노랗게 변색되는 인조 네일은 제품과 시술하는 과정에서 발생한 것으로 보수를 해야 한다.

③ 적절한 온도 이하에서 시술 했을 경우 인조 네일에 금이 가거나 깨지는 현상이 나타날 수 있다.

④ 기존에 시술되어진 인조 네일과 새로 자라나온 자연 네일을 자연스럽게 연결해 주어야 한다.

● Answer ●
48.①   49.④   50.②   51.②   52.③   53.①

54 자연 네일의 형태 및 특성에 따른 네일 팁 적용 방법으로 옳은 것은?

① 넓적한 손톱에는 끝이 좁아지는 내로우 팁을 적용한다.

② 아래로 향한 손톱(claw nail)에는 커브 팁을 적용한다.

③ 위로 솟아오른 손톱(spoon nail)에는 엽 선에 커브가 없는 팁을 적용한다.

④ 물어뜯는 손톱에는 팁을 적용할 수 없다.

55 그라데이션 기법의 컬러링에 대한 설명으로 틀린 것은?

① 색상 사용의 제한이 없다.

② 스펀지를 사용하여 시술할 수 있다.

③ uv젤의 적용 시에도 활용할 수 있다.

④ 일반적으로 큐티클 부분으로 갈수록 컬 러링 색상이 자연스럽게 진해지는 기법 이다.

56 아크릴릭 네일 재료인 프라이머에 대한 설명 으로 틀린 것은?

① 손톱 표면의 유·수분을 제거해주고 건 조시켜 줘 아크릴의 접착력을 강하게 해준다.

② 산성 제품은 피부에 화상을 입힐 수 있 으므로 최소량만을 사용한다.

③ 인조 네일 전체에 사용하며 방부제 역할 을 해준다.

④ 손톱 표면의 pH 밸런스를 맞춰준다.

57 손톱의 프리에지 부분을 유색 폴리시로 칠해 주는 컬러링 테크닉은?

① 프렌치 매니큐어 ② 핫오일 매니큐어

③ 레귤러 매니큐어 ④ 파라핀 매니큐어

58 오렌지 우드스틱의 사용 용도로 적합하지 않 은 것은?

① 큐티클을 밀어 올릴 때

② 폴리시의 여분을 닦아낼 때

③ 네일 주위의 굳은 살을 정리할 때

④ 네일 주위의 이물질을 제거할 때

59 투톤 아크릴 스컬프처의 시술에 대한 설명으 로 틀린 것은?

① 프렌치 스컬프처라고도 한다.

② 화이트 파우더 특성상 프리에지가 퍼져 보 일 수 있으므로 핀칭에 유의해야한다.

③ 스트레스 포인트에 화이트 파우더가 얇게 시술되면 떨어지기 쉬우므로 주의한다.

④ 스퀘어 모양으로 잡기 위해 파밍을 30 도 정도 살짝 기울여 파일링한다.

60 젤 네일에 관한 설명으로 틀린 것은?

① 아크릴릭에 비해 강한 냄새가 없다.

② 일반 네일 폴리시에 비해 광택이 오래 지속된다.

③ 소프트젤은 아세톤에 녹지 않는다.

④ 젤 네일은 하드 젤과 소프트 젤로 구분 한다.

● Answer ●
54.① 55.④ 56.③ 57.① 58.③ 59.④ 60.④

01 다음 중 감염병 유행의 3대 요소는?

① 병원체, 숙주, 환경
② 환경, 유전, 병원체
③ 숙주, 유전, 환경
④ 감수성, 환경, 병원체

02 일반적으로 이·미용업소의 실내 쾌적 습도 범위로 가장 알맞은 것은?

① 10~20%　　② 20~40%
③ 40~70%　　④ 70~90%

03 자력으로 의료문제를 해결할 수 없는 생활 무능력자 및 저소득층을 대상으로 공적으로 의료를 보장하는 제도는?

① 의료보험　　② 의료보호
③ 실업보험　　④ 연금보험

04 공중보건학의 범위 중 보건 관리 분야에 속하지 않는 사업은?

① 보건 통계　　② 사회 보장 제도
③ 보건 행정　　④ 산업 보건

05 다음 중 수인성 감염병에 속하는 것은?

① 유행성 출혈열　② 성홍열
③ 세균성 이질　　④ 탄저병

06 인공조명을 할 때 고려사항 중 틀린 것은?

① 광색은 주광색에 가깝고, 유해 가스의 발생이 없어야 한다.
② 열의 발생이 적고, 폭발이나 발화의 위험이 없어야 한다.
③ 균등한 조도를 위해 직접조명이 되도록 해야 한다.
④ 충분한 조도를 위해 빛이 좌상방에서 비춰줘야 한다.

07 솔라닌(solanin)이 원인이 되는 식중독과 관계 깊은 것은?

① 버섯　　　　② 복어
③ 감자　　　　④ 조개

08 미생물의 발육과 그 작용을 제거하거나 정지시켜 음식물의 부패나 발효를 방지하는 것은?

① 방부　　　　② 소독
③ 살균　　　　④ 살충

● Answer ●
01.① 02.③ 03.② 04.④ 05.③ 06.③ 07.③ 08.①

09 물의 살균에 많이 이용되고 있으며 산화력이 가장 강한 것은?

① 포름 알데히드(Formaldehyde)
② 오존(O_3)
③ E.O(Ethylene Oxide) 가스
④ 에탄올(Ethanol)

10 소독제를 수돗물로 희석하여 사용할 경우 가장 주의해야 할 점은?

① 물의 경도　　② 물의 온도
③ 물의 취도　　④ 물의 탁도

11 소독제를 사용할 때 주의 사항이 아닌 것은?

① 취급 방법
② 농도 표시
③ 소독제병의 세균오염
④ 알코올 사용

12 다음 중 금속제품 기구소독에 가장 적합하지 않은 것은?

① 알코올　　　② 역성비누
③ 승홍수　　　④ 크레졸수

13 다음 중 하수도 주위에 흔히 사용되는 소독제는?

① 생석회　　　② 포르말린
③ 역성비누　　④ 과망간산칼륨

14 개달전염(介達傳染)과 무관한 것은?

① 의복　　　　② 식품
③ 책상　　　　④ 장난감

15 피부구조에서 지방세포가 주로 위치하고 있는 곳은?

① 각질층　　　② 진피
③ 피하조직　　④ 투명층

16 다음 중 기미의 생성 유발 요인이 아닌 것은?

① 유전적 요인　② 임신
③ 갱년기 장애　④ 갑상선 기능 저하

17 외인성 피부질환의 원인과 가장 거리가 먼 것은?

① 유전인자　　② 산화
③ 피부건조　　④ 자외선

18 다음 중 원발진에 해당하는 피부변화는?

① 가피　　　　② 미란
③ 위축　　　　④ 구진

19 자외선으로부터 어느 정도 피부를 보호하며 진피조직에 투여하면 피부주름과 처짐 현상에 가장 효과적인 것은?

① 콜라겐　　　② 엘라스틴
③ 무코다당류　④ 멜라닌

● Answer ●
09.② 10.① 11.④ 12.③ 13.① 14.② 15.③ 16.④ 17.① 18.④ 19.①

20 정상피부와 비교하여 점막으로 이루어진 피부의 특징으로 옳지 않은 것은?

① 혀와 경구개를 제외한 입안의 점막은 과립층을 가지고 있다.

② 당김미세섬유사(tonofilament)의 발달이 미약하다.

③ 미세융기가 잘 발달되어 있다.

④ 세포에 다량의 글리코겐이 존재한다.

21 성장기 어린이의 대사성 질환으로 비타민 D 결핍 시 뼈 발육에 변형을 일으키는 것은?

① 석회결석   ② 골막파열증

③ 괴혈증   ④ 구루병

22 시·도지사 또는 시장·군수·구청장은 공중위생관리상 필요하다고 인정하는 때에 공중위생영업자 등에 대하여 필요한 조치를 취할 수 있다. 이 조치에 해당하는 것은?

① 보고   ② 청문

③ 감독   ④ 협의

23 법령상 위생교육에 대한 기준으로 ( ) 안에 적합한 것은?

공중위생관리법령상 위생교육을 받은 자가 위생교육을 받은 날부터 ( )이내에 위생 교육을 받은 업종과 같은 업종의 영업을 하려는 경우에는 해당 영업에 대한 위생 교육을 받은 것으로 본다.

① 2년   ② 2년 6월

③ 3년   ④ 3년 6월

24 미용사에게 금지되지 않은 업무는 무엇인가?

① 얼굴의 손질 및 화장을 행하는 업무

② 의료기기를 사용하는 피부관리 업무

③ 의약품을 사용하는 눈썹손질 업무

④ 의약품을 사용하는 제모

25 다음 중 이·미용업에 있어서 과태료 부과대상이 아닌 사람은?

① 위생관리 의무를 지키지 아니한 자

② 영업소외의 장소에서 이용 또는 미용업무를 행한 자

③ 보건복지부령이 정하는 중요사항을 변경하고도 변경 신고를 아니한 자

④ 관계 공무원의 출입·검사를 거부·기피 방해한 자

26 손님에게 음란행위를 알선한 사람에 대한 관계 행정기관의 장의 요청이 있는 때, 1차 위반에 대하여 행할 수 있는 행정처분으로 영업소와 업주에 대한 행정 처분기준이 바르게 짝지어진 것은?

① 영업정지 1월 - 면허정지 1월

② 영업정지 1월 - 면허정지 2월

③ 영업정지 2월 - 면허정지 2월

④ 영업정지 3월 - 면허정지 3월

● Answer ●
20.① 21.④ 22.① 23.① 24.① 25.③ 26.③

27 이·미용업 영업장 안의 조명도 기준은?

① 50룩스 이상   ② 75룩스 이상

③ 100룩스 이상   ④ 125룩스 이상

28 이·미용업 영업신고를 하면서 신고인이 확인에 동의하지 아니하는 때에 첨부하여야 하는 서류가 아닌 것은? (단, 신고인이 전자정부법에 따른 행정정보의 공동이용을 통한 확인에 동의하지 아니하는 경우임)

① 영업시설 및 설비개요서

② 교육필증

③ 이·미용사 자격증

④ 면허증

29 동물성 단백질의 일종으로 피부의 탄력유지에 매우 중요한 역할을 하며 피부의 파열을 방지하는 스프링 역할을 하는 것은?

① 아줄렌   ② 엘라스틴

③ 콜라겐   ④ DNA

30 식물의 꽃, 잎, 줄기, 뿌리, 씨, 과피, 수지등에서 방향성이 높은 오일을 추출한 휘발성 오일은?

① 동물성 오일   ② 에센셜 오일

③ 광물성 오일   ④ 밍크 오일

31 화장품의 피부흡수에 관한 설명으로 옳은 것은?

① 분자량이 적을수록 피부흡수율이 높다.

② 수분이 많을수록 피부흡수율이 높다.

③ 동물성 오일 〈 식물성 오일 〈 광물성 오일 순으로 피부흡수력이 높다.

④ 크림류 〈 로션류 〈 화장수류 순으로 피부흡수력이 높다.

32 여드름 피부에 맞는 화장품 성분으로 가장 거리가 먼 것은?

① 캄퍼   ② 로즈마리 추출물

③ 알부틴   ④ 하마멜리스

33 보습제가 갖추어야 할 조건으로 틀린 것은?

① 다른 성분과 혼용성이 좋을 것

② 모공수축을 위해 휘발성이 있을 것

③ 적절한 보습능력이 있을 것

④ 응고점이 낮을 것

34 메이크업 화장품에 주로 사용되는 제조방법은?

① 유화   ② 가용화

③ 겔화   ④ 분산

35 화장품법상 기능성 화장품에 속하지 않는 것은?

① 미백에 도움을 주는 제품

② 여드름 완화에 도움을 주는 제품

③ 주름개선에 도움을 주는 제품

④ 자외선으로부터 피부를 보호하는데 도움을 주는 제품

Answer
27.② 28.③ 29.② 30.② 31.① 32.③ 33.② 34.④ 35.②

36 손톱이 나빠지는 후천적 요인이 아닌 것은?

① 잘못된 푸셔와 니퍼사용에 의한 손상

② 손톱 강화제 사용 빈도수

③ 과도한 스트레스

④ 잘못된 파일링에 의한 손상

37 손톱의 특성이 아닌 것은?

① 손톱은 피부의 일종이며, 머리카락과 같은 케라틴과 칼슘으로 만들어져 있다.

② 손톱의 손상으로 조갑이 탈락되고 회복되는데 6개월 정도 걸린다.

③ 손톱의 성장은 겨울보다 여름이 잘 자란다.

④ 엄지손톱의 성장이 가장 느리며, 중지손톱이 가장 빠르다.

38 고객을 응대할 때 네일아티스트의 자세로 틀린 것은?

① 고객에게 알맞은 서비스를 하여야 한다.

② 모든 고객은 공평하게 하여야 한다.

③ 진상고객은 단념하여야 한다.

④ 안전 규정을 준수하고 충실히 하여야 한다.

39 손톱에 색소가 침착되거나 변색되는 것을 방지하고 네일 표면을 고르게 하여 폴리시의 밀착성을 높이는 데 사용되는 네일미용 화장품은?

① 탑 코트　　　　② 베이스 코트

③ 폴리시 리무버　④ 큐티클 오일

40 에나멜을 바르는 방법으로 손톱을 가늘어 보이게 하는 것은?

① 프리에지　　　　② 루눌라

③ 프렌치　　　　　④ 프리 월

41 골격근에 대한 설명을 틀린 것은?

① 인체의 약 60%를 차지한다.

② 횡문근이라고도 한다.

③ 수의근이라고도 한다.

④ 대부분이 골격에 부착되어 있다.

42 매니큐어를 가장 잘 설명한 것은?

① 네일에나멜을 바르는 것이다.

② 손톱모양을 다듬고 색깔을 칠하는 것이다.

③ 손매뉴얼테크닉과 네일에나멜을 바르는 것이다.

④ 손톱모양을 다듬고 큐티클 정리, 컬러링 등을 포함한 관리이다.

43 매니큐어의 유래에 관한 설명 중 틀린 것은?

① 중국은 특권층의 신분을 드러내기 위해 홍화를 손톱에 바르기 시작했다.

② 매니큐어는 고대 히랍어에서 유래된 말로 마누스와 큐라의 합성어이다.

③ 17세기 경 인도의 상류층 여성들은 손톱의 뿌리 부분에 신분을 나타내는 목적으로 문신을 했다.

④ 건강을 기원하는 주술적 의미에서 손톱에 빨간색을 물들이게 되었다.

● Answer ●

36.② 37.④ 38.③ 39.② 40.④ 41.① 42.④ 43.②

44 다음 중 하지의 신경에 속하지 않는 것은?

① 총비골 신경　② 액와신경
③ 복재신경　④ 배측신경

45 표피성 진균증중 네일몰드는 습기, 열, 공기에 의해 균이 번식되어 발생한다. 이때 몰드가 발생한 수분 함유율이 옳게 표기된 것은?

① 2%~5%　② 7%~10%
③ 12%~18%　④ 23%~25%

46 손톱의 역할 및 기능과 가장 거리가 먼 것은?

① 물건을 잡거나 성상을 구별하는 기능
② 작은 물건을 들어 올리는 기능
③ 방어나 공격의 기능
④ 몸을 지탱해주는 기능

47 네일 재료에 대한 설명으로 적합하지 않은 것은?

① 네일 에나멜 시너 - 에나멜을 묽게 해주기 위해 사용한다.
② 큐티클 오일 - 글리세린을 함유하고 있다.
③ 네일블리치 - 20볼륨 과산화수소를 함유하고 있다 .
④ 네일보강제 - 자연네일이 강한 고객에게 사용하면 효과적이다.

48 뼈의 기능이 아닌 것은?

① 지렛대 역할　② 흡수기능
③ 보호작용　④ 무기질 저장

49 매니큐어 시술시 미관성 제거의 대상이 되는 손톱을 덮고 있는 각질세포는?

① 네일 큐티클(Nail Cuticle)
② 네일 플레이트(Nail Plate)
③ 네일 프리에지(Nail Free edge)
④ 네일 그루브(Nail Groove)

50 다음 (　)안의 a와 b에 알맞은 단어를 바르게 짝지은 것은?

(a)는 폴리시 리무버나 아세톤을 담아 펌프식으로 편리하게 사용할 수 있다.
(b)는 아크릴 리퀴드를 덜어 담아 사용할 수 있는 용기이다.

① a-다크디쉬, b-작은종지
② a-디스펜서, b-다크디쉬
③ a-다크디쉬, b-디스펜서
④ a-디스펜서, b-디펜디쉬

51 페디큐어 시술 과정에서 베이스 코트를 바르기 전 발가락이 서로 닿지 않게 하기 위해 사용하는 도구는?

① 엑티베이터　② 콘커터
③ 클리퍼　④ 토우세퍼레이터

52 큐티클 정리 및 제거 시 필요한 도구로 알맞은 것은?

① 파일, 탑코트　② 라운드 패드, 니퍼
③ 샌딩블럭, 핑거볼　④ 푸셔, 니퍼

53 네일 팁 접착 방법의 설명으로 틀린 것은?

① 네일 팁 접착 시 자연네일의 1/2이상 덮지 않는다.
② 올바른 각도의 팁 접착으로 공기가 들어가지않도록 유의한다.
③ 손톱과 네일 팁 전체에 프라이머를 도포한 후 접착한다.
④ 네일 팁 접착할 때 5~10초 동안 누르면서 기다린 후 양쪽 꼬리부분을 살짝 눌러준다.

54 UV, 젤 네일 시술 시 리프팅이 일어나는 이유로 적절하지 않은 것은?

① 네일의 유·수분기를 제거하지 않고 시술했다.
② 젤을 프리에지까지 시술하지 않았다.
③ 젤을 큐티클라인에 닿지 않게 시술했다.
④ 큐어링 시간을 잘 지키지 않았다.

55 습식매니큐어 시술에 관한 설명 중 틀린 것은?

① 베이스코트를 가능한 얇게 1회 전체에 바른다.

② 벗겨짐을 방지하기 위해 도포한 폴리쉬를 완전히 커버하여 탑코트를 바른다.
③ 프리에지 부분까지 깔끔하게 바른다.
④ 손톱의 길이 정리는 클리퍼를 사용할 수 없다.

56 아크릴릭 네일의 설명으로 맞는 것은?

① 두꺼운 손톱 구조로만 완성되며 다양한 형태는 만들 수 없다.
② 투톤 스캅춰인 프렌치 스캅춰에 적용할 수 없다.
③ 물어뜯는 손톱에 사용하여서는 안된다.
④ 네일 폼을 사용하여 다양한 형태로 조형이 가능하다.

57 아크릴릭 스캅춰 시술시 손톱에 부착해 길이를 연장하는 데 받침대 역할을 하는 재료로 옳은 것은?

① 네일 폼　② 리퀴드
③ 모노머　④ 아크릴파우더

58 다른 쉐입보다 강한 느낌을 주며, 대회용으로 많이 사용되는 손톱모양은?

① 오벌 쉐입　② 라운드 쉐입
③ 스퀘어 쉐입　④ 아몬드형 쉐입

59 발톱의 쉐입으로 가장 적절한 것은?

① 라운드형　② 오발형

③ 스퀘어형   ④ 아몬드형

60 아크릴릭 보수 과정 중 옳지 않은 것은?

① 심하게 들뜬 부분은 파일과 니퍼를 적절
히 사용하여 세심히 잘라내고 경계가
없도록 파일링한다.

② 새로 자라난 손톱 부분에 에칭을 주고
프라이머를 바른다.

③ 적절한 양의 비드로 큐티클 부분에 자연
스러운 라인을 만든다.

④ 새로 비드를 얹은 부위는 파일링이 필요
하지 않다.

01 세계보건기구에서 규정한 보건행정의 범위에 속하지 않는 것은?

① 산업행정　　　② 모자보건
③ 환경위생　　　④ 감염병 관리

02 질병발생의 3대 요소는?

① 숙주, 환경, 병명
② 병인, 숙주, 환경
③ 숙주, 체력, 환경
④ 감정, 체력, 숙주

03 상수(上水)에서 대장균 검출의 주된 의의는?

① 소독상태가 불량하다.
② 환경위생의 상태가 불량하다.
③ 오염의 지표가 된다.
④ 전염병 발생의 우려가 있다.

04 결핵예방접종으로 사용하는 것은?

① DPT　　　② MMR
③ PPD　　　④ BCG

05 폐흡충 감염이 발생할 수 있는 경우는?

① 가재를 생식했을 때
② 우렁이를 생식했을 때

③ 은어를 생식했을 때
④ 소고기를 생식했을 때

06 한 나라의 건강수준을 다른 국가들과 비교할 수 있는 지표로 세계보건기구가 제시한 것은?

① 인구증가율, 평균수명, 비례사망지수
② 비례사망지수, 조사망율, 평균수명
③ 평균수명, 조사망율, 국민소득
④ 의료시설, 평균수명, 주거상태

07 장티푸스, 결핵, 파상풍 등의 예방접종으로 얻어지는 면역은?

① 인공 능동면역　　② 인공 수동면역
③ 자연 능동면역　　④ 자동 수동면역

08 계면활성제 중 가장 살균력이 강한 것은?

① 음이온성　　　② 양이온성
③ 비이온성　　　④ 양쪽이온성

09 미생물의 증식을 억제하는 영양의 고갈과 건조 등이 불리한 환경 속에서 생존하기 위하여 세균이 생성하는 것은?

① 아포　　　② 협막

• Answer •
01.① 02.② 03.③ 04.④ 05.① 06.② 07.① 08.② 09.①

③ 세포벽   ④ 점질층

10 물리적 소독법에 속하지 않는 것은?

① 건열 멸균법   ② 고압증기 멸균법
③ 크레졸 소독법   ④ 자비 소독법

11 소독제인 석탄산의 단점이라 할 수 없는 것은?

① 유기물 접촉 시 소독력이 약화된다.
② 피부에 자극성이 있다.
③ 금속에 부식성이 있다.
④ 독성과 취기가 강하다.

12 소독제의 구비조건에 해당하지 않는 것은?

① 높은 살균력을 가질 것
② 인체에 해가 없을 것
③ 저렴하고 구입과 사용이 간편할 것
④ 용해성이 낮을 것

13 미생물의 종류에 해당하지 않는 것은?

① 벼룩   ② 효모
③ 곰팡이   ④ 세균

14 재질에 관계없이 빗이나 브러시 등의 소독방법으로 가장 적합한 것은?

① 70% 알코올 솜으로 닦는다.
② 고압증기 멸균기에 넣어 소독한다.
③ 락스액에 담근 후 씻어낸다.
④ 세제를 풀어 세척한 후 자외선 소독기에 넣는다.

15 표피와 진피의 경계선의 형태는?

① 직선   ② 사선
③ 물결상   ④ 점선

16 건강한 피부를 유지하기 위한 방법이 아닌 것은?

① 적당한 수분을 항상 유지해 주어야 한다.
② 두꺼운 각질층은 제거해 주어야 한다.
③ 일광욕을 많이 해야 건강한 피부가 된다.
④ 충분한 수면과 영양을 공급해 주어야 한다.

17 다음 중 영양소와 그 최종 분해로 연결이 옳은 것은?

① 탄수화물 – 지방산
② 단백질 – 아미노산
③ 지방 – 포도당
④ 비타민 – 미네랄

18 자외선차단지수의 설명으로 옳지 않은 것은?

① SPF라 한다.
② SPF 1이란 대략 1시간을 의미한다.
③ 자외선의 강약에 따라 차단제의 효과시간이 변한다.
④ 색소침착 부위에는 가능하면 1년 내내 차단제를 사용하는 것이 좋다.

● Answer ●
10.③ 11.① 12.④ 13.① 14.④ 15.③ 16.③ 17.② 18.②

19 백반증에 관한 내용 중 틀린 것은?

① 멜라닌 세포의 과다한 증식으로 일어난다.

② 백색 반점이 피부에 나타난다.

③ 후천적 탈색소 질환이다.

④ 원형, 타원형 또는 부정형의 흰색 반점
이 나타난다.

20 기계적 손상에 의한 피부질환이 아닌 것은?

① 굳은살　　② 티눈

③ 종양　　④ 욕창

21 사람의 피부 표면은 주로 어떤 형태인가?

① 삼각 또는 마름모꼴의 다각형

② 삼각 또는 사각형

③ 삼각 또는 오각형

④ 사각 또는 오각형

22 이·미용업 영업신고를 하지 않고 영업을 한
자에 해당하는 벌칙기준은?

① 6월 이하의 징역 또는 100만원 이하의
벌금

② 6월 이하의 징역 또는 300만원 이하의
벌금

③ 1년 이하의 징역 또는 500만원 이하의
벌금

④ 1년 이하의 징역 또는 1천만원 이하의
벌금

23 공중위생관리법상 위생교육에 관한 설명으
로 틀린 것은?

① 위생교육은 교육부장관이 허가한 단체
가 실시할 수 있다.

② 공중위생영업의 신고를 하고자 하는 자
는 원칙적으로 미리 위생교육을 받아야
한다.

③ 공중위생영업자는 매년 위생교육을 받
아야 한다.

④ 위생교육을 받아야 하는 자 중 영업에
직접 종사하지 아니하거나 2이상의 장
소에서 영업을 하는 자는 종업원 중 영
업장별로 공중위생에 관한 책임자를 지
정하고 그 책임자로 하여금 위생교육을
받게 하여야 한다.

24 과태료처분에 불복이 있는 자는 그 처분의
고지를 받은 날부터 얼마의 기간 이내에 처
분권자에게 이의를 제기할 수 있는가?

① 10일　　② 20일

③ 30일　　④ 3개월

25 이·미용업자는 신고한 영업장 면적을 얼마
이상 증감하였을 때 변경신고를 하여야 하는
가?

① 5분의 1　　② 4분의 1

③ 3분의 1　　④ 2분의 1

26 공중위생영업자가 영업소 폐쇄명령을 받고도 계속하여 영업을 하는 때에 대한 조치사항으로 옳은 것은?

① 당해 영업소가 위법한 영업소임을 알리는 게시물을 부착
② 당해 영업소의 출입자 통제
③ 당해 영업소의 출입금지구역 설정
④ 당해 영업소의 강제 폐쇄 집행

27 공중위생관리법상 이·미용업 영업장 안의 조명도는 얼마 이상이어야 하는가?

① 50룩스 ② 75룩스
③ 100룩스 ④ 125룩스

28 다음 중 이·미용사 면허를 발급할 수 있는 사람만으로 짝지어진 것은?

(ㄱ) 특별·광역시장	(ㄴ) 도지사
(ㄷ) 시장	(ㄹ) 구청장
(ㅁ) 군수	

① (ㄱ),(ㄴ) ② (ㄱ),(ㄴ),(ㄷ)
③ (ㄱ),(ㄴ),(ㄷ),(ㄹ) ④ (ㄷ),(ㄹ),(ㅁ)

29 일반적으로 많이 사용하고 있는 화장수의 알코올 함유량은?

① 70% 전후 ② 10% 전후
③ 30% 전후 ④ 50% 전후

30 화장품의 분류에 관한 설명 중 틀린 것은?

① 샴푸, 헤어린스는 모발용 화장품에 속한다.
② 팩, 마사지 크림은 스페셜 화장품에 속한다.
③ 퍼퓸(perfume), 오데코롱(eau de Cologne)은 방향 화장품에 속한다.
④ 자외선차단제나 태닝제품은 기능성 화장품에 속한다.

31 AHA에 대한 설명으로 옳은 것은?

① 물리적으로 각질을 제거하는 기능을 한다.
② 글리콜산은 사탕수수에 함유된 것으로 침투력이 좋다.
③ pH 3.5이상에서 15% 농도가 각질제거에 가장 효과적이다.
④ AHA보다 안전성은 떨어지나 효과가 좋은 BHA가 많이 사용된다.

32 손을 대상으로 하는 제품 중 알코올을 주 베이스로 하며, 청결 및 소독을 주된 목적으로 하는 제품은?

① 핸드워시(hand wash)
② 새니타이저(sanitizer)
③ 비누(soap)
④ 핸드크림(hand cream)

33 피부의 미백을 돕는 데 사용되는 화장품 성분이 아닌 것은?

① 플라센타, 비타민 C

② 레몬추출물, 감초추출물

③ 코직산, 구연산

④ 캄퍼, 카모마일

34 라벤더 에센셜 오일의 효능에 대한 설명으로 가장 거리가 먼 것은?

① 재생작용

② 화상치유작용

③ 이완작용

④ 모유생성작용

35 SPF에 대한 설명으로 틀린 것은?

① Sun Protection Factor의 약자로, 자외선 차단지수라 불린다.

② 엄밀히 말하면 UV-B 방어효과를 나타내는 지수라고 볼 수 있다.

③ 오존층으로부터 자외선이 차단되는 정보를 알아보기 위한 목적으로 이용된다.

④ 자외선 차단제를 바른 피부에 최소한의 홍반을 일어나게 하는 데 필요한 자외선 양을 바르지 않은 피부에 최소한의 홍반을 일어나게 하는 데 필요한 자외선 양으로 나눈 값이다.

36 마누스(Manus)와 큐라(Cura)라는 말에서 유래된 용어는?

① 네일 팁(Nail Tip)

② 매니큐어(Manicure)

③ 페디큐어(Pedicure)

④ 아크릴릭(Acrylic)

37 손목을 굽히고 손가락을 구부리는 데 작용하는 근육은?

① 회내근

② 회외근

③ 장근

④ 굴근

38 네일 역사에 대한 설명으로 잘못 연결된 것은?

① 1930년대 - 인조네일 개발

② 1950년대 - 패디큐어 등장

③ 1970년대 - 아몬드형 네일 유행

④ 1990년대 - 네일시장의 급성장

39 에포니키움과 관련한 설명으로 틀린 것은?

① 네일 매트릭스를 보호한다.

② 에포니키움 위에는 큐티클이 존재한다.

③ 에포니키움 아래편은 끈적한 형질로 되어 있다.

④ 에포니키움의 부상은 영구적인 손상을 초래한다.

40 자율 신경에 대한 설명으로 틀린 것은?

① 복재신경 - 종아리 뒤 바깥쪽을 내려와 발뒤꿈치의 바깥쪽 뒤에 분포

② 배측신경 - 발등에 분포

③ 요골신경 - 손등의 외측과 요골에 분포

④ 수지골신경 - 손가락에 분포

● **Answer** ●

34.④ 35.③ 36.② 37.④ 38.③ 39.② 40.①

41 네일 샵에서 시술이 불가능한 손톱 병변에 해당하는 것은?

① 조갑박리증(오니코리시스)
② 조갑위축증(오니케트로피아)
③ 조갑비대증(오니콕시스)
④ 조갑익상편(테리지움)

42 다음 중 손톱 밑의 구조에 포함되지 않는 것은?

① 반월(루눌라)   ② 조모(매트릭스)
③ 조근(네일루트)   ④ 조상(네일 베드)

43 손톱의 구조에 대한 설명으로 가장 거리가 먼 것은?

① 네일 플레이트(조판)는 단단한 각질 구조물로 신경과 혈관이 없다.
② 네일 루트(조근)는 손톱이 자라나기 시작하는 곳이다.
③ 프리에지(자유연)는 손톱의 끝부분으로 네일베드와 분리되어 있다.
④ 네일 베드(조상)는 네일 플레이트(조판) 위에 위치하며 손톱의 신진대사를 돕는다.

44 다음 중 고객관리카드의 작성 시 기록해야 할 내용과 가장 거리가 먼 것은?

① 손발의 질병 및 이상증상
② 시술시 주의사항
③ 고객이 원하는 서비스의 종류 및 시술내용
④ 고객의 학력여부 및 가족사항

45 네일의 구조에서 모세혈관, 림프 및 신경조직이 있는 것은?

① 매트릭스   ② 에포니키움
③ 큐티클   ④ 네일바디

46 네일 큐티클에 대한 설명으로 옳은 것은?

① 살아있는 각질 세포이다.
② 완전히 제거가 가능하다.
③ 네일 베드에서 자라나온다.
④ 손톱주위를 덮고 있다.

47 손과 발의 뼈구조에 대한 설명으로 틀린 것은?

① 한 손은 손목뼈 8개, 손바닥뼈 5개, 손가락뼈 14개로 총 27개의 뼈로 구성되어 있다.
② 한 발은 발목뼈 7개, 발바닥뼈 5개, 발가락뼈 14개로 총 26개의 뼈로 구성되어 있다.
③ 손목뼈는 손목을 구성하는 뼈로 8개의 작고 다른 뼈들이 두 줄로 손목에 위치하고 있다.
④ 발목뼈는 몸의 무게를 지탱하는 5개의 길고 가는 뼈로 체중을 지탱하기 위해 튼튼하고 길다.

48 건강한 네일의 조건에 대한 설명으로 틀린 것은?

① 건강한 네일은 유연하고 탄력성이 좋아

서 튼튼하다.

② 건강한 네일은 네일베드에 단단히 잘 부착되어야 한다.

③ 건강한 네일은 연한 핑크빛을 띠며 내구력이 좋아야 한다.

④ 건강한 네일은 25~30%의 수분과 10%의 유분을 함유해야 한다.

49 다음 중 네일 팁의 재질이 아닌 것은?

① 아세테이트 ② 플라스틱

③ 아크릴 ④ 나일론

50 다음중 조갑종렬증(오니코렉시스)에 관한 설명으로 옳은 것은?

① 손톱의 색이 푸르스름하게 변하는 증상이다.

② 멜라닌색소가 착색되어 일어나는 증상이다.

③ 손톱이 갈라지거나 부서지는 증상이다.

④ 큐티클이 과잉성장하여 네일 플레이트 위로 자라는 증상이다.

51 아크릴릭 네일의 제거 방법으로 가장 적합한 것은?

① 드릴머신으로 갈아준다.

② 솜에 아세톤을 적셔 호일로 감싸 30분 정도 불린 후 오렌지 우드스틱으로 밀

어서 떼어준다.

③ 100그릿 파일로 파일링하여 제거한다.

④ 솜에 알코올을 적셔 호일로 감싸 30분 정도 불린 후 오렌지 우드스틱으로 밀어서 떼어준다.

52 프렌치 컬러링에 대한 설명으로 옳은 것은?

① 옐로우 라인에 맞추어 완만한 U자 형태로 컬러링한다.

② 프리에지의 컬러링의 너비는 규격화되어 있다.

③ 프리에지의 컬러링 색상은 흰색으로 규정되어 있다.

④ 프리에지 부분만을 제외하고 컬러링한다.

53 아크릴릭 시술에서 핀칭(Pinching)을 하는 주된 이유는?

① 리프팅(Lifting)방지에 도움이 된다.

② C커브에 도움이 된다.

③ 하이 포인트 형성에 도움이 된다.

④ 에칭(Etching)에 도움이 된다.

54 네일 종이 폼의 적용 설명으로 틀린 것은?

① 다양한 스컬프쳐 네일 시술 시에 사용한다.

② 자연스러운 네일의 연장을 만들 수 있다.

③ 디자인 UV젤 팁 오버레이 시에 사용한다.

④ 일회용이며 프렌치 스컬프처에 적용한다.

● **Answer** ●
49.③ 50.③ 51.② 52.① 53.② 54.③

55 페디큐어 시술 순서로 가장 적합한 것은?

① 소독하기 – 폴리시 지우기 – 발톱 모양 만들기 – 큐티클 오일 바르기 – 큐티클 정리하기

② 폴리시 지우기 – 소독하기 – 발톱 표면 정리하기 – 큐티클 오일 바르기 – 큐티클 정리하기

③ 소독하기 – 발톱 표면 정리하기 – 폴리시 지우기 – 발톱 모양 만들기 – 큐티클 정리하기

④ 폴리시 지우기 – 소독하기 – 발톱 모양 만들기 – 큐티클 오일 바르기 – 큐티클 정리하기

56 페디큐어 시술 시 굳은살을 제거하는 도구의 명칭은?

① 푸셔   ② 토우 세퍼레이터

③ 콘커터   ④ 클리퍼

57 푸셔로 큐티클을 밀어 올릴 때 가장 적합한 각도는?

① 15°   ② 30°

③ 45°   ④ 60°

58 팁 위드 랩 시술 시 사용하지 않는 재료는?

① 글루 드라이   ② 실크

③ 젤 글루   ④ 아크릴 파우더

59 UV젤의 특징이 아닌 것은?

① 올리고머 형태의 분자구조를 가지고 있다.

② 탑 젤의 광택은 인조 네일 중 가장 좋다.

③ 젤은 농도에 따라 묽기가 약간씩 다르다.

④ UV젤은 상온에서 경화가 가능하다.

60 컬러링의 설명으로 틀린 것은?

① 베이스 코트는 폴리시의 착색을 방지한다.

② 폴리시 브러시의 각도는 90°로 잡는 것이 가장 적합하다.

③ 폴리시는 얇게 바르는 것이 빨리 건조하고 색상이 오래 유지된다.

④ 탑코트는 폴리시의 광택을 더해주고 지속력을 높인다.

Answer
55.①   56.③   57.③   58.④   59.④   60.②

01 영양소의 3대 작용으로 틀린 것은?

① 신체의 생리기능 조절
② 에너지 열량 감소
③ 신체의 조직구성
④ 열량공급 작용

02 다음 중 식물에게 가장 피해를 많이 줄 수 있는 기체는?

① 일산화탄소　　② 이산화탄소
③ 탄화수소　　　④ 이산화황

03 ( ) 안에 들어갈 알맞은 것은?

> ( )(이)란 감염병 유행지역의 입국자에 대하야 감염병 감염이 의심되는 사람의 강제격리로서 "건강격리"라고도 한다.

① 검역　　　　　② 감금
③ 감시　　　　　④ 전파예방

04 감염병을 옮기는 질병과 그 매개곤충을 연결한 것으로 옳은 것은?

① 말라리아 – 진드기
② 발진티푸스 – 모기
③ 양충병(쯔쯔가무시) – 진드기
④ 일본뇌염 – 체체파리

05 사회보장의 종류에 따른 내용의 연결이 옳은 것은?

① 사회보험 – 기초생활보장, 의료보장
② 사회보험 – 소득보장, 의료보장
③ 공적부조 – 기초생활보장, 보건의료서비스
④ 공적부조 – 의료보장, 사회복지서비스

06 일명 도시형, 유입형이라고도 하며 생산층 인구가 전체인구의 50% 이상이 되는 인구구성의 유형은?

① 별형(star form)
② 항아리형(pot form)
③ 농촌형(guitar form)
④ 종형(bell form)

07 다음 감염병 중 호흡기계 전염병에 속하는 것은?

① 발진티푸스　　② 파라티푸스
③ 디프테리아　　④ 황열

08 이·미용업소에서 공기 중 비말전염으로 가장 쉽게 옮겨질 수 있는 감염병은?

① 인플루엔자　　② 대장균
③ 뇌염　　　　　④ 장티푸스

● Answer ●
01.② 02.④ 03.① 04.③ 05.② 06.① 07.③ 08.①

09 소독약의 살균력 지표로 가장 많이 이용되는 것은?

① 알코올　　② 크레졸
③ 석탄산　　④ 포름알데히드

10 소독제의 구비조건과 가장 거리가 먼 것은?

① 높은 살균력을 가질 것
② 인축에 해가 없어야 할 것
③ 저렴하고 구입과 사용이 간편할 것
④ 냄새가 강할 것

11 다음 소독 방법 중 완전 멸균으로 가장 빠르고 효과적인 방법은?

① 유통증기법　　② 간헐살균법
③ 고압증기법　　④ 건열소독

12 인체에 질병을 일으키는 병원체 중 대체로 살아있는 세포에서만 증식하고 크기가 가장 작아 전자현미경으로만 관찰할 수 있는 것은?

① 구균　　② 간균
③ 바이러스　　④ 원생동물

13 다음 중 아포(포자)까지도 사멸시킬 수 있는 멸균 방법은?

① 자외선조사법
② 고압증기멸균법
③ P.O.(Propylene Oxide) 가스 멸균법
④ 자비소독법

14 이·미용업소 쓰레기통, 하수구 소독으로 효과적인 것은?

① 역성비누액, 승홍수
② 승홍수, 포르말린수
③ 생석회, 석회유
④ 역성비누액, 생석회

15 여드름을 유발하는 호르몬은?

① 인슐린(insulin)
② 안드로겐(androgen)
③ 에스트로겐(estrogen)
④ 티록신(thyroxine)

16 멜라닌 세포가 주로 위치하는 곳은?

① 각질층　　② 기저층
③ 유극층　　④ 망상층

17 사춘기 이후 성호르몬의 영향을 받아 분비되기 시작하는 땀샘으로 체취선이라고 하는 것은?

① 소한선　　② 대한선
③ 갑상선　　④ 피지선

18 일광화상의 주된 원인이 되는 자외선은?

① UV-A　　② UV-B
③ UV-C　　④ 가시광선

Answer
09.③　10.④　11.③　12.③　13.②　14.③　15.②　16.②　17.②　18.②

19 노화 피부에 대한 전형적인 증세는?

① 피지가 과다 분비되어 번들거린다.
② 항상 촉촉하고 매끈하다.
③ 수분이 80% 이상이다.
④ 유분과 수분이 부족하다.

20 다음 중 뼈와 치아의 주성분이며, 결핍되면 혈액의 응고현상이 나타나는 영양소는?

① 인(P)   ② 요오드(I)
③ 칼슘(Ca)   ④ 철분(Fe)

21 피지, 각질세포, 박테리아가 서로 엉겨서 모공이 막힌 상태를 무엇이라 하는가?

① 구진   ② 면포
③ 반점   ④ 결절

22 과태료의 부과·징수 절차에 관한 설명으로 틀린 것은?

① 시장·군수·수평장이 부과·징수한다.
② 과태료 처분의 고지를 받은 날부터 30일 이내에 이의를 제기할 수 있다.
③ 과태료 처분을 받은 자가 이의를 제기한 경우 처분권자는 보건복지부장관에게 이를 통지한다.
④ 기간 내 이의제기 없이 과태료를 납부하지 아니한 때에는 지방세 체납 처분의 예에 따른다.

23 면허의 정지명령을 받은 자가 반납한 면허증은 정지기간 동안 누가 보관하는가?

① 관할 시·도지사
② 관할 시장·군수·구청장
③ 보건복지부장관
④ 관할 경찰서장

24 공중위생업자가 매년 받아야 하는 위생교육 시간은?

① 5시간   ② 4시간
③ 3시간   ④ 2시간

25 다음 중 청문의 대상이 아닌 때는?

① 면허취소 처분을 하고자 하는 때
② 면허정지 처분을 하고자 하는 때
③ 영업소폐쇄명령의 처분을 하고자 하는 때
④ 벌금으로 처벌하고자 하는 때

26 신고를 하지 아니하고 영업소의 소재지를 변경한 때에 대한 1차 위반 시 행정처분 기준은?

① 영업장 폐쇄명령 ② 영업정지 6월
③ 영업정지 3월   ④ 영업정지 2월

27 이·미용업 영업신고 신청 시 필요한 구비서류에 해당하는 것은?

① 이·미용사 자격증 원본
② 면허증 원본

Answer
19.④ 20.③ 21.② 22.③ 23.② 24.③ 25.④ 26.① 27.②

③ 호적등본 및 주민등록본

④ 건축물 대장

28 공중위생관리법상 이·미용 기구의 소독기준 및 방법으로 틀린 것은?

① 건열멸균소독 : 섭씨 100℃ 이상의 건조한 열에 10분 이상 쐬어준다.

② 증기 소독 : 섭씨 100℃ 이상의 습한 열애 20분 이상 쐬어준다.

③ 열탕소독 : 섭씨 100℃ 이상의 물속에 10분 이상 끓여준다.

④ 석탄산수소독 : 석탄산수(석탄산 3%, 물 97%의 수용액)에 10분 이상 담가둔다.

29 다음 중 미백 기능과 가장 거리가 먼 것은?

① 비타민 C ② 코직산
③ 캠퍼 ④ 감초

30 린스의 기능으로 틀린 것은?

① 정전기를 방지한다.

② 모발 표면을 보호한다.

③ 자연스러운 광택을 준다.

④ 세정력이 강하다.

31 화장수에 대한 설명 중 올바르지 않은 것은?

① 수렴화장수는 아스트린젠트라고 불린다.

② 수렴화장수는 지성, 복합성 피부에 효과적으로 사용된다.

③ 유연화장수는 건성 또는 노화피부에 효과적으로 사용된다.

④ 유연화장수는 모공을 수축시켜 피부결을 섬세하게 정리해 준다.

32 화장품의 4대 요건에 속하지 않는 것은?

① 안전성 ② 안정성
③ 치유성 ④ 유효성

33 아줄렌(Azulene)은 어디에서 얻어지는가?

① 카모마일(Camomile)

② 로얄젤리(Royal Jelly)

③ 아르니카(Arnica)

④ 조류(Algae)

34 화장품 성분 중 기초화장품이나 메이크업 화장품에 널리 사용되는 고형의 유성성분으로 화확적으로는 고급지방산에 고급알코올이 결합된 에스테르이며, 화장품의 굳기를 증가시켜주는 원료에 속하는 것은?

① 왁스(wax)

② 폴리에틸렌글리콜(polyethylene glycol)

③ 피마자유(castor oil)

④ 바셀린(vaseline)

35 향수에 대한 설명으로 옳은 것은?

① 퍼퓸(perfume extract) - 알코올 70%와 향수원액을 30% 포함하며, 향이 3일 정

Answer
28.① 29.③ 30.④ 31.④ 32.③ 33.① 34.① 35.①

도 지속된다.

② 오드퍼퓸(eau de perfume) – 알코올 95%이상, 향수원액 2~3%로 30분 정도 향이 지속된다.

③ 샤워코롱(shower cologne) – 알코올 80%와 물 및 향수원액 15%가 함유된 것으로 5시간 정도 향이 지속된다.

④ 헤어 토닉(hair tonic) – 알코올 85~95% 와 향수원액 8% 가량이 함유된 것으로 향이 2~3시간 정도 지속된다.

36 네일 샵(shop)의 안전관리를 위한 대처방법으로 가장 적합하지 않은 것은?

① 화학물질을 사용할 때는 반드시 뚜껑이 있는 용기를 이용한다.

② 작업시 마스크를 착용하여 가루의 흡입을 막는다.

③ 작업공간에서는 음식물이나 음료, 흡연을 금한다.

④ 가능하면 스프레이 형태의 화학물질을 사용한다.

37 손톱의 구조 중 조근에 대한 설명으로 가장 적합한 것은?

① 손톱 모양을 만든다.

② 연분홍의 반달모양이다.

③ 손톱이 자라기 시작하는 곳이다.

④ 손톱의 수분공급을 담당한다.

38 네일 질환 중 교조증(오니코파지, Onychophagy)의 관리법 중 가장 적합한 것은?

① 유전에 의하여 손톱의 끝이 두껍게 자라는 것이 원인으로 매니큐어나 페디큐어가 증상을 완화시킨다.

② 멜라닌 색소가 착색되어 일어나는 증상이 원인이며 손톱이 자라면서 없어지기도 한다.

③ 손톱을 심하게 물어뜯을 경우 원인이 되며 인조손톱을 붙여서 교정할 수 있다.

④ 식습관이나 질병에서 비롯된 증상이 원인이며 부드러운 파일을 사용하여 관리한다.

39 네일미용 관리 중 고객관리에 대한 응대로 지켜야 할 사항이 아닌 것은?

① 시술의 우선 순위에 대한 논쟁을 막기 위해서 예약 고객을 우선으로 한다.

② 고객이 도착하기 전에 필요한 물건과 도구를 준비해야 한다.

③ 관리 중에는 고객과 대화를 나누지 않는다.

④ 고객에게 소지품과 옷 보관함을 제공하고 바뀌는 일이 없도록 한다.

40 다음 중 손톱의 역할과 가장 거리가 먼 것은?

① 손끝과 발끝을 외부 자극으로부터 보호한다.

● Answer ●
36.④ 37.③ 38.③ 39.③ 40.④

② 미적 장식적 기능이 있다.

③ 방어와 공격의 기능이 있다.

④ 분비기능이 있다.

41 한국의 네일미용의 역사에 관한 설명 중 틀린 것은?

① 우리나라 네일 장식의 시작은 봉선화 꽃물을 들이는 것이라 할 수 있다.

② 한국의 네일 산업의 본격화되기 시작한 것은 1960년대 중반으로 미국과 일본의 영향으로 네일산업이 급성장하면서 대중화되기 시작했다.

③ 1990년대부터 대중화되어 왔고, 1998년에는 민간자격증이 도입되었다.

④ 화장품 회사에서 다양한 색상의 팔리시를 판매하면서 일반인들이 네일에 대해 관심을 갖기 시작했다.

42 다음 중 네일미용 시술이 가능한 경우는?

① 사상균증   ② 조갑구반증

③ 조갑탈락증   ④ 행네일

43 화학물질로부터 자신과 고객을 보호하는 방법으로 틀린 것은?

① 화학물질은 피부에 닿아도 되기 때문에 신경쓰지 않아도 된다.

② 통풍이 잘되는 작업장에서 작업을 한다.

③ 공중 스프레이 제품보다 찍어 바르거나 솔로 바르는 제품을 선택한다.

④ 콘택트 렌즈의 사용을 제한한다.

44 손가락과 손가락 사이가 붙지 않고 벌어지게 하는 외향에 작용하는 손등의 근육은?

① 외전근   ② 내전근

③ 태립근   ④ 회외근

45 고객관리에 대한 설명으로 옳은 것은?

① 피부 습진이 있는 고객은 처치를 하면서 서비스한다.

② 진한 메이크럽을 하고 고객을 응대한다.

③ 네일제품으로 인한 알레르기 반응이 생길 수 있으므로 원인이 되는 제품의 사용을 멈추도록 한다.

④ 문제성 피부를 가진 고객에게 주어진 업무수행을 자유롭게 한다.

46 네일미용의 역사에 대한 설명으로 틀린 것은?

① 최초의 네일미용은 기원전 3000년경에 이집트에서 시작되었다.

② 고대 이집트에서는 헤나를 이용하여 붉은 오렌지색으로 손톱을 물들였다.

③ 그리스에서는 계란 흰자와 아라비아산 고무나무 수액을 섞어 손톱에 칠하였다.

④ 15세기 중국의 명 왕조에서는 흑색과 적색을 손톱에 칠하여 장식하였다.

● Answer ●
41.② 42.④ 43.① 44.① 45.③ 46.③

47 손톱의 구조에서 자유연(프리에지) 밑부분의 피부를 무엇이라 하는가?

① 하조피(하이포니키움)
② 조구(네일 그루브)
③ 큐티클
④ 조상연(페리오니키움)

48 다음 중 발의 근육에 해당하는 것은?

① 비복근   ② 대퇴근
③ 장골근   ④ 족배근

49 네일도구의 설명으로 틀린 것은?

① 큐티클 니퍼 : 손톱 위에 거스러미가 생긴 살을 제거할 때 사용한다.
② 아크릴릭 브러시 : 아크릴릭 파우더로 볼을 만들어 인조손톱을 만들 때 사용한다.
③ 클리퍼 : 인조팁을 잘라 길이를 조절할 때 사용한다.
④ 아크릴릭 폼지 : 팁 없이 아크릴릭 파우더만을 가지고 네일을 연장할 때 사용하는 일종의 받침대 역할을 한다.

50 다음 중 손가락의 수지골 뼈의 명칭이 아닌 것은?

① 기절골   ② 밀절골
③ 중절골   ④ 요골

51 폴리시를 바르는 방법 중 손톱이 길고 가늘게 보이도록 하기 위해 양쪽 사이드 부위를 남겨두는 컬러링 방법은?

① 프리에지(free edge)
② 풀코트(full coat)
③ 슬림 라인(slim line)
④ 루눌라(lunula)

52 UV-젤 네일의 설명으로 옳지 않은 것은?

① 젤은 끈끈한 점성을 가지고 있다.
② 파우더와 믹스되었을 때 단단해진다.
③ 네일 리무버로 제거되지 않는다.
④ 투명도와 광택이 뛰어나다.

53 페디큐어의 시술방법으로 맞는 것은?

① 파고드는 발톱의 예방을 위하여 발톱의 모양(shape)은 일자형으로 한다.
② 혈압이 높거나 심장병이 있는 고객은 마사지를 더 강하게 해 준다.
③ 모든 각질 제거에는 콘커터를 사용하여 완벽하게 제거한다.
④ 발톱의 모양은 무조건 고객이 원하는 형태로 잡아준다.

54 습식매니큐어 시술에 관한 설명으로 틀린 것은?

① 고객의 취향과 기호에 맞게 손톱 모양을 잡는다.

② 자연손톱 파일링시 한 방향으로 시술한다.

③ 손톱 질환이 심각할 경우 의사의 진료를 권한다.

④ 큐티클은 죽은 각질피부이므로 반드시 모두 제거하는 것이 좋다.

55 페디파일의 사용 방향으로 가장 적합한 것은?

① 바깥쪽에서 안쪽으로

② 왼쪽에서 오른쪽으로

③ 족문 방향으로

④ 사선 방향으로

56 네일 팁에 대한 설명으로 틀린 것은?

① 네일 팁 접착시 손톱의 1/2이상 커버해서는 안 된다.

② 네일 팁은 손톱의 크기에 너무 크거나 작지 않은 가장 잘 맞는 사이즈의 팁을 사용한다.

③ 웰 부분의 형태에 따라 풀 웰(full well)과 하프 웰(half well)이 있다.

④ 자연 손톱이 크고 납작한 경우 커브타입의 팁이 좋다.

57 큐티클을 정리하는 도구의 명칭으로 가장 적합한 것은?

① 핑거볼　　② 니퍼

③ 핀셋　　④ 클리퍼

58 네일 팁 오버레이의 시술과정에 대한 설명으로 틀린 것은?

① 네일 팁 접착시 자연손톱 길이의 1/2이상 덮지 않는다.

② 자연 손톱이 넓은 경우 좁게 보이게 하기 위하여 작은 사이즈의 네일 팁을 붙인다.

③ 네일 팁의 접착력을 높여주기 위해 자연손톱의 에칭 작업을 한다.

④ 프리 프라이머를 자연손톱에만 도포한다.

59 아크릴릭 시술 시 바르는 프라이머에 대한 설명 중 틀린 것은?

① 단백질을 화학작용으로 녹여준다.

② 아크릴릭 네일이 손톱에 잘 부착되도록 도와준다.

③ 피부에 닿으면 화상을 입힐 수 있다.

④ 충분한 양으로 여러 번 도포해야 한다.

60 아크릴릭 네일의 보수 과정에 대한 설명으로 가장 거리가 먼 것은?

① 들뜬 부분의 경계를 파일링한다.

② 아크릴릭 표면이 단단하게 굳은 후에 파일링한다.

③ 새로 자라난 자연 손톱 부분에 프라이머를 바른다.

④ 들뜬 부분에 오일 도포 후 큐티클을 정리한다.

● Answer ●

55.③　56.④　57.②　58.②　59.④　60.④

01 일반폐기물 처리방법 중 가장 위생적인 방법은?

① 매립법　　　② 소각법
③ 투기법　　　④ 비료화법

02 인구통계에서 5~9세 인구란?

① 만4세 이상~만8세 미만 인구
② 만5세 이상~만10세 미만 인구
③ 만4세 이상~만9세 미만 인구
④ 4세 이상~9세 이하 인구

03 다음 중 병원소에 해당하지 않는 것은?

① 흙　　　　　② 물
③ 가축　　　　④ 보균자

04 다음 중 출생 후 아기에게 가장 먼저 실시하게 되는 예방접종은?

① 파상풍　　　② B형 간염
③ 홍역　　　　④ 폴리오

05 모유수유에 대한 설명으로 옳지 않은 것은?

① 수유 전 산모의 손을 씻어 감염을 예방하여야 한다.

② 모유수유를 하면 배란을 촉진시켜 임신을 예방하는 효과가 없다.
③ 모유에는 림프구, 대식세포 등의 백혈구가 들어 있어 각종 감염으로부터 장을 보호하고 설사를 예방하는데 큰 효과를 갖고 있다.
④ 초유는 영양가가 높고 면역체가 있으므로 아기에게 반드시 먹이도록 한다.

06 감염병 감염 후 얻어지는 면역의 종류는?

① 인공능동면역　　② 인공수동면역
③ 자연능동면역　　④ 자연수동면역

07 야채를 고온에서 요리할 때 가장 파괴되기 쉬운 비타민은?

① 비타민 A　　　② 비타민 C
③ 비타민 D　　　④ 비타민 K

08 다음 중 미생물학의 대상에 속하지 않는 것은?

① 세균(bacteria)　② 바이러스(virus)
③ 원충(protoza)　④ 원시동물

● Answer ●
01.② 02.② 03.② 04.② 05.② 06.③ 07.② 08.④

09 소독제의 사용 및 보존상의 주의점으로 틀린 것은?

① 일반적으로 소독제는 밀폐시켜 일광이 직사되지 않는 곳에 보존해야 한다.

② 부식과 상관이 없으므로 보관 장소의 체한이 없다.

③ 승홍이나 석탄산 같은 것은 인체에 유해하므로 특별히 주의 취급하여야 한다.

④ 염소제는 일광과 열에 의해 분해되지 않도록 냉암소에 보존하는 것이 좋다.

10 다음 중 이·미용업소에서 가장 쉽게 옮겨질 수 있는 질병은?

① 소아마비　　　② 뇌염

③ 비활동성 결핵　④ 전염성 안질

11 다음 중 음용수 소독에 사용되는 소독제는?

① 석탄산　　　　② 액체염소

③ 승홍　　　　　④ 알코올

12 바이러스(Virus)의 특성으로 가장 거리가 먼 것은?

① 생체내에서만 증식이 가능하다.

② 일반적으로 병원체중에서 가장 작다.

③ 황열바이러스가 인간질병 최초의 바이러스이다.

④ 항생제에 감수성이 있다.

13 소독제의 적정 농도로 틀린 것은?

① 석탄산 1~3%　　② 승홍수 0.1%

③ 크레졸수 1~3%　④ 알코올 1~3%

14 병원성·비병원성 미생물 및 포자를 가진 미생물 모두를 사멸 또는 제거하는 것은?

① 소독　　　　　② 멸균

③ 방부　　　　　④ 정균

15 리보플라빈이라고도 하며, 녹색 채소류, 밀의 배아, 효모, 계란, 우유 등에 함유되어 있고 결핍되면 피부염을 일으키는 것은?

① 비타민 B_2　　② 비타민 E

③ 비타민 K　　　④ 비타민 A

16 다음 태양광선 중 파장이 가장 짧은 것은?

① UV-A　　　　② UV-B

③ UV-C　　　　④ 가시광선

17 멜라닌 색소결핍의 선천적 질환으로 쉽게 일광화상을 입는 피부병변은?

① 주근깨　　　　② 기미

③ 백색증　　　　④ 노인성 반점(검버섯)

18 에크린 땀샘(소한선)이 가장 많이 분포된 곳은?

① 발바닥　　　　② 입술

③ 음부　　　　　④ 유두

● **Answer** ●
09.② 10.④ 11.② 12.④ 13.④ 14.② 15.① 16.③ 17.③ 18.①

19 얼굴에서 피지선이 가장 발달된 곳은?

① 이마 부분 ② 코 옆 부분

③ 턱 부분 ④ 뺨 부분

20 진균에 의한 피부병변이 아닌 것은?

① 족부백선 ② 대상포진

③ 무좀 ④ 두부백선

21 피부에 대한 자외선의 영향으로 피부의 급성 반응과 가장 거리가 먼 것은?

① 홍반반응 ② 화상

③ 비타민 D합성 ④ 광노화

22 이·미용 업소내에 반드시 게시하지 않아도 무방한 것은?

① 이·미용업 신고증

② 개설자의 면허증 원본

③ 최종지불요금표

④ 이·미용사 자격증

23 1차 위반 시의 행정처분이 면허취소가 아닌 것은?

① 국가기술자격법에 따라 이·미용사 자격이 취소된 때

② 이중으로 면허를 취득한 때

③ 면허정지처분을 받고 그 정지기간 중 업무를 행한 때

④ 국가기술자격법에 의하여 이·미용사자격 정지처분을 받을 때

24 다음 중 이·미용업의 시설 및 설비기준으로 옳은 것은?

① 소독기, 자외선 살균기 등의 소독 장비를 갖추어야 한다.

② 영업소 안에는 별실, 기타 이와 유사한 시설을 설치할 수 있다.

③ 응접장소와 작업장소를 구획하는 경우에는 커튼, 칸막이 기타 이와 유사한 장애물의 설치가 가능하며 외부에서 내부를 확인할 수 없어야 한다.

④ 탈의실, 욕실, 욕조 및 샤워기를 설치하여야 한다.

25 풍속관련법령 등 다른 법령에 의하여 관계행정기관장의 요청이 있을 때 공중위생영업자를 처벌할 수 있는 자는?

① 시·도지사 ② 시장·군수·구청장

③ 보건복지부장관 ④ 행정자치부장관

26 다음 중 영업소 외에서 이용 또는 미용업무를 할 수 있는 경우는?

ㄱ. 중병에 걸려 영업소에 나올 수 없는 자의 경우
ㄴ. 혼례 기타 의식에 참여하는 자에 대한 경우
ㄷ. 이용장의 감독을 받은 보조원이 업무를 하는 경우
ㄹ. 미용사가 손님유치를 위하여 통행이 빈번한 장소에서 업무를 하는 경우

① ㄷ ② ㄱ, ㄴ

③ ㄱ, ㄴ, ㄷ ④ ㄱ, ㄴ, ㄷ, ㄹ

• Answer •
19.② **20.**② **21.**④ **22.**④ **23.**④ **24.**① **25.**② **26.**②

27 공중위생영업의 승계에 대한 설명으로 틀린 것은?

① 공중위생영업자가 그 공중위생영업을 양도하거나 사망한 때 또는 법인의 합병이 있는 때에는 그 양수인·상속인 또는 합병 후 존속하는 법인이나 합병에 의하여 설립되는 법인은 그 공중위생영업자의 지위를 승계한다.

② 이용업 또는 미용업의 경우에는 규정에 의한 면허를 소지한 자에 한하여 공중위생영업자의 지위를 승계할 수 있다.

③ 민사집행법에 의한 경매, 채무자 회생 및 파산에 관한 법률에 의한 환가나 국세징수법·관세법 또는 지방세기본법에 의한 압류재산의 매각 그밖에 이에 준하는 절차에 따라 공중위생영업 관련시설 및 설비의 전부를 인수한 자는 이 법에 의한 그 공중위생영업자의 지위를 승계한다.

④ 공중위생영업자의 지위를 승계한 자는 1월 이내에 보건복지부령이 정하는 방법에 따라 보건복지부장관에게 신고하여야 한다.

28 처분기준이 2백만원 이하의 과태료가 아닌 것은?

① 규정을 위반하여 영업소 이외 장소에서 이·미용업무를 행한 자

② 위생교육을 받지 아니한 자

③ 위생 관리 의무를 지키지 아니한 자

④ 관계 공무원의 출입·검사·기타 조치를 거부·방해 또는 기피한 자

29 향수의 부향률이 높은 순에서 낮은 순으로 바르게 정렬된 것은?

① 퍼퓸(Perfume) 〉 오드퍼퓸(Eau de Perfume) 〉 오데 토일렛(Eau de Toilet) 〉 오데코롱(Eau de Cologne)

② 퍼퓸(Perfume) 〉 오드트왈렛(Eau de Toilet) 〉 오드퍼퓸(Eau de Perfume) 〉 오데코롱(Eau de Cologne)

③ 오데코롱(Eau de Cologne) 〉 오드퍼퓸(Eau de Perfume) 〉 오드트왈렛(Eau de Toilet) 〉 퍼퓸(Perfume)

④ 오데코롱(Eau de Cologne) 〉 오드트왈렛(Eau de Toilet) 〉 오드퍼퓸(Eau de Perfume) 〉 퍼퓸(Perfume)

30 화장품의 요건 중 제품이 일정기간 동안 변질되거나 분리되지 않는 것을 의미하는 것은 무엇인가?

① 안전성　　② 안정성
③ 사용성　　④ 유효성

31 바디샴푸(body shampoo)가 갖추어야 할 이상적인 성질과 가장 거리가 먼 것은?

① 각질의 제거능력
② 적절한 세정력

③ 풍부한 거품과 거품의 지속성

④ 피부에 대한 높은 안정성

32 다음 중 화장수의 역할이 아닌 것은?

① 피부의 수렴작용을 한다.

② 피부 노폐물의 분비를 촉진시킨다.

③ 각질층에 수분을 공급한다.

④ 피부의 pH 균형을 유지시킨다.

33 양모에서 추출한 동물성왁스는?

① 라놀린   ② 스쿠알렌

③ 레시틴   ④ 리바이달

34 세정제(cleanser)에 대한 설명으로 옳지 않은 것은?

① 가능한 피부의 생리적 균형에 영향을 미치지 않는 제품을 사용하는 것이 바람직하다.

② 대부분의 비누는 알칼리성의 성질을 가지고 있어서 피부의 산, 염기 균형에 영향을 미치게 된다.

③ 피부노화를 일으키는 활성산소로부터 피부를 보호하기 위해 비타민 C, 비타민 E를 사용한 기능성 세정제를 사용할 수도 있다.

④ 세정제는 피지선에서 분비되는 피지와 피부장벽의 구성요소인 지질성분을 제거하기 위하여 사용된다.

35 자외선 차단 성분의 기능이 아닌 것은?

① 노화를 막는다.

② 과색소를 막는다.

③ 일광화상을 막는다.

④ 미백작용을 한다.

36 일반적인 손·발톱의 성장에 관한 설명 중 틀린 것은?

① 소지 손톱이 가장 빠르게 자란다.

② 여성보다 남성의 경우 성장 속도가 빠르다.

③ 여름철에 더 빨리 자란다.

④ 발톱의 성장 속도는 손톱의 성장 속도보다 1/2정도 늦다.

37 다음 중 소독방법에 대한 설명으로 틀린 것은?

① 과산화수소 3% 용액을 피부 상처의 소독에 사용한다.

② 포르말린 1 ~ 1.5% 수용액을 도구 소독에 사용한다.

③ 크레졸 3% 물 97% 수용액을 도구 소독에 사용한다.

④ 알코올 30%의 용액을 손, 피부 상처에 사용한다.

38 고객의 홈 케어 용도로 큐티클 오일을 사용 시 주된 사용 목적으로 옳은 것은?

① 네일 표면에 광택을 주기 위해서

Answer

32.② 33.① 34.④ 35.④ 36.① 37.④ 38.②

② 네일과 네일주변의 피부에 트리트먼트 효과를 주기 위해서

③ 네일 표면에 변색과 오염을 방지하기 위해서

④ 찢어진 손톱을 보강하기 위해서

39 건강한 손톱의 조건으로 틀린 것은?

① 12~18%의 수분을 함유하여야 한다.

② 네일 베드에 단단히 부착되어 있어야 한다.

③ 루눌라(반월)가 선명하고 커야 한다.

④ 유연성과 강도가 있어야 한다.

40 네일 도구를 제대로 위생처리하지 않고 사용했을 때 생기는 질병으로 시술할 수 없는 손톱의 병변은?

① 오니코렉시스(조갑종렬증)

② 오니키아(조갑염)

③ 에그쉘 네일(조갑연화증)

④ 니버스(모반점)

41 다음 중 뼈의 구조가 아닌 것은?

① 골막　　　② 골질

③ 골수　　　④ 골조직

42 네일 매트릭스에 대한 설명 중 틀린 것은?

① 손·발톱의 세포가 생성되는 곳이다.

② 네일 매트릭스의 세로 길이는 네일 플레이트의 두께를 결정한다.

③ 네일 매트릭스의 가로 길이는 네일 베드의 길이를 결정한다.

④ 네일 매트릭스는 네일 세포를 생성시키는데 필요한 산소를 모세혈관을 통해서 공급받는다.

43 다음 중 손의 중간근(중수근)에 속하는 것은?

① 엄지맞섬근(무지대립근)

② 엄지모음근(무지내전근)

③ 벌레근(충양근)

④ 작은원근(소원근)

44 다음 중 네일의 병변과 그 원인의 연결이 잘못된 것은?

① 모반점(니버스) - 네일의 멜라닌색소 작용

② 과잉성장으로 두꺼운 네일 - 유전, 질병, 감염

③ 고랑 파진 네일 - 아연 결핍, 과도한 푸셔링, 순환계 이상

④ 붉거나 검붉은 네일 - 비타민, 레시틴 부족, 만성질환 등

45 파일의 거칠기 정도를 구분하는 기준은?

① 파일의 두께

② 그릿(Grit) 숫자

③ 소프트(Soft) 숫자

④ 파일의 길이

● Answer ●
38.② 39.③ 40.② 41.② 42.③ 43.③ 44.④ 45.②

46 폴리시 바르는 방법 중 네일을 가늘어 보이게 하는 것은?

① 프리에지   ② 루눌라
③ 프렌치   ④ 프리 월

47 네일의 역사에 대한 설명으로 틀린 것은?

① 최초의 네일관리는 기원전 3000년경에 이집트와 중국의 상류층에서 시작되었다.
② 고대 이집트에서는 헤나(Henna)라는 관목에서 빨간색과 오렌지색을 추출하였다.
③ 고대 이집트에서는 남자들도 네일관리를 하였다.
④ 네일관리는 지금까지 5000년에 걸쳐 변화되어 왔다.

48 한국 네일미용의 역사와 가장 거리가 먼 것은?

① 고려시대부터 주술적 의미로 시작하였다.
② 1990년대부터 네일산업이 점차 대중화 되어 갔다.
③ 1998년 민간자격시험 제도가 도입 및 시행되었다.
④ 상류층 여성들은 손톱 뿌리부분에 문신바늘로 색소를 주입하여 상류층임을 과시하였다.

49 인체를 구성하는 생태학적 단계로 바르게 나열한 것은?

① 세포 – 조직 – 기관 – 계통 – 인체
② 세포 – 기관 – 조직 – 계통 – 인체
③ 세포 – 계통 – 조직 – 기관 – 인체
④ 인체 – 계통 – 기관 – 세포 – 조직

50 부드럽고 가늘며 하얗게 되어 네일 끝이 굴곡진 상태의 증상으로 질병, 다이어트, 신경성 등에서 기안되는 네일 병변으로 옳은 것은?

① 위축된 네일(onychatrophia)
② 파란 네일(onychocyanosis)
③ 계란껍질 네일(onychomalacia)
④ 거스러미 네일(hang nail)

51 원톤 스컬프쳐의 완성 시 인조네일의 아름다운 구조 설명으로 틀린 것은?

① 옆선이 네일의 사이드 월 부분과 자연스럽게 연결 되어야 한다.
② 컨벡스와 컨케이브의 균형이 균일해야 한다.
③ 하이포인트의 위치가 스트레스 포인트 부근에 위치해야 한다.
④ 인조네일의 길이는 길어야 아름답다.

52 자연손톱에 인조 팁을 붙일 때 유지하는 가장 적합한 각도는?

① 35°   ② 45°
③ 90°   ④ 95°

53 가장 기본적인 네일 관리법으로 손톱모양 만들기, 큐티클 정리, 마사지, 컬러링 등을 포함하는 네일 관리법은?

① 습식매니큐어   ② 패디아트
③ UV젤네일   ④ 아크릴 오버레이

54 네일 폼의 사용에 관한 설명으로 옳지 않은 것은?

① 측면에서 볼 때 네일 폼은 항상 20° 하향 하도록 장착한다.
② 자연 네일과 네일 폼 사이가 벌어지지 않도록 장착한다.
③ 하이포니키움이 손상되지 않도록 주의하며 장착한다.
④ 네일 폼이 틀어지지 않도록 균형을 잘 조절하여 장착한다.

55 젤 큐어링 시 발생하는 히팅 현상과 관련한 내용으로 가장 거리가 먼 것은?

① 손톱이 얇거나 상처가 있을 경우에 히팅 현상이 나타날 수 있다.
② 젤 시술이 두껍게 되었을 경우에 히팅 현상이 나타날 수 있다.
③ 히팅 현상 발생 시 경화가 잘 되도록 잠시 참는다.
④ 젤 시술 시 얇게 여러 번 발라 큐어링하여 히팅 현상에 대처한다.

56 스마일 라인에 대한 설명 중 틀린 것은?

① 손톱의 상태에 따라 라인의 깊이를 조절할 수 있다.
② 깨끗하고 선명한 라인을 만들어야 한다.
③ 좌우대칭의 밸런스보다 자연스러움을 강조해야 한다.
④ 빠른 시간에 시술해서 얼룩지지 않도록 한다.

57 프라이머의 특징이 아닌 것은?

① 아크릴릭 시술 시 자연손톱에 잘 부착되게 돕는다.
② 피부에 닿으면 화상을 입힐 수 있다.
③ 자연손톱 표면의 단백질을 녹인다.
④ 알칼리 성분으로 자연손톱을 강하게 한다.

58 다음중 원톤 스캅춰 제거에 대한 설명으로 틀린 것은?

① 니퍼로 뜯는 행위는 자연손톱에 손상을 주므로 피한다.
② 표면에 에징을 주어 아크릴릭 제거가 수월하도록 한다.
③ 100% 아세톤을 사용하여 아크릴릭을 녹여준다.
④ 파일링만으로 제거하는 것이 원칙이다.

● **Answer** ●
53.① 54.① 55.③ 56.③ 57.④ 58.④

59 페디큐어의 정의로 옳은 것은?

① 발톱을 관리하는 것을 말한다.

② 발과 발톱을 관리, 손질하는 것을 말한다.

③ 발을 관리하는 것을 말한다.

④ 손상된 발톱을 교정하는 것을 말한다.

60 페디큐어 과정에서 필요한 재료로 가장 거리가 먼 것은?

① 니퍼

② 콘커터

③ 엑티베이터

④ 토우 세퍼레이터

● Answer ●

59.② **60.**③

참고 문헌

- 네일아트와 네일케어, 김광숙 외 3인, 고문사, 2000
- 네일케어실무, 유숙희 외 4인, 현문사, 2011
- 공중보건학: 보건계열 국가시험대비학습서, 유병국, 메디컬코리아, 2012
- 공중위생관리학, 권혜영, 지구문화사, 2015
- 최신 공중보건학, 김동석, 수문사, 2014
- 국가공인 미용자격증을 위한 요약－문제집, 김민정, 강소담, 백산출판사, 2006
- 피부관리학, 강수경, 청구문화사, 2002
- 피부과학, 이혜영 외 4인, 군자출판사, 2007
- 화장품학, 하병조, 수문사, 1999
- 네일 미용사 필기, 에듀웨이, 2015
- 미용사(네일)필기시험, 크라운출판사
- 네일 미용사 필기, (사)한국네일지식 서비스 협회 학술위원회
- 미용사 네일 필기 2015.－대한미용사중앙회 네일분과위원회
- 네일 미용사 자격시험(필기) 총정리－한국네일미용사회
- 이미선, Nailart Technic, (주)교학사, 2005
- 대한화장품협회
- 두산백과
- 간호학대사전
- 서울대학교병원 신체기관정보

저자 소개

김광숙

현) 서울호서전문학교 뷰티예술 계열부장
    고려아카데미 통신교육(미용재교육과정) 전문위원
전) 미래이미지월드 미용분석개발부 미용개발팀장
    화장품쇼핑몰 미인룩 대표

안금옥

현) 서울연희미용고등학교 네일아트 및 스킨아트 강사
    성신여자대학교 뷰티융합대학원 메이크업과 석사과정
    대한미용사중앙회 임원
    안스아트 뷰티아카데미 대표
    다(Da) 네일 대표
    한국헤나협회 자격관리 수석부위원장

이지향

현) 네일테크니션 기술강사
    여성가족부 베트남여성 네일케어 양성과정 강사
    대구한의대 화장품약리학 전공
    오송화장품 네일프로부분 디자인실크, 평면아트 금상

국가기술 필기시험 완벽대비

네일 미용사

초판 1쇄 인쇄 | 2016년 8월 01일
초판 1쇄 발행 | 2016년 8월 05일

지 은 이 | 김광숙·안금옥·이지향

펴 낸 이 | 김호석
펴 낸 곳 | 도서출판 대가
편 집 부 | 박은주
마 케 팅 | 이근섭·오중환
관 리 부 | 김소영

등   록 | 제311-47호
주   소 | 경기도 고양시 일산동구 장항동 776-1 로데오 메탈릭타워 405호
전   화 | (02) 305-0210 / 306-0210 / 336-0204
팩   스 | (031) 905-0221
전자우편 | dga1023@hanmail.net
홈페이지 | www.bookdaega.com

ISBN 978-89-6285-157-1 93590